基金项目

国家发改委软科学研究项目："十三五"时期重点领域水环境综合治理的主要问题与对策，2015。

重庆市社会科学规划项目："共抓大保护，不搞大开发"背景下重庆三峡库区流域治理路径研究，2018。

重庆市人文社会科学重点研究基地重点项目：三峡库区主要流域环境保护与法律制度保障研究（批准号：13SKB007）。

Green
Development

绿色发展：
长江上游流域治理研究

Green Development:
Basin Governance of the Upper
Reaches of the Yangtze River

谭志雄　著

中国社会科学出版社

图书在版编目（CIP）数据

绿色发展：长江上游流域治理研究／谭志雄著 . —北京：中国社会科学
出版社，2021.2
ISBN 978 - 7 - 5203 - 7743 - 0

Ⅰ.①绿… Ⅱ.①谭… Ⅲ.①长江流域—上游—流域治理—研究
Ⅳ.①TV882.2

中国版本图书馆 CIP 数据核字（2021）第 018122 号

出 版 人	赵剑英
责任编辑	孔继萍
责任校对	李　剑
责任印制	郝美娜

出　　　版	中国社会科学出版社
社　　　址	北京鼓楼西大街甲 158 号
邮　　　编	100720
网　　　址	http://www.csspw.cn
发 行 部	010 - 84083685
门 市 部	010 - 84029450
经　　　销	新华书店及其他书店

印刷装订	北京市十月印刷有限公司
版　　　次	2021 年 2 月第 1 版
印　　　次	2021 年 2 月第 1 次印刷

开　　　本	710 × 1000　1/16
印　　　张	18
插　　　页	2
字　　　数	277 千字
定　　　价	108.00 元

凡购买中国社会科学出版社图书,如有质量问题请与本社营销中心联系调换
电话:010 - 84083683

序

历史经验与现实教训昭示我们：人类在利用自然资源谋发展的同时，必须尊重、顺应和保护自然，理性寻求人与自然和谐共生。党的十八大以来，习近平总书记立足我国社会主义现代化建设的历史使命，洞悉从工业文明到生态文明跃迁的发展大势和客观规律，就促进人与自然和谐发展提出了一系列新思想、新观点、新论断，凝聚形成"绿水青山就是金山银山""生态优先、绿色发展"的全新理念，成为我国在实现中华民族伟大复兴的进程中应当遵循的五大基本理念之一。

长江是中华民族的母亲河，干流总长 6300 余公里，其上游（宜昌以上）长 4504 公里，流域面积约 100 万平方公里。上游流域作为整个长江流域的生态屏障区和环境敏感区，其综合治理成效如何，直接影响着全流域的绿色健康保障，决定着流域经济社会环境的和谐共生与可持续发展。

怎样理性认识江河流域全面治理？怎样在理论与实践的结合上求实抓好长江上游流域综合治理？这是在推进生态文明建设、坚持"生态优先、绿色发展"的大背景下，面对保护生态与发展经济的两难悖论而必须解答的时代性命题。我们团队多年来针对长江上游流域综合治理进行了持续的专门研究，多项成果为国家发改委等相关部门采纳。为了主动适应当前国家需求和贯彻全面提升现代化治理能力的战略部署，本书作者倾注精力全面归纳研究，使这部著作应时而生。

本书作者在攻读博士及留校任教以来，即作为团队主研潜心于可持续发展、流域综合治理、内陆经济开放转型等相关项目研究，历练出视野开阔、执着求索、科学理性的扎实学术素养与能力。现在呈现在大家面前的著述,是作者针对实际需求创新研究的一部力作。在中国现今的发展背景下,流域治理是可持续发展的重要一环,而不同流域因地理位置、自然条件、经济地位的不同,其治理存在较大差异。如何把握长江上游流域的特殊性,从理论、实践两方面探究长江上游流域治理的新路子是分析构架至关重要的部分。

从绿色发展视域下对长江上游流域治理展开研究具有重要的战略意义与理论价值。本书立足管理学、经济学、法学的交叉研究,贯穿理论联系实际的基本思路,将绿色发展理念作为阐析逻辑起点,系统梳理了长江上游流域治理现状,总结归纳了流域治理存在的主要问题,创新性地对长江上游流域治理的内涵进行界定,进一步把握长江上游流域治理的基本构想,并提出长江上游流域治理是流域生态环境保护与污染防治、流域绿色化转型发展两者的协调统一;该理论构建成为本书重要的研究基础,随之进一步深化每部分的思路构想、基本路径、机制模式;同时用三峡库区流域治理案例作为实践内容补充,继而提出绿色发展视域下长江上游流域治理的政策制度设计。本书不仅有助于丰富绿色发展理念下长江上游流域治理的理论研究,同时对长江上游流域治理实践探索具有重要指导作用。我相信这将对相关领域的学术研究和实务工作有所裨益。

本书付梓不易。尽管年轻的作者付出了孜孜探求的耕耘汗水,但毕竟是提出命题和初步展开研究,其中的不足、偏颇以及错漏在所难免,恳切期望学界同人与实践界朋友给予批评指正,以推动绿色发展理念指导下流域治理理论在实践检验和思想辨析之中逐步拓展和完善。

陈德敏

2020 年 2 月 16 日于重庆大学

前　　言

　　构建人与自然和谐相处的生态文明，已成为全人类的共识。为适应我国经济社会发展趋势及人民群众对美好生活的现实需求，党中央国务院越来越重视生态环境保护工作。2007年党的十七大首次提出"生态文明"概念，提出到2020年使我国成为生态环境良好的国家；2012年党的十八大和2017年党的十九大，生态文明的战略地位持续提升，提出"建设生态文明关乎人类未来"。党的十八大以来，习近平总书记立足我国社会主义现代化建设的历史使命，洞悉从工业文明到生态文明跃迁的发展大势和客观规律，就促进人与自然和谐发展提出一系列新思想、新观点、新论断，凝聚形成绿色发展新理念。绿色发展理念从提出到逐渐完善，已成为指导我国未来发展的五大理念之一。绿色发展作为关系我国发展全局的一个重要理念，是我党关于生态文明建设、社会主义现代化建设规律性认识的最新成果，具有重大意义。党的十九大报告指出，必须树立和践行绿水青山就是金山银山的理念，坚持节约资源和保护环境的基本国策，像对待生命一样对待生态环境，统筹山水林田湖草系统治理，实行最严格的生态环境保护制度，形成绿色发展方式和生活方式。

　　流域是具有相对独立性的产汇流水循环空间，也是人类生产生活活动的重要单元。现代经济发展中，发达的流域经济通常是国民经济的重要增长极和辐射源，流域良好的生态环境条件亦是影响区域之间区位竞争的重要软因素。流域治理是流域开发、保护和管理的总称，包括流域功能定位、流域空间均衡有序发展、流域资源合理保护及有序开发利用、流域生态保育、产业协调发展及生态环境综合整治等内容。流域治理事关人民群众切身利益，事关全面建成小康社会，事关实现中华民族伟大复兴中国梦。人们日益增长的物质文化需求迫切要求相依共存的流域资源开发与环境治理保护得以持续改善。改革开放以来，岸线经济过度开发、长江流域生态破坏带来的洪涝灾害、环境污染与物种失衡，都让沿江人民日益增长的美好生活需要和不平衡不充分的发展之间的矛盾日益加剧。部分地区资源开发过度，环境污染严重，生态问题十分突出，影响和损害群众健康，不利于经济社会持续发展；人民群众对流域治理水平提升的新期待越来越高，流域治理面临机遇和挑战并存的新常态，处于重要的战略抉择期。流域治理和可持续发展成为培育区域竞争优势，提高国际竞争力的重要环节。流域发展不仅是流域的综合开发利用和治理问题，还应该在可持续发展思想的指导下，把流域内包括环境、资源、社会、经济在内的诸要素看成一个整体来研究，它是一个以水资源水环境为约束条件，以人为主体，以可持续发展为目标的复合系统，即"流域可持续发展系统"。

在党中央国务院总体战略部署下，各行各业各级政府努力践行"绿水青山就是金山银山"的理念，高度重视并全力投入流域治理工作，积极探索流域绿色发展和高效治理的创新模式。加快构筑生态文明和深入践行绿色发展理念对我国流域治理提出了更高要求，要求按照实现全面协调可持续发展的指导思想，统筹兼顾，协调经济发展、社会进步和环境保护的关系，引导转变发展观念、创新发展模式、提高发展质量，尽最大可能降低经济社会发展对流域环境的负面影响，恢复和提升流域生态系统的生机和活力，实现流域生态系统良性循环。而近年来全球气候变化直接引起流域水文情势变化，对农业生态系统、自然生态系统、水资源及环境等方面产生了重大影响，甚至出现了过去尚未遇见的一些新情况。同时，随着我国工业化、城镇化和现代化快速发展，发展中不平衡、不协调、不可持续问题突出，新常态背景下经济社会发展对流域治理的压力持续加大，流域综合开发与污染防治等空间格局将面临新形势和新变化。实践证明，实施流域治理是建设生态文明和应对全球气候变化的重要途径。这是在借鉴发达国家流域治理经验，吸收中国历史上治国安邦思想精华，充分尊重江河湖海自然演替规律的基础上，提出的全新思路。

　　长江上游流域是长江流域的水源涵养区、生态屏障区和资源富集区，同时又是生态脆弱区、环境敏感区、经济欠发达地区。该流域覆盖的区域状况，使其肩负着建设长江上游经济带和构筑长江上游生态屏障的重任。长江上游流域治理直接影响整个长江流域的健康发展及流域所辖经济合作区经济社会环境的和谐共存。党中央国务院高度重视长江上游流域治理及流域保护与发展，2014年党中央国务院首次提出"依托黄金水道，建设长江经济带"的战略部署；2016年习近平总书记视察重庆明确指出"共抓大保护，不搞大开发"、"坚持生态优先、绿色发展的战略定位，把修复长江生态环境放在首要位置，推动长江上中下游协同发展、东中西部互动合作，建设成为我国生态文明建设的先行示范带、创新驱动带、协调发展带"等要求；2019年4月，习近平总书记在重庆视察时指出，"保护好长江母亲河和三峡库区，事关重庆长远发展，事关国家发展全局"。重庆是长江上游生态屏障的最后一道关口，对长江中下游地区生态安全承担着不可替代的作用，要筑牢长江上游重要生态屏障，坚持上中下游协同，按照统筹山水林田湖草系统治理的思路，实施长江生态环境系统性保护修复，对破坏长江生态环境的问题要下决心解决。上述为新时期长江上游流域治理和保护工作提出了科学、明确的方向和战略指引。近年来，在科学发展观、可持续发展思想、绿色发展理念的指引下，长江上游流域治理取得了巨大成就，有效促进了治江工程的顺利开展，对长江流域地区经济与环境协调发展做出了突出贡献。

　　中国共产党十九届四中全会于2019年11月5日举行并通过了《中共中央关于坚持和完善中国特色社会主义制度推进国家治理体系和治理能力现代化若干重大问题的决定》，对生态文明制度体系作出了国家治理体系构建背景下的战略部署，提出："构建以排污许可制为核心的固定污染源监管制度体系，完善污染防治区域联动机制和陆海统筹的生态环境治理体系"；"加强长江、黄河等大江大河生态保护和系统治理"。走向生态文明新时代，建设美丽中国，是实现中华民族伟大复兴中国梦的重要内容。从"盼温饱"到"盼环保"，从"求生存"到"求生态"，绿色正在装点当代中国人的新梦想,绿色发展理念以建设美丽中国为奋斗目标,不仅明确了我国当前发展的重要目标取向,而且丰富了中国梦的美好蓝图。坚持绿色发展,建设美丽中国,为当代中国人和我们的子孙后代留下天蓝、地绿、水清的生产生活环境,是新时期我们党执政兴国的重要责任和使命。长江流域治理不仅关系流域 4 亿多人民的福祉,而且关系全国经济社会发展的大局。如何加强和完善长江上游流域治理是新时期流域经济社会环境实现协调发展所面临的重大难题。由于长江上游流域地理位置、资源条件、地质结构、经济发展水平、生态环境状况等特殊性,流域治理过程中凸显了许多矛盾和问题,使得长江上游流域治理工作任重道远。当前我国整体进入新常态阶段,"增长速度换挡、结构调整阵痛、前期政策刺激消化"三期叠加,转型发展、绿色发展的压力较大,尤其是处于工业化中期的云南、贵州、四川省等长江上游地区,仍处于以资源、劳动力、资本等密集型产业推动增长的阶段,创新发展、可持续发展的动能明显弱于下游地区及其他相对发达省区;同时沿江省市生态环境保护的"底线"思维不够,水资源、矿产资源、生态环境资源开发过度、无序,污染排放量大面广,成渝等城市群地区资源环境超载,生态空间破碎化严重、生态用水保障不足等问题突出,顶层设计与整体规划布局不足,联动协调能力缺失;水土流失严重,导致生态系统功能退化,部分支流水质较差,湖库富营养化尚未得到有效控制等现象未从根本上解决。过去的流域综合规划主要是水资源规划,其实际内涵需要持续丰富和拓展,将绿色发展、生态文明作为总纲,全面统筹规划产业布局和管控国土开发、水资源利用、环境整治、产业布局、城镇发展、新农村建设等各项活动。生态文明建设、绿色发展理念践行的大背景下,把加快长江上游流域治理作为一项重大国家政策来执行,做好长江上游流域治理规划,加强水土保持,防治水质污染,注重生态补偿机制的构建,充分发挥长江上游流域在防洪、发电、灌溉、航运、供水以及水产养殖、旅游等方面的多种功能和作用,辐射带动长江上游流域周边地区发展;探索以生态优先、绿色发展为导向的高质量发展新路子,强化"上游意识"、担起"上游责任",切实筑牢长江上游重要生态屏障,加快建设山清水秀美丽之地;促进西部大开发战略持续深入推进,落实"长江经济带"、"一带一路"倡议和西部陆海新通道、成渝地区双城经济圈总体战略部署，实现经济社会可持续发展和生态文明建设的宏伟战略目标。

基于此，本书遵循"战略需求—现实问题—理论架构—行动路径—案例剖析—制度设计"的研究进路，以生态文明思想为指导，围绕"绿色发展"的逻辑主线对长江上游流域治理展开系统论证。首先，紧扣绿色发展的时代内涵和基本特征，把握绿色发展视域下流域治理的基本趋向，重点剖析了长江上游流域治理的现实需求和战略意义；总览长江流域基本情况、自然资源禀赋和经济发展概况，科学界定了长江上游流域的自然区范围和经济范围；立足实地调研，明晰长江上游流域治理现状，检视流域治理存在的问题及深层次的原因。其次，承接现状分析与问题探源，创新性地提出了流域治理理念认知重构的理路与框架，确立了长江上游流域治理的内在结构与逻辑脉络，明确了流域治理的目标导向、总体要求、基本原则及关系协调。再次，适应流域区域发展变化，提出了长江上游流域治理应遵循"确定功能区划、分类分区治理""注重综合开发效应、强化规划统筹""探索科学路径、健全治理体系"的总体思路。最后，着眼思路构想、基本路径、机制重构及模式构造四大方面对长江上游流域生态环境与污染防治、长江上游流域发展的绿色化转型两大板块进行系统阐释；深化理论与实践的研究结合，重点对三峡库区流域治理行动实践展开案例分析和实践总结；从"市场运营，政府管控，协调统筹"三方面着手，开展长江上游流域治理的政策制度框架设计。

目　　录

导论：我国流域治理进入新时代

　　构建人与自然和谐相处的生态文明，已成为全人类的共识。适应我国经济社会发展趋势及人民群众对美好生活的现实需求，党中央国务院高度重视生态环境保护工作。2007 年党的"十七大"首次提出"生态文明"概念，提出到 2020 年使我国成为生态环境良好的国家；2012 年党的"十八大"和 2017 年党的"十九大"，生态文明的战略地位持续提升，提出"建设生态文明关乎人类未来"。党的十八大以来，习近平总书记立足我国社会主义现代化建设的历史使命，洞悉从工业文明到生态文明跃迁的发展大势和客观规律，就促进人与自然和谐发展提出一系列新思想、新观点、新论断，凝聚形成绿色发展新理念。绿色发展理念从提出到逐渐完善，已成为指导我国未来发展的五大理念之一。绿色发展作为关系我国发展全局的一个重要理念，是我党关于生态文明建设、社会主义现代化建设规律性认识的最新成果，具有重大意义。党的十九大报告指出，必须树立和践行绿水青山就是金山银山的理念，坚持节约资源和保护环境的基本国策，像对待生命一样对待生态环境，统筹山水林田湖草系统治理，实行最严格的生态环境保护制度，形成绿色发展方式和生活方式。

　　流域是具有相对独立性的产汇流水循环空间，也是人类生产生活活动的重要单元。现代经济发展中，发达的流域经济通常是国民经济的重要增长极和辐射源，流域良好的生态环境条件亦是影响区域之间区位竞争的重要软因素。流域治理是流域开发、保护和管理的总称，包括流域功能定位、流域空间均衡有序发展、流域资源合理保护及有序开发利用、流域生态保育、产业协调发展及生态环境综合整治等内容。流域治理事关人民群众切身利益，事关全面建成小康社会，事关实现中华民族伟大复兴中国梦。人们日益增长的物质文化生活水平迫切要求相依共存的流域资源开发与环境治理保护得以持续改善。改革开放以来，岸线经济过度开发、长江流域生态破坏带来的洪涝灾害、环境污染与物种失衡，都让沿江人民日益增长的美好生活需要和不平衡不充分的发展之间的矛盾日益加剧。部分地区资源开发过度，环境污染严重，生态问题十分突出，影响和损害群众健康，不利于经济社会持续发展；人民群众对流域治理水平提升的新期待越来越高，流域治理面临机遇和挑战并存的新常态，处于重要的战略抉择期。流域治理和可持续发展成为培育区域竞争优势，提高国际竞争力的重要环节。流域发展不仅是流域的综合开发利用和治理问题，还应该在可持续发展思想的指导下，把流域内包括环境、资源、社会、经济在内的诸要素看成一个整体来研究，它是一个以水资源水环境为约束条件，以人为主体，以可持续发展为目标的复合系统，即"流域可持续发展系统"。

在党中央国务院总体战略部署下，各行各业各级政府努力践行"绿水青山就是金山银山"的理念，高度重视并全力投入流域治理工作，积极探索流域绿色发展和高效治理的创新模式。加快构筑生态文明和深入践行绿色发展理念对我国流域治理提出了更高标准，要求按照实现全面协调可持续发展的指导思想，统筹兼顾，协调经济发展、社会进步和环境保护的关系，引导转变发展观念、创新发展模式、提高发展质量，尽最大可能降低经济社会发展对流域环境的负面影响，恢复和提升流域生态系统的生机和活力，实现流域生态系统良性循环。而近年来全球气候变化直接引起流域水文情势变化，对农业生态系统、自然生态系统、水资源及环境等方面产生了重大影响，甚至出现了过去尚未遇见的一些新情况。同时，随着我国工业化、城镇化和现代化快速发展，发展中不平衡、不协调、不可持续问题突出，新常态背景下经济社会发展对流域治理的压力持续加大，流域综合开发与污染防治等空间格局将面临新形势和新变化。实践证明，实施流域治理是建设生态文明和应对全球气候变化的重要途径。这是在借鉴发达国家流域治理经验，吸收中国历史上治国安邦思想精华，充分尊重江河湖海自然演替规律的基础上，提出的全新思路。

长江上游流域是长江流域的水源涵养区、生态屏障区和资源富集区，同时又是生态脆弱区、环境敏感区、经济欠发达地区。该流域覆盖的区域状况，使其肩负着建设长江上游经济带和构筑长江上游生态屏障的重任。长江上游流域治理直接影响整个长江流域的健康发展及流域所辖经济区经济社会环境的和谐共存。党中央国务院高度重视长江上游流域治理及流域保护与发展，2014年党中央国务院首次提出"依托黄金水道，建设长江经济带"的战略部署；2016年习近平总书记视察重庆明确指出"共抓大保护，不搞大开发""坚持生态优先、绿色发展的战略定位，把修复长江生态环境放在首要位置，推动长江上中下游协同发展、东中西部互动合作，建设成为我国生态文明建设的先行示范带、创新驱动带、协调发展带"等要求；2019年4月，习近平总书记在重庆视察时指出，"保护好长江母亲河和三峡库区，事关重庆长远发展，事关国家发展全局"。重庆是长江上游生态屏障的最后一道关口，对长江中下游地区生态安全承担着不可替代的作用，要筑牢长江上游重要生态屏障，坚持上中下游协同，按照统筹山水林田湖草系统治理的思路，实施长江生态环境系统性保护修复，对破坏长江生态环境的问题要下决心解决。上述为新时期长江上游流域治理和保护工作提出了科学、明确的方向和战略指引。近年来，在科学发展观、可持续发展思想、绿色发展理念的指引下，长江上游流域治理取得了巨大成就，有效促进了治江工程的顺利开展，对长江流域地区经济与环境协调发展作出了突出贡献。

中国共产党十九届四中全会于2019年11月5日举行并通过了《中共中央关于坚持和完善中国特色社会主义制度推进国家治理体系和治理能力现代化若干重大问题的决定》，对生态文明制度体系作出了国家治理体系构建背景下的战略部署，提出："构建以排污许可制为核心的固定污染源监管制度体系，完善污染防治区域联动机制和陆海统筹的生态环境治理体系"；"加强长江、黄河等大江大河生态保护和系统治理"。走向生态文明新时代，建设美丽中国，是实现中华民族伟大复兴中国梦的重要内容。从"盼温饱"到"盼环保"，从"求生存"到"求生态"，绿色正在装点当代中国人的新梦想，绿色发展理念以建设美丽中国为奋斗目标，不仅明确了我国当前发展的重要目标取向,而且丰富了中国梦的美好蓝图。坚持绿色发展,建设美丽中国,为当代中国人和我们的子孙后代留下天蓝、地绿、水清的生产生活环境,是新时期我们党执政兴国的重要责任和使命。长江流域治理不仅关系流域4亿多人民的福祉,而且关系全国经济社会发展大局。如何加强和完善长江上游流域治理是新时期流域经济社会环境实现协调发展所面临的重大难题。由于长江上游流域地理位置、资源条件、地质结构、经济发展水平、生态环境状况等特殊性,流域治理过程中凸显了许多矛盾和问题,使得长江上游流域治理工作任重道远。当前我国整体进入新常态阶段,"增长速度换挡、结构调整阵痛、前期政策刺激消化"三期叠加,转型发展、绿色发展的压力较大,尤其是处于工业化中期的云南、贵州、四川等长江上游地区,仍处于以资源、劳动力、资本等密集型产业推动增长的阶段,创新发展、可持续发展的动能明显弱于下游地区及其他相对发达省区;同时沿江省市生态环境保护的"底线"思维不够,水资源、矿产资源、生态环境资源开发过度、无序,污染排放量大面广,成渝等城市群地区资源环境超载,生态空间破碎化严重、生态用水保障不足等问题突出,顶层设计与整体规划布局不足,联动协调能力缺失;水土流失严重,导致生态系统功能退化,部分支流水质较差,湖库富营养化尚未得到有效控制等现象未从根本上解决。过去的流域综合规划主要是水资源规划,其实际内涵需要持续丰富和拓展,将绿色发展、生态文明作为总纲,全面统筹规划产业布局和管控国土开发、水资源利用、环境整治、产业布局、城镇发展、新农村建设等各项活动。在生态文明建设、绿色发展理念践行的大背景下,把加快长江上游流域治理作为一项重大国家政策来执行,做好长江上游流域治理规划,加强水土保持,防治水质污染,注重生态补偿机制的构建,充分发挥长江上游流域在防洪、发电、灌溉、航运、供水以及水产养殖、旅游等方面的多种功能和作用,辐射带动长江上游流域周边地区发展;探索以生态优先、绿色发展为导向的高质量发展新路子,强化"上游意识"、担起"上游责任",切实筑牢长江上游重要生态屏障,加快建设山清水秀美丽之地;促进西部大开发战略持续深入推进,落实"长江经济带""一带一路"发展战略和西部陆海新通道、成渝地区双城经济圈总体战略部署,实现经济社会可持续发展和生态文明建设的宏伟战略目标。

基于此,本书遵循"战略需求—现实问题—理论架构—行动路径—案例剖析—制度设计"的研究进路,以生态文明思想为指导,围绕"绿色发展"的逻辑主线对长江上游流域治理展开系统论证。首先,紧扣绿色发展的时代内涵和基本特征,把握绿色发展视域下流域治理的基本趋向,重点剖析了长江上游流域治理的现实需求和战略意义;总览长江流域基本情况、自然资源禀赋和经济发展概况,科学界定了长江上游流域的自然区范围和经济范围;立足实地调研,明晰长江上游流域治理现状,检视流域治理存在的问题及深层次的原因。其次,承接现状分析与问题探源,创新性地提出了流域治理理念认知重构的理论与框架,确立了长江上游流域治理的内在结构与逻辑脉络,明确了流域治理的目标导向、总体要求、基本原则及关系协调。再次,适应流域区域发展变化,提出了长江上游流域治理应遵循"确定功能区划、分类分区治理""注重综合开发效应、强化规划统筹""探索科学路径、健全治理体系"的总体思路。最后,着眼思路构想、基本路径、机制重构及模式构造四方面对长江上游流域生态环境与污染防治、长江上游流域发展的绿色化转型两大板块进行系统阐释;深化理论与实践的研究结合,重点对三峡库区流域治理行动实践展开案例分析和实践总结;从"市场运营,政府管控,协调统筹"三方面着手,开展长江上游流域治理的政策制度框架设计。

第 一 章

绿色发展视域下长江上游
流域治理的战略需求

长江流域是我国重要的生态宝库，是重要的战略水源地；同时长江上游流域是长江流域水资源、矿产资源等生态资源的重要集聚地，重视长江流域治理，是恢复和维系流域生态系统良性循环的必要举措，实现绿色发展和构建生态文明的紧迫任务。新时期加强长江上游流域治理，是应对当前流域治理困境的现实需要，对构筑生态文明、实现绿色发展和治理现代化具有重要战略意义。

第一节　绿色发展视域下流域治理的新时代要求

顺应可持续发展趋势和经济社会发展的现实需要，绿色发展在我国被赋予全新的时代内涵。围绕党中央国务院的统一部署，稳步开展绿色发展的实践行动，绿色发展形成具有中国特色的基本特征。

一　绿色发展的时代内涵

绿色发展是以效率、和谐、持续为目标的经济增长和社会发展方式。当今世界，绿色发展已经成为一个重要趋势，许多国家把发展绿色产业作为推动经济结构调整的重要举措，突出绿色的理念和内涵。绿色发展与可持续发展在思想上是一脉相承的，既是对可持续发展的继承，是可持续发展中国化的理论创新，也是中国特色社会主义应对全球生态环境恶化客观现实的重大理论贡献，符合历史潮流的演进规律。绿色发展得到了《1844 年经济学哲学手稿》、可持续发展理论、"两山"论、绿色发展系统的理论支持。习近平总书记指出，"绿色发展是生态文明建设的必然要求""人类发展活动必须尊重自然、顺应自然、保护自然"，要"以对人民群众、对子孙后代高度负责的态度和责任，真正下决心把环境污染治理好、把生态环境建设好，努力走向社会主义生态文明新时代"。党的十八大以来，党中央鲜明地提出了创新、协调、绿色、开放、共享的发展理念，实现了生态文明建设与经济建设、政治建设、文化建设、社会建设高度融合。在推进生态文明建设、实现绿色发展进程中，必须深刻认识绿色发展在新发展理念中的重要地位，掌握绿色发展同创新、协调、开放、共享发展的相互关系。

绿色发展是以生态文明建设为基本抓手，建设生态文明，是关系人民福祉、关乎民族未来的长远大计。党的十八大把生态文明建设纳入全面建成小康社会的奋斗目标体系，并纳入"五位一体"总体布局。大力推进生态文明建设，把生态文明建设放在突出地位，融入经济建设、政治建设、文化建设、社会建设各方面和全过程，努力建设美丽中国，实现中华民族永续发展。要求加大自然生态系统和环境保护力度，实施重大生态修复工程，坚持预防为主、综合治理，以解决损害群众健康突出问题为重点，强化水、大气、土壤等污染防治。要求加强生态文明体制建设，建立包括资源消耗、环境损害、生态效益等方面的经济社会发展评价体系，建立反映市场供求和资源稀缺程度，体现生态价值和代际补偿的资源有效使用制度和生态补偿制度。同时，加强生态文明宣传教育，增强全民节约意识、环保意识、生态意识，形成合理消费的社会风尚，营造爱护生态环境的良好风气。

党的十八大以来，生态文明建设成效显著，全党全国贯彻绿色发展理念的自觉性和主动性显著增强，忽视生态环境保护的状况明显改善，生态文明制度体系加快形成，主体功能区制度逐步健全。第一，在理念培育方面，绿色生产和绿色生活方式的培育是一场革命。保护环境就是保护生产力、绿水青山就是金山银山以及生态兴则文明兴、生态衰则文明衰的理念广为各方接受，高质量、有效益的发展正在成为各地的自觉实践,绿色发展观已深入人心。第二,在主体架构方面,经过不断改革,基本形成了以地方党委、地方政府、地方人大、地方政协、司法机关、社会组织、企业和个人为主体的环境共治的格局。第三,在区域发展方面,通过改革统筹和优化了区域的发展资源。流域上游与下游间的生态补偿以及森林、草原、湿地、荒漠、海洋、水流、耕地等重点领域和禁止开发区域、重点生态功能区等重要区域生态保护补偿正在全面建立,区域绿色发展的公平机制开始发挥效应。第四,在有效监管方面,通过建立健全区域环境影响评价制度和区域产业准入负面清单制度,既提高了行政审批效率,又预防和控制了区域环境风险。第五,在保障措施方面,科技支撑绿色发展的作用日益明显,绿色金融体系、环境保护投融资体系逐步完善,为绿色发展保驾护航。第六,在治理实效方面,区域环境风险正在得到控制,"散乱污"企业正在被清理整顿,产业结构正在科学调整,侵占自然保护区、破坏湿地、污染环境的现象被大力遏制。

党的十九大报告把"坚持人与自然和谐共生"作为新时代坚持和发展中国特色社会主义基本方略的重要组成部分,号召"为把我国建设成为富强民主文明和谐美丽的社会主义现代化强国而奋斗",表明了我们党持之以恒推进美丽中国建设、建设人与自然和谐共生的现代化、为全球生态安全作出新贡献的坚定意志和坚强决心。绿色发展将"美丽中国"作为发展目标。党的十九大提出坚持新的发展理念,贯彻创新、协调、绿色、开放、共享的发展理念,坚持人与自然和谐共生,树立和践行绿水青山就是金山银山的理念,实行最严格的生态环境保护制度,形成绿色发展方式和生活方式,坚定走生产发展、生活富裕、生态良好的文明发展道路。加快生态文明体制改革,要求推进绿色发展,加快建立绿色生产和消费的法律制度和政策导向,建立健全绿色低碳循环发展的经济体系;构建市场导向的绿色技术创新体系,发展绿色金融,壮大节能环保产业、清洁生产产业、清洁能源产业;推进能源生产和消费革命,构建清洁低碳、安全高效的能源体系;推进资源全面节约和循环利用,实施国家节水行动,降低能耗、物耗,实现生产系统和生活系统循环链接;倡导简约适度、绿色低碳的生活方式,反对奢侈浪费和不合理消费,开展创建节约型机关、绿色家庭、绿色学校、绿色社区和绿色出行等行动。

二　新时代绿色发展的基本特征

（一）"五位一体"总体战略布局和"五大发展理念"的交集

新时代的绿色发展是"五位一体"总体战略布局和"五大发展理念"的交集，发展是解决一切问题的基础和关键，绿色是新时代实现新目标的必然选择。实现新时期的发展目标，必须牢固树立创新、协调、绿色、开放、共享的发展理念，这五大发展理念与"五位一体"总体布局中的经济、政治、生态文明、文化和社会建设相对应。绿色是发展的底色，是永续发展的必要条件和人民对美好生活追求的重要体现。绿色是生态文明建设的底色和原色，以生态文明建设为立足点，深化、细化生态管理，改进生态治理，维护生态平衡，使人与自然和谐，实现绿色发展、可持续发展。

（二）体现自由全面、生态有机的发展观

绿色发展的核心是人的自由、全面发展。绿色发展理念尊重人的创造精神，鼓励人的自由自觉的智慧力量的发挥，转变了过去以破坏自然甚至不惜以损害人的自由、健康为必然代价的发展方式，从而谋求人与自然的和谐统一，实现可持续、高质量的发展。同时，绿色发展强调生产方式、生活方式绿色化、生态化、有机化。人和自然都是有机体，是能够与内外环境进行联系和互动的复杂系统，以内因和外因的相互作用、自身与周围环境的共生共荣实现个体的充分生长。绿色发展以和谐共享为主旨，在价值追求、发展方式和社会结构方面倡导人与社会、人与自然的和谐、统一、友好的发展模式。

（三）资源节约、生态保护和环境治理相统一

新时代的绿色发展是一种和谐性发展，深刻体现了人与自然和谐共生、融合发展的鲜明的价值取向。新时代的绿色发展是一种系统性发展，与循环发展、低碳发展共同体现了现代生态文明的系统性整体发展。循环发展、低碳发展是绿色发展的具体化，绿色发展是通过循环发展、低碳发展等形态表现出来的。绿色发展能够实现资源节约、生态保护和环境治理的结合统一。其本身就包含节约用地、用水和减少环境污染、降低耗能之意。同时，资源节约、生态保护、环境治理又是持续健康发展

的重要前提。只有贯彻绿色发展理念，坚持资源节约、生态保护和环境治理并行并重，才能实现永续发展，促进人的全面发展和社会全面进步。

（四）放眼人类未来，具有广阔的全球视野

生态系统不分国界，绿色发展不分疆域。随着工业化和城市化的迅速发展，全球生态问题日益突出，世界各国都面临着严峻的生态危机，一个国家生态环境的破坏也会导致整个全球生态系统的不稳定。同样地，一个国家生态治理措施也会影响全球生态治理体系。让绿色发展引领全球，成为全世界人民的共同理想和价值诉求，同时也是构建人类命运共同体的最终目的和归宿。"人类命运共同体"是绿色发展理念在当代中国和世界文明的独特贡献，其着眼于人类未来，同全球人民同呼吸共命运，建设尊崇自然、绿色发展的生态体系。

三　绿色发展视域下流域治理的基本趋向

（一）转变治水思路

五大发展理念关系全局，在经济、社会、政治以及生态等各方面均是一场深刻的变革，是新时期水利工作的根本遵循。党的十八大着眼于生态文明建设全局，明确了"节水优先、空间均衡、系统治理、两手发力"的治水思路。落实五大发展理念，必须加快转变治水思路，深入贯彻落实新时期水利工作新方针、新思路，加快从传统水利向现代水利转变。必须全面推进治水方式方法、体制机制创新，加快实现从粗放用水向节约用水转变，从供水管理向需水管理转变，从局部治理向系统治理转变，从注重行政推动向坚持两手发力、实施创新驱动转变，统筹解决好水短缺、水灾害、水生态、水环境问题。坚持山水林田湖草综合治理、系统治理、源头治理，坚持绿水青山就是金山银山的理念，坚持生态优先、绿色发展，以水而定、量水而行，因地制宜、分类施策，上下游、干支流、左右岸统筹谋划，共同抓好大保护，协同推进大治理，着力加强生态保护治理、统筹推进各项工作，加强协同配合，促进流域高质量发展。

（二）以系统、协调为流域治理的要点

把流域看作一个整体，做好流域尺度的系统设计、产业布局和区域协调，打破部门交叉和条块分割，利用系统性的综合措施确保流域生态系统恢复。坚持源头治理与系统治理相结合，由"灭火管理"转向"源头抓起"，多举措组合"出击"，完善流域生态系统。此外，我国幅员辽阔，各流域水资源条件、发展水平不同，水利发展不平衡问题日益突出，必须紧紧围绕"一带一路"倡议、长江经济带建设、京津冀协同发展、成渝双城经济圈总体部署、西部陆海新通道战略四大战略和"四大板块"协调发展，围绕新型城镇化和新农村建设双轮驱动，围绕精准扶贫要求，着力提高水资源要素与其他经济要素的适配性、水利发展与经济社会发展的协调性。同时，必须充分发挥水资源管理红线的刚性约束作用，以用水方式转变倒逼产业结构调整和区域经济布局优化，着力提升河流、湖泊、湿地等自然生态系统的稳定性和生态服务功能，推动循环经济、绿色经济和低碳经济发展。

（三）凸显流域治理全过程绿色化

（1）规划绿色化。在流域治理中，制定能够平衡经济、社会和环境三方面关系的规划，发挥顶层设计作用，如上位规划、水利规划及其他行业平行规划，明确其对流域发展的总体定位和控制性要求，谋划与流域绿色发展相适应的综合治理措施体系。

（2）治理绿色化。在"绿色规划"的指导下，进行"绿色治理"，包括水行政部门在内的相关行业主管部门、企事业单位、社会公众对流域进行生态治理，实现生态效益的外部化，促进经济、社会、生态的协同可持续发展。

（3）管理绿色化。明确流域责任主体及相关责任方权责边界，从而有针对性地从机制建立、机构设置、制度约束及保障等方面提出流域管理措施，实现管理体制集约化、制度化、市场化、专业化和社会化。

第二节　绿色发展视域下长江上游流域治理的现实需求

长江流域具有丰富的淡水、矿产、农业生物、旅游资源等，开发潜力巨大，同时长江流域历来是我国最重要的工业走廊之一，据统计，沿江九省市的粮棉油产量占全国40%以上,不仅现代工业集聚,同时城镇化水平不断提高,市场广阔,使得长江流域孕育了发达的长江经济带。在生态优先、绿色发展的道路上,长江流域经济快速发展,经济带覆盖的11省市,横跨东、中、西三大板块,国土面积虽然只占全国的21.4%,但集聚了42.8%的人口,2018年创造了全国44.1%的国内生产总值,在我国经济发展中具有重要的引擎作用。推动长江上游地区实现流域的科学治理和绿色发展,有利于推动其成为生态环境保护修复的创新示范带、新动能引领转型发展的创新驱动带和区域合作机制体制协调发展带,有利于加快实现长江流域经济带高质量发展和高品质生活。

一 长江上游流域水利水电资源开发对生态环境的影响凸显

长江流域大部分水能资源集中在上游地区,水流落差大,水能资源丰富。如长江上游金沙江流域水资源总量为1565亿立方米,流域内人均占有水资源量7472立方米,远高于长江流域和全国平均值。长江流域是全球人口最密集和建坝最多的流域,共有水库5万余座,水电站近2万座。这些工程在长江防洪体系中发挥着不可替代的作用,推动了我国水利水电工程建设及水电装备制造业等走向世界高端。然而,它们也让长江流域生态系统承受了巨大压力,突出表现在,水利水电开发对流域生态影响明显,中下游水环境污染严重,气候变化尤其是极端灾害天气频发对流域生态系统干扰很大,流域内生物多样性丧失加快。大规模的梯级水库的建设和运行将显著改变长江天然的水文过程、水沙分配比例,对流域生态系统与环境产生重大影响。近20年来,伴随着众多水利水电工程投入运营,长江流域的生态环境出现了一些不容忽视的改变甚至是趋势性变化。此外,经济社会的高速发展给长江流域生态环境同样带来了巨大压力和严峻挑战。

二 部分地区生态资源过度开发现象严重

长江流域是我国重要的资源集聚地,是巨大的生态宝库。随着我国工业化、城镇化的进程加快,对水资源、矿产资源、土地资源等生态资源的需求不断提高,同时又由于部分地区的生产技术水平有限,资源管理机制不健全等原因，长江流域部分沿江省市流域资源开发与环境保护的"底线"思维不够，对资源环境承载上限及生态格局安全的基础前提重视不足，在经济活动过程中以利润最大化为目标随意开发建设。长江上游部分省市如云南、贵州等仍处于工业化中期，第二产业所占比重大，资源、劳动力、资本密集型产业发展迅速，但创新技术水平相对较弱，资源利用率偏低，可持续发展的能力相对较弱；部分企业在流域内进行大规模开发，环保设施不健全，导致生态资源无序开发、过度开发等现象突出。

三　水质稳中向好，水污染从单一污染向复合型污染转变的态势加剧

根据长江水利委员会 2018 年水资源公报显示，近年来长江流域水质稳中向好，2018 年长江流域全年期评价河长 85842.9 公里。水质为 Ⅰ—Ⅱ 类、Ⅲ 类、Ⅳ 类、Ⅴ 类、劣 Ⅴ 类水河长分别占评价河长的 68.1%、20.1%、7.5%、2.0%、2.3%，主要超标项目为氨氮、总磷、化学需氧量、五日生化需氧量和高锰酸盐指数等。与 2017 年同比，水质劣于 Ⅲ 类水的河长比例下降了 0.1%，且在长江流域水土流失治理方面取得了一定成效。2018 年，长江流域实施了中央财政水利发展资金水土保持项目和中央预算内投资坡耕地水土流失综合治理工程两类国家水土保持重点工程，共涉及 319 个项目县，完成水土流失治理面积 4662 平方公里。根据第一次全国水利普查数据（2013 年公布），长江流域水土流失面积为 38.46 万平方公里，占流域土地总面积的 21.37%。其中，水力侵蚀面积为 36.12 万平方公里，风力侵蚀面积为 2.34 万平方公里。与全国第二次水土流失遥感调查数据（2002 年公布）相比减少 14.62 万平方公里，减少比例为 27.54%。

但水污染问题突出，水污染向复合型污染转变的态势进一步加剧，表现在以下几方面：（1）水污染从流域污染问题逐步演变为河流、湖泊污染，同时地表、地下污染蔓延；（2）已经形成点源与面源污染共存、生活污染和工业排放叠加、各种新旧污染与二次污染形成复合污染的态势；（3）从污染物种类来看，从一般常规污染物，如 COD、氨氮等发展

到包括持久性有机污染物（POPs）、重金属、总氮（TN）、高锰酸盐、总磷（TP）等污染物同时并重，其中，饮用水污染类型已由20世纪60年代的以微生物为主，70年代的以重金属污染为主，转为以有机物污染为主。长江流域每年接纳废水量占全国的1/3，部分支流水质较差，湖库富营养化未得到有效控制。中下游湖泊、湿地功能退化，江湖关系紧张，洞庭湖、鄱阳湖枯水期延长。长江水生生物多样性指数持续下降，多种珍稀物种濒临灭绝。

四 传统的开发治理模式亟待转型

在生态文明建设的号召下，在绿色发展理念、"绿水青山就是金山银山""共抓大保护、不搞大开发"等理念要求下，流域治理面临全新的挑战，现有开发治理模式迫切需要转型。流域是包含水、大气、土地和人类社会经济活动在内的重要单元，人类在该空间的社会经济活动必须严格控制在流域资源与环境的承载能力范围内，以往粗犷的开发建设模式以及忽视环境污染的生产生活方式将不再适应新时代的发展。生态文明、绿色发展理念的提出迫切需要我国流域治理模式在理念、体制、思路等方面进行大胆的改革创新和丰富，以适应新时代绿色发展的需要，实现人与自然的和谐发展、经济社会高质量可持续发展。

第三节　绿色发展视域下长江上游流域治理的战略意义

坚持创新发展、协调发展、绿色发展、开放发展、共享发展，是关系到我国发展全局的一场深刻变革。长江上游流域治理面临机遇和挑战并存的新常态，处于重要的战略抉择期。加强长江上游流域治理，具有重要的战略意义。

一 落实"五位一体"总体战略部署，推进生态文明建设的重要举措

党的十八大提出，建设中国特色社会主义事业总体布局由经济建设、

政治建设、文化建设、社会建设"四位一体"拓展为包括生态文明建设的"五位一体"，这是总览国内外大局、贯彻落实科学发展观的一个新部署。党的十九大报告中有关生态文明建设的内容高屋建瓴、内涵丰富，为推动形成人与自然和谐发展现代化建设新格局、建设美丽中国提供了根本遵循和行动指南。习近平总书记对生态文明建设、生态资源开发与环境保护作出一系列重要指示，强调深化生态文明体制改革，坚持山水林田湖草生态空间一体化保护和环境污染协同治理；坚持生态优先，将实现流域内"人和自然共生"作为建设生态文明的重大任务和伟大工程，从全面建成小康社会、实现中华民族永续发展的战略高度，重视解决好流域综合开发和治理问题。

国家将流域综合开发和保护作为生态文明建设的重要内容。生态流域的绿色发展是 21 世纪"生态文明"建设亟须解决的重大现实课题。加强长江上游流域治理工作，着力解决经济发展与流域开发治理之间的矛盾，打造生态流域绿色发展体系，加快开展流域生态建设文明工作，是贯彻"五位一体"总体战略部署、加强生态文明建设、恢复和维系流域生态系统良性循环的紧迫任务和重要举措。

二　全面建设小康社会，实现高品质生活的必然要求

尽管我国长江上游流域治理取得了一定成效，但流域整体性保护不足，水资源—水生态—水环境关系紧张，部分地区资源环境超载，环境质量不高，生态受损较大，环境风险较高等问题依然十分突出。流域开发与治理问题已成为全面建成小康社会、推动经济社会可持续发展的重大瓶颈和短板。加强流域综合开发与治理，强化问题导向，从经济结构、机制体制等深层次问题入手，把生态资源环境承载能力作为刚性约束，以绿色可持续发展为原则，提出完善法律保障、调整管理机制、转型开发生产模式、调整产业结构、优化空间布局、推进循环发展等多项具体政策措施，强化流域开发治理考核，推动经济结构转型升级，建立新的发展模式是突破瓶颈的必然之举。

生态环境优美宜居是美丽中国的重要内容，有利于增强人民群众幸福感，增加社会和谐度，拓展发展空间、提升发展质量，充分发挥环境

保护作为生态文明建设主战场、主阵地的作用。落实长江上游流域综合开发与治理的工作任务，坚定不移地强化流域生态环境管理工作，统筹生态资源环境，严守资源开发利用上线；以生态系统稳定健康为目标，划定并严守生态保护红线；集中力量优先解决损害群众健康的突出资源开发与环境问题。按照全面建成小康社会、改善民生的要求，想方设法解决群众反映强烈的流域资源开发不当，生态环境污染问题，提出符合老百姓需求和愿望的现实目标，让长江上游流域治理的效果更加贴合百姓感受，为实现高品质生活保驾护航。

三 推进环境治理体系和治理能力现代化的重要内容

中国共产党十九届四中全会于2019年11月5日举行并通过了《中共中央关于坚持和完善中国特色社会主义制度，推进国家治理体系和治理能力现代化若干重大问题的决定》，对生态文明制度体系作出了国家治理体系构建背景下的长远部署，提出"构建以排污许可制为核心的固定污染源监管制度体系，完善污染防治区域联动机制和陆海统筹的生态环境治理体系"；"加强长江、黄河等大江大河生态保护和系统治理"。由此可见，党中央把生态文明制度摆在更加突出的战略位置，并作为我国国家治理体系和治理能力现代化的重要组成部分。我国生态环境治理体系不断完善，治理能力不断提高。但也要看到，我国生态环境治理体系和治理能力方面还存在与新形势、新任务、新要求不适应、不全面、不深化、不到位的问题。推进国家生态环境治理体系和治理能力现代化，就是要针对存在的问题，站在全局的高度，统筹兼顾、抓住重点、远近结合、综合施策。

加强长江上游流域环境综合治理，这是推进国家生态环境治理体系和治理能力现代化的着力点。充分调动发挥生态环境、发改委、科技、工信、财政、自然资源、交通、住建、水利、农业农村等部门力量，开创"九龙"治水合力、系统治理的新气象。坚决落实全面深化改革、加快生态文明制度建设各项要求，统筹水资源、水环境、水安全、水生态、水文化，实施系统治理。明确环境质量目标导向，把环境质量状况作为检验各项工作的终极标准，稳步推进环境管理战略转型各项工作；根据质量目标要求,确定污染减排目标,尽快让排污总量降下来、让生态环境质量好起来。

四 适应经济新常态,打造中国经济升级版的迫切需要

当前中国正处在经济社会发展的重要战略转型期。中央在深刻认识我国经济发展呈现增长速度换挡期、结构调整阵痛期、前期刺激政策消化期"三期叠加"的阶段性特征后,作出"经济进入新常态"的重大判断。新常态揭示了我国经济增长从高速进入中高速阶段的从容状态,揭示了我国经济发展阶段的新变化、新特点,强调经济发展既不能片面追求过去那种粗放的高增长,也还要保持合理发展的速度防止经济惯性下滑。进入新常态,也进入了转型升级的关键时期,打造我国经济升级版,就要改革创新,从粗放到集约、从低端到高端、加快结构调整速度。

加强长江上游流域综合开发与治理,以合理开发与流域环境保护倒逼经济结构调整,以环保产业发展腾出环境容量,以生态资源节约拓展生态空间,以生态系统保护创造绿色财富,为协同推进新型工业化、信息化、城镇化、农业现代化和绿色化,实施"一带一路"倡议、西部陆海新通道、长江经济带以及成渝地区双城经济圈等国家重大战略,促进经济高质量发展为经济社会可持续发展保驾护航,打造中国经济升级版。

五 坚持绿色发展,实现可持续发展的现实路径

可持续发展是包括社会、经济、人口、资源、环境、生态等诸多因素在内的复杂体系。与创新发展、协调发展、开放发展、共享发展一道,"绿色发展"是党的十八届五中全会提出的科学发展理念和发展方式。十八届五中全会提出,必须坚持节约资源和保护环境的基本国策,坚持可持续发展,坚定走生产发展、生活富裕、生态良好的文明发展道路,加快建设资源节约型、环境友好型社会,形成人与自然和谐发展现代化建设新格局,推进美丽中国建设,为全球生态安全作出新贡献。生态资源过度无序开发、环境污染日趋严重等已成为中国发展的巨大障碍。作为一个资源并不丰富,又经常遭受严重污染的最大的发展中国家,如何加强我国重点流域综合开发与治理显得尤为重要和紧迫。

加强长江上游流域综合开发与治理，坚持以"绿色发展"和"可持续发展"观念重新审视流域资源开发和环境保护，以生态优先的方式利用自然资源和环境容量，采用多样性、针对性的先进开发与治理技术，营造人与自然和谐共生的流域环境，对国家总体战略发展和区域可持续发展具有现实紧迫性和长远保障性。

六 促进区域协调发展和流域经济发展的基本方略

区域协调发展中的协调反映的是系统内部各要素的良性互动关系，也是对区域内部各个利益群体的利益格局进行统一考虑，求大同，存小异，找到同等的区域利益目标，要求各群体目标、行为一致，从而共同完成区域经济发展的总目标。流域是人类重要的经济活动空间，因此其发展决定了一定地域范围内人类生活、生产的质量水平。由于流域经济开发给各级政府带来了巨大的经济利益，因此各种利益冲突频发，表现在产业结构布局趋同，土地利用不合理、不协调，忽视隐形成本和剥夺上游地区发展权力等方面。

流域综合开发与治理是我国流域经济发展的重要形态。2019年8月，习近平总书记在中央财经委员会第5次会议上提出促进区域协调发展的主要举措之一是"全面建立生态补偿制度"。建立健全市场化、多样的生态补偿机制，完善区际利益补偿机制，鼓励流域上下游之间开展资金、人才、产业等多种补偿，有利促进区域协调发展。十八大五中全会提出，推动区域协调发展，塑造要素有序自由流动、主体功能约束有效、基本公共服务均等、资源环境可承载的区域协调发展新格局。加强长江上游流域治理，是协调我国长江流域经济发展和区域经济发展的重要内容，是实现国民经济和区域经济可持续发展的基本举措，有利于促进区域协调发展和长江流域可持续发展。

七 助推长江经济带战略、"一带一路"倡议与成渝双城经济圈部署的有效手段

随着中国改革开放的不断深入和综合国力的日益增强，在这个波澜壮阔的历史发展时期，中国推出"一带一路"倡议和长江经济带战略，

这是党中央和国务院根据当前世界政治经济形势、国内经济进入新常态所做出的重要决策，是我国"十三五"乃至更长时期区域协同发展的主要着力点。长江经济带战略与"一带一路"倡议与成渝双城经济圈部署从人类文明史和全球化格局出发，倡导以经济建设、政治建设、文化建设、社会建设、生态文明建设"五位一体"的理念开启可持续发展的人类新征程，推动传统中华文明的转型和近代人类文明的创新。而响应长江经济带与"一带一路"倡议号召的基础与关键即在保护的前提下实现经济发展与资源环境相适应的绿色发展，必须把修复长江生态环境摆在压倒性位置，必须坚持"生态优先、绿色发展"，"共抓大保护、不搞大开发"。

成渝地区双城经济圈战略是开发高质量发展重要增长极、优化国家区域经济布局的战略决策，是打造内陆开放战略高地、优化国家对外开放格局的重大行动，是保护长江上游和西部地区生态环境、维护国家生态安全的必然要求。要推动长江经济带与"一带一路"的发展，正确把握长江流域发展与环境之间的关系至关重要，而长江上游流域在长江流域中具有重要生态地位，是重要生态屏障所在；具有重要经济地位，成渝地区双城经济圈上升为国家战略即第四增长极。在国家总体战略布局下，针对长江上游的流域治理战略意义重大。

第 二 章

长江流域概况

准确把握长江流域的基本概况对于深入探讨长江上游流域治理具有重要的基础作用。长江流域具有丰富的资源等，近年来经济社会各方面发展迅速。本章主要分析长江流域的自然条件概况、自然资源概况以及经济发展概况等，通过系统分析长江上游流域基本情况，掌握长江流域经济社会发展的基本趋势和态势。在此基础上，本章界定了长江上游流域自然地理、流域经济区范围。

第一节　长江流域基本概况总览

长江是中国和亚洲第一大河，发源于"世界屋脊"——青藏高原的唐古拉山脉各拉丹冬峰西南侧，最终于上海市崇明岛附近汇入东海。长江干流经青海、西藏、四川、云南、重庆、湖北、湖南、江西、安徽、江苏、上海11个省、自治区、直辖市，全长6300余公里，比黄河长800余公里，在世界大河中长度仅次于非洲的尼罗河和南美洲的亚马孙河，居世界第三位。但尼罗河流域跨非洲9国，亚马孙河流域跨南美洲7国，长江则为中国所独有。长江支流多达数百条，延伸至贵州、甘肃、陕西、河南、广西、广东、浙江、福建8个省、自治区的部分地区。长江流域，是指长江干流和支流流经的广大区域，横跨中国东部、中部和西部三大经济区，共计19个省、市、自治区，是世界第三大流域，流域总面积180万平方公里，占中国国土面积的18.8%。长江流域呈现多阶梯形地形，流经山地、高原、盆地、丘陵和平原等。

　　长江干流宜昌以上为上游，长 4504 公里，流域面积 100 万平方公里，该河段落差大，峡谷深，水流湍急，主要支流有雅砻江、岷江、沱江、嘉陵江、乌江等。长江干流宜昌至湖口为中游，长 955 公里，流域面积 68 万平方公里，主要包括安徽、江西、湖北、湖南四个省份。长江干流湖口以下为下游，长 938 公里，流域面积 12 万平方公里，该河段相对稳定，绝大部分地区为平原洼地和湖区，丘陵低矮而零散，长江流域水系如图 2.1 所示。

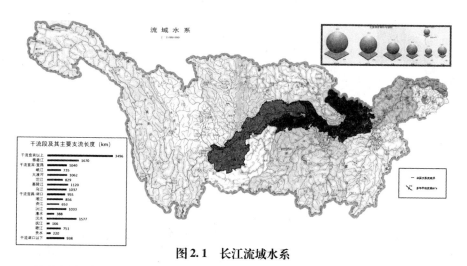

图 2.1　长江流域水系

资料来源：水利部长江水利委员会发布的《长江流域水土保持公报（2006—2015）》。

一　长江流域人口分布概况

　　（1）长江流域人口众多，但人口密度地域分布不均。长江流域 19 个省、市、自治区现有人口约 9.7 亿人，约占全国的 70%，其中城镇人口约 5.7 亿人，占流域内总人口的 59.3%。流域东部的上海、江苏、浙江、福建和广东五个省市的人口总量约为 3.1 亿人，流域中部的安徽、江西、河南、湖北和湖南五个省份的人口总量约为 3.3 亿人，流域西部的四川、重庆、贵州、云南、西藏、陕西、甘肃、青海和广西 9 个省市自治区的人口总量约为 3.2 亿人。流域内人口稠密，平均人口密度超过 539 人/平方公里，特别是长江三角洲，人口密度达 740 人/平方公里，上海达 3823 人/平方公里左右，是中国人口最稠密的地区。就长江流域的东中西部地区来看,人口密度分别为603人/平方公里、384人/平方公里和81人/平方公里。由此可见,从东到西人口密度呈阶梯式下降,分布极为不均。以长江经济带为例,2018年长江经济带整体人口密度为290.58人/平方公里,超过全国人口密度144.84人/平方公里的一倍(见图2.2①)。同时,各省市人口密度从东到西分布极为不均,但是除了云南省人口密度略低于全国平均水平,其他各省市均超过全国平均水平,其中,江苏、浙江、安徽、重庆、湖南、湖北6个省市人口密度不仅远超全国平均水平,更是在长江经济带平均水平之上。

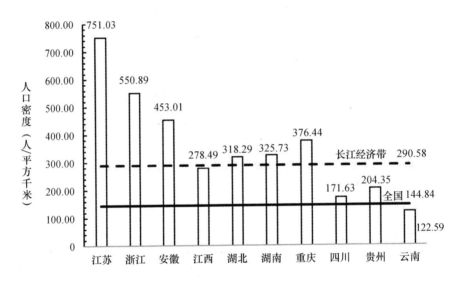

图2.2 2018年全国及长江经济带各省市人口密度情况

资料来源:根据各省市2019年统计年鉴相关统计数据整理得到。

(2)长江流域是少数民族聚集区。少数民族虽然占流域内人口总数的比例不到6%,但是流域内分布有50多个少数民族。各少数民族主要居住在云贵高原、青藏高原、川西、湘西和鄂西一带。全流域共有14个民族自治州,32个民族自治县,主要分布在长江上游,中游较少,下游没有。长江流域少数民族中,人口在10万人以上的民族依次为:土家

---

① 由于上海人口密度过大,图2.2中长江经济带各省市人口密度并没有包括上海。

族、苗族、彝族、侗族、藏族、回族、布依族、白族、瑶族、仡佬族、纳西族、傈僳族、羌族，共 13 个民族，人口在 10 万人以下的民族依次为：蒙古族、鲁族、满族、壮族、傣族、水族、普米族，其中普米族刚过 1 万人。长江下游地区及上游的陕西、中游的河南基本是汉族聚居地区，汉族人口占总人口数的 98% 以上，零星分布着回族、蒙古族、满族和畲族。甘肃、云南、贵州、四川、湖北、湖南等省份汉族人口占人口总数的 80%—96%，但在局部地区少数民族人口占优势，通天河以上则基本是藏族聚居区。

二 长江流域城市发展概况

就长江干流区域城市地理位置来说，东部江苏、浙江 2 省及上海共有 37 个城市；中部河南、安徽、江西、湖南、湖北 5 省共有 94 个城市；西部四川、贵州、云南、陕西 4 省及重庆共有 55 个城市。目前，长江流域的城市空间结构格局表现为：长江以南城市数量多，沿江分布密集，下游三角洲的城市间联系紧密，中游南北分布较平衡，上游呈点状分布，城市规模两头比重大。

（1）长江流域宜宾以下的干支流两岸是我国城镇化水平最高的地区。这部分区域工业兴起较早，科学文化水平较高，科学技术力量比较雄厚，是我国智力和技术资源的集中区。重庆、武汉、南京、上海分别是长江上、中、下游和河口的四大经济中心城市，并以长江为纽带，组成了四大片城镇体系和庞大的城乡市场，带动着流域经济的发展。以市辖区人口划分城市等级，位于长江口的上海，是全国最大的综合性工业基地和贸易港口，是市辖区人口超过 1000 万的特大城市。重庆、成都、南京、杭州、武汉、广州、汕头、西安等是市辖区人口 500 万至 1000 万的巨大城市。长沙、郑州、南昌、徐州、苏州、淮安、深圳、佛山、南宁等是市辖区人口 300 万至 500 万的特大城市，中小城市分布更广。可以发现，长江流域存在着城市规模等级不协调的问题，东部特大、大城市的数目较多，中小城市发育不充分、驱动能力低；而中西部地区特大、大城市数量则明显不足。

（2）长江流域城镇化建设成效显著。2013年，长江经济带①城镇约有5.82亿人口，城镇化率为53.02%；2018年上游成渝经济区、中游城市群、下游长三角地区"三大城市群"地区生产总值占长江经济带比重达78.64%，常住人口占比达64.17%，常住人口城镇化率达59.5%，与全国城镇化进展保持同步状态，且差值不断减小，长江流域新型城镇化建设取得了积极进展（见图2.3）。长江流域城市化进程较快，但存在区域间的差异。大部分省份城市化过程、速度都与全国平均水平差不多，但是由于经济发展水平有高有低，因此各省区的城市化水平也有较大的差异性（见图2.4）。例如，贵州、云南、江西、安徽等省经济基础较差，工业化水平不高，所以城市化水平也低。但是，在长江中、下游沿江一些地区，经济发达的省市，如上海、江苏、湖北等，城市化水平接近或超过全国的平均水平。

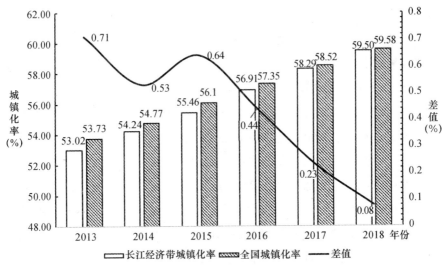

图2.3 2013—2018年长江经济带城镇化率变化

资料来源：根据2014—2019年长江流域11省统计年鉴相关数据整理而得。

---

① 此处从经济发展的角度出发，选取长江经济带11省进行阐述。

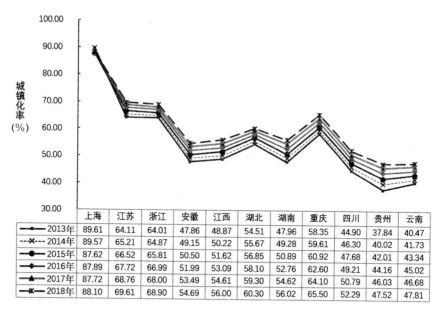

图2.4 长江流域11省市2013—2018年城镇化率

资料来源：根据2014—2019年长江流域11省统计年鉴相关数据整理而得。

三 长江流域生态环境概况

长江流域经济带历经多年开发建设，近年来生态环境保护工作取得积极进展，生态环境质量有所改善，污染治理取得较大突破，生态环境制度和体系持续完善。但传统的经济发展方式仍未根本转变，生态环境状况形势严峻。

1. 长江流域水质总体向好。2018年，长江流域全年期评价河长85842.9公里。水质为Ⅰ—Ⅱ类、Ⅲ类、Ⅳ类、Ⅴ类、劣Ⅴ类水河长分别占评价河长的68.1%、20.1%、7.5%、2.0%、2.3%，主要超标项目为氨氮、总磷、化学需氧量、五日生化需氧量和高锰酸盐指数等。与2017年同比，水质劣于Ⅲ类水的河长比例下降了0.1%。同时，对长江流域61个湖泊共10833.5平方公里水面面积进行了水质评价，Ⅰ—Ⅲ类水湖泊有6个，占评价湖泊个数的9.8%。水质为Ⅰ—Ⅲ类、Ⅳ类、Ⅴ类、劣Ⅴ类的水面面积分别占评价面积的11.1%、73.3%、12.7%、2.9%。劣于Ⅲ类水标准的项目主要为总磷、氨氮、高锰酸盐指数和五日生化需氧量等。61个湖泊营养状况评价显示，中营养湖泊占13.1%，富营养湖泊占

86.9%。与2017年同比,营养状态好转的湖泊占8.2%,营养状态下降的湖泊占13.1%。

2. 长江流域水土保持工作初具成效。2018年,长江流域各地贯彻落实习近平总书记在深入推动长江经济带发展座谈会上的重要讲话精神,践行绿水青山就是金山银山的理念,共抓大保护,不搞大开发,加大长江生态保护与修复重大工程建设力度,实行山水林田湖草综合治理、系统治理,水土流失治理步伐进一步加快。新增水土流失综合治理面积2.04万平方公里;审批生产建设项目水土保持方案1.83万个,涉及水土流失防治责任范围3119平方公里;对2.72万个生产建设项目开展了水土保持监督检查,征收水土保持补偿费21.22亿元,查处水土流失违法案件1524起。4294个生产建设项目开展了水土保持设施自主验收。四川雅砻江锦屏一级水电站、桐子林水电站被水利部命名为生产建设项目国家水土保持生态文明工程。根据水利部2018年全国水土流失动态监测成果,长江流域水土流失面积34.67万平方公里,占流域土地总面积的19.36%。与第一次全国水利普查(2013年公布)相比,流域水土流失面积减少了3.79万平方公里,减幅9.85%。

3. 长江流域环境污染基本得到控制,但治理投资力度不足。国际经验表明,当污染治理投资占国民生产总值的比例达到1%—1.5%时才能基本控制环境污染,提高到2%—3%时才能改善环境质量。近年来,随着污染排放形式加剧和绿色发展理念的提升,长江经济带①各省市加大了对环境污染治理的重视程度和投资力度,2012年环境污染治理投资总额为2855.2亿元,上升到2017年的3692.6亿元,长江经济带环境污染治理投资总额占地区生产总值的比重均在1%以上,基本控制环境污染(见图2.5),但是治理投资力度仍显不足,2012—2017年长江经济带环境污染治理投资总额占地区生产总值比重始终低于全国平均水平。此外,近年来,长江经济带各省市环境污染治理投资占地区生产总值比重呈波浪形变化,没有加大治理投资力度,其中,安徽、江西、贵州三个省份环境污染治理力度略高于其他省份(见图2.6)。

---

① 此处选取长江经济带11省进行阐述。

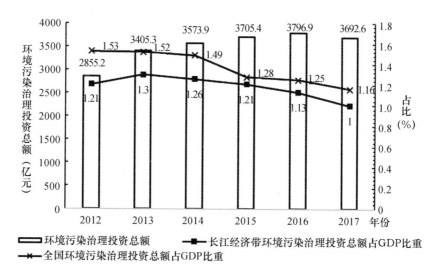

图 2.5 2012—2017 年长江经济带环境污染治理投资情况

资料来源：根据各省市 2013—2018 年统计年鉴相关统计数据整理得到。

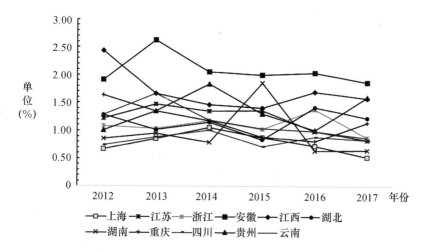

图 2.6 2012—2017 年长江经济带各省市环境污染治理投资总额占 GDP 比重

资料来源：根据各省市统计年鉴相关统计数据整理得到。

第二节 长江流域自然资源禀赋

长江是中华民族的母亲河，是中华民族发展的重要支撑。长江流域具有水系庞大、径流丰沛、资源丰富等特点。长江以其庞大的河湖水系，独特完整的自然生态系统，强大的涵养水源、繁育生物、释氧固碳、净化环境功能，维护了我国重要的生物基因宝库和生态安全；以其丰富的水土、森林、矿产、水能和航运资源，保障了国家的供水安全、粮食安全和能源安全等。

一 水资源概况

1. 长江是中华民族的生命河，水资源总量极为丰富，是中华民族的战略水源地。长江是中国水量最丰富的河流，多年平均水资源总量约9958亿立方米，约占全国水资源总量的35%，为黄河的20倍。在世界仅次于赤道雨林地带的亚马孙河和刚果河（扎伊尔河），居第三位。与长江流域所处纬度带相似的南美洲巴拉那—拉普拉塔河和北美洲的密西西比河，流域面积虽然都超过长江，水量却远比长江少，前者约为长江的70%，后者约为长江的60%。长江每年供水量超过2000亿立方米，保障了沿江4亿人生活和生产用水需求，还通过南水北调惠泽华北、苏北、山东半岛等广大地区。扬州江都和丹江口水库分别是南水北调东线一期、中线一期工程取水源头区，规划多年平均调水量分别为89亿立方米、95亿立方米。

2. 地表水资源和地下水资源有所减少，但总量依旧富集。2018年，长江流域地表水资源量9238.1亿立方米，折合年径流深518.1毫米，比多年平均值偏少6.3%，比上年减少11.9%；与2017年比较，6个水资源二级区增加，岷沱江增加幅度最大，为34.9%；6个水资源二级区减少，减少幅度在20%以上的有汉江37.5%、宜昌至湖口31.2%、鄱阳湖水系29.5%、洞庭湖水系27.9%、宜宾至宜昌25.9%。2018年，长江流域地下水资源量为2383.6亿立方米，比多年平均值偏少4.4%。其中，平原区地下水资源量为237.5亿立方米，山丘区地下水资源量为2158.3

亿立方米，平原区与山丘区之间的重复计算量为 12.2 亿立方米。地下水资源平均模数为 13.6 万立方米/平方公里，以鄱阳湖水系的 18.4 万立方米/平方公里为最大，以金沙江石鼓以上的 8.5 万立方米/平方公里为最小。

3. 供水量和用水量增加，农业、生活、生态环境用水量增多。2018 年，长江流域总供水量为 2071.7 亿立方米，较上年增加 11.9 亿立方米，占当年水资源总量的 22.1%。其中，地表水源供水量 1994.4 亿立方米，较上年增加 16.9 亿立方米，占总供水量的 96.3%；地下水源供水量 62.0 亿立方米，较上年减少 5.4 亿立方米，占总供水量的 3.0%；其他水源供水量 15.3 亿立方米，较上年增加 0.4 亿立方米，占总供水量的 0.7%。2018 年，长江流域总用水量为 2071.7 亿立方米，较上年增加 11.9 亿立方米。其中，农业用水量 995.1 亿立方米，较上年增加 1.4 亿立方米，占总用水量的 48.0%；工业用水量 722.0 亿立方米，较上年减少 1.9 亿立方米，占总用水量的 34.9%；生活用水量 328.3 亿立方米，较上年增加 10.1 亿立方米，占总用水量的 15.8%；生态环境补水量 26.3 亿立方米，较上年增加 2.3 亿立方米，占总用水量的 1.3%。

4. 年平均降水量多年来几乎保持不变。2018 年，长江流域平均降水量 1086.3 毫米，与多年平均值持平，同比减少 3.2%。与 2017 年比较，岷沱江、太湖水系、金沙江石鼓以上、乌江、金沙江石鼓以下、嘉陵江、湖口以下干流增加 21.5%—1.9%；汉江、宜昌至湖口、宜宾至宜昌、鄱阳湖水系、洞庭湖水系减少 21.7%—8.3%。

此外，2018 年长江流域入海水量为 8360 亿立方米。南水北调中线一期工程共计调出水量 76.7 亿立方米。南水北调东线一期工程从长江引水调出水量 92.11 亿立方米，排水进入长江水量 1.68 亿立方米，年净调水量 90.43 亿立方米。

二 生物资源概况

1. 长江流域山水林田湖草浑然一体，是我国重要的生态宝库。地跨热带、亚热带和暖温带，地貌类型复杂，生态系统类型多样，川西河谷森林生态系统、南方亚热带常绿阔叶林森林生态系统、长江中下游湿地生态系统等是具有全球重大意义的生物多样性优先保护区域。长江流域森林覆盖率达 41.3%，长江流域林木蓄积量占全国的 1/4，河湖、水库、湿地面积约占全国的 20%，物种资源丰富，珍稀濒危植物占全国总数的 39.7%，淡水鱼类占全国总数的 33%，不仅有中华鲟、江豚、扬子鳄和大熊猫、金丝猴等珍稀动物，还有银杉、水杉、珙桐等珍稀植物，是我国珍稀濒危野生动植物集中分布区域。主要林区在川西、滇北、鄂西、湘西和江西等地。用材林仅次于东北林区；经济林则居全国首位，以油桐、油菜、漆树、柑橘、竹林等最为著称。

2. 拥有动植物资源种类繁多，国家重点保护的野生动植物群落、物种和数量在中国七大流域中多占首位。流域内已建立了约 100 处多保护目标的自然保护区，最著名的保护区位于湖北神农架。古老珍稀的孑遗植物如水杉、银杉、珙桐；硕果仅存的珍禽异兽如大熊猫、金丝猴、白鳍豚、扬子鳄、朱鹮等驰名中外，多属长江流域特有。据不完全统计，长江流域有鱼类 400 余种，鱼类产量占我国淡水鱼类产量 70% 左右；有淡水鲸类 2 种，浮游植物 1200 余种（属），浮游动物 753 种（属），底栖动物 1008 种（属），水生高等植物 1000 余种。流域内分布有白鱀豚、中华鲟、达氏鲟、白鲟、长江江豚等国家重点保护野生动物，圆口铜鱼、岩原鲤、长薄鳅等特有物种，以及"四大家鱼"等重要经济鱼类。

3. 水生物多样性降低。随着长江流域长期围湖造田、挖砂采石、交通航运及干支流部分已建、在建水电站等，压缩了水生生物生存空间，导致水生生物栖息地破碎化。过度捕捞加剧渔业资源衰退，主要经济鱼类种群数量明显减少。总体而言，长江流域水生生物多样性正呈现逐年降低的趋势，流域内濒危鱼类已达 92 种，重点保护物种濒危程度加剧，使得保护长江流域水生生物资源工作迫在眉睫。例如，根据国家林业局统计，2018 年长江江豚数量为 1012 头，比 20 世纪 90 年代下降 76%，比 2012 年下降 32%，江豚的各级保护区仅有 9 处，虽然大幅下降趋势得到有效控制，但处于极度濒危的现状没有改变；根据 2017 年冬天的监测，中华鲟数量急剧下降，洄游到葛洲坝产卵场的中华鲟亲本仅剩 20 余尾。

三　矿产资源概况

1. 长江流域是我国重要的矿产资源地。黑色金属、有色金属、贵金属、非金属及能源矿产丰富，储量大，部分矿种达中国乃至世界之最。流域内的云南、贵州、四川、湖北、湖南、安徽等省均为我国的矿产资源大省，矿产资源及其相关产业成为这些地区的重要支柱产业。全国 11 个大型锰矿、8 大铜矿，长江流域分别占有 5 处、3 处。在全国已探明的 130 种矿产中，长江流域有 110 余种，占全国的 80%。各类矿产中储量 80% 以上的有钒、钛、汞、磷、萤石、芒硝、石棉等；占 50% 以上的有铜、钨、锑、铋、锰、高岭土、天然气等。湖南、江西的钨矿，湖南的锑矿，湖北的磷矿，均居全国之首。

2. 长江流域富集黑色金属、有色金属、非金属矿产（石膏、磷矿、重晶石）以及硫、萤石等矿产资源。长江流域是我国黑色金属（铁、锰、铬、钛等）矿产的主要基地。位于长江上游的西昌、攀枝花地区是我国钒、钛、磁铁矿的主要矿产基地；湘、鄂、川、黔、滇、桂等省区的震旦系、泥盆系、二叠系地层中发育沉积型锰矿及其风化后形成的氧化锰矿，是我国冶金工业的主要矿源。长江流域的有色金属矿产相对集中，储量巨大，尤其是锑、钨等矿种，矿产储量约占全国的 50% 以上，主要分布在湖南、广西、江西、贵州、云南等地。其中钨矿在湘、赣两省分别占全国总储量的 30% 和 22%；锡矿在桂、滇、湘 3 省区分别占 31%、27%、10%；锑矿在湘、桂、黔 3 省区分别占 28%、26%、17%。长江流域也是我国非金属矿产资源比较集中的地区。我国的石膏矿产储量居世界首位，国内四大石膏生产基地，长江流域就占有 3 处（湖北应城、江苏南京、湖南邵东）；我国的磷矿资源也居世界前列，储量主要集中在长江流域的湖北、云南、贵州、湖南、四川 5 省，中国六大磷矿生产基地均位于长江流域地区（贵州开阳、云南昆明、湖北荆襄、四川金河、湖南浏阳、江苏锦屏）；我国重晶石储量大、质地优，是世界最大的重晶石生产国和出口国，主要集中在长江流域的贵州、湖南、陕南、甘南等地，其中仅贵州就占全国总储量 1/3 左右。除此之外，长江流域的硫、耐火黏土、萤石也在国内占有重要地位。贵阳一带的高铝耐火黏土为我国重要的耐火黏土矿产基地之一；湖南桃林为我国萤石的重要生产基地和出口基地。长江流域的石灰岩十分发育，成为我国最大的水泥灰岩矿产基地，我国水泥工业多年来一直居世界首位，至少有一半左右的水泥灰岩矿山基地集中在长江流域。长江流域也是我国花岗石、大理石、玻璃硅质原料及金刚石、宝玉石的重要矿产基地。

3. 长江流域的能源矿产相对匮乏。煤矿储量少,仅占全国的7.7%,主要集中于黔、川、滇、鄂、赣、湘等省。其分布层位集中在下石炭统(如湖南涟源、邵阳地区)、二叠系(如重庆—贵州盘县、江西乐平—丰城、湖南耒阳—郴州、鄂东—皖南等地区)、上三叠统(如江西萍乡等地)中。长江流域的油气资源主要集中在四川盆地、南阳盆地和江汉盆地3个地区,现并入开采的有川中、川东、川西北、川东南、川西南等气田和河南油田、江汉油田。除上述主要能源矿种外,长江流域的铀矿、长江中下游的石煤、川西北若尔盖地区的泥炭也是重要的能源矿产。

四 旅游资源概况

长江流域幅员广大,历史悠久,景观纷呈,旅游资源富甲全国。现已形成"一线七区"布局的旅游区。"一线"指长江干流旅游线,"七区"指长江三角洲旅游区、皖南名山风景区、赣北赣西旅游区、鄂西北陕南旅游区、湘西湘北旅游区、重庆四川旅游区以及滇北黔北旅游区。

1. 长江干流旅游线沿途景点密布。此线仅指重庆至上海一段,全长近2500公里,沿途不少城镇都分布有许多风景点。如重庆的缙云山、南北温泉,丰都的"鬼城",忠县的石宝寨,云阳的张飞庙,湖北宜昌的葛洲坝水利枢纽,当阳的玉泉寺,荆州的古城、赤壁,武汉的黄鹤楼,湖南岳阳的岳阳楼,江西彭泽的小孤山,鄱阳湖口的石钟山,江苏镇江的"三山",南通的狼山等。重庆、武汉、南京、上海等城市都是具有多项旅游资源的风景区,长江三峡更是长江干流旅游线中山水风光最佳的旅游区。

2. 长江三角洲旅游区以湖光水色、城市风光、古典园林、吴越文化遗迹为特色。主要包括杭州西湖、太湖风景名胜区、上海、南京等大城市及镇江、扬州、无锡、苏州、常州、嘉兴、宜兴等中小城市。

3. 皖南名山风景区是以黄山、九华山山地景观为主,兼得园林、庙宇之趣的游览区。黄山以悬崖峭壁、奇姿怪松、云海雾罩等自然风光闻名。九华山是我国四大佛教名山之一。此外,还有贵池城东南的舟山和马鞍山的采石矶等名胜古迹。

4. 赣北赣西旅游区名山名城遍布，展现不同时代的人文景观。包括鄱阳湖、庐山、井冈山、三清山等名山和南昌、景德镇、九江等名城。庐山是我国诸多名山中开发较早的旅游避暑胜地。井冈山是中国著名的革命根据地。三清山是长江中下游地区主要道教圣地。

5. 鄂西北陕南旅游区主要分布在汉江流域，以拥有众多文化遗址得名。湖北境内有京山屈家岭文化遗址，随州曾侯乙墓遗址出土的战国大型编钟，钟祥的明显陵，襄樊的襄阳古城和古隆中，还有道教圣地武当山和神农架原始森林等；汉中地区有不少汉代和三国遗迹，如城固的张骞墓，汉中的古汉台、拜将台，勉县的武侯墓、武侯祠，留坝的张良庙等。另外，旅游区中的古堰渠道和当代的丹江口水利枢纽也展示了另一番风光。

6. 湘西湘北旅游区拥有独特的民俗风情以及革命纪念地。湘西旅游区主要有武陵三胜境——张家界、索溪峪、天子山；湘北除了岳阳楼和洞庭湖上的君山外，长沙的岳麓山、橘子洲头是毛泽东等人早期活动的纪念地。

7. 重庆四川旅游区以川中、川东、川北及川西布局。川中以成都为中心，有都江堰、青城山、新都的市光寺、峨眉山、乐山大佛、岷江小三峡；川南有宜宾的翠屏山、泸州城的忠山、珙县众多的悬棺、兴文的"石林洞乡"；川东以重庆为中心，周围则以大足石刻最为著名；川北有广元的千佛崖、川陕的古栈道、剑阁的剑门关、江油的李白故里；川西地区有中国卫星城——西昌、中国第一座冰川公园——贡嘎山。

8. 滇北黔北旅游区主要在金沙江两岸及昆明、贵阳、遵义等城市，拥有浓郁的民族风情。金沙江两岸的深山峡谷有"动植物王国"之称，是科学考察的重要地区；纳西族名城丽江、泸沽湖畔"女儿国"，更展示了特有的民族风情；滇池边的昆明四季如春，名胜古迹很多；贵阳的地下公园、花溪是闻名的风景名胜地；贵州的多溶洞，还有中国革命纪念地遵义；云贵两省聚居着较多的少数民族，浓郁的民俗风情也为游人增添了更多的乐趣。

第三节　长江流域经济发展概况

长江流域工农业经济基础和科学技术基础比较雄厚,并兼有沿海和内地两方面的经济特征,在全国经济发展中占有十分重要的地位。发展长江流域经济,不仅对加快我国经济发展、提高经济效益具有重要作用,而且对加强长江流域上、中、下游地区的横向联系,实现资源、技术、经济优势互补,促进生产力布局协调发展具有重大意义。自20世纪90年代以来的上海浦东开发开放及三峡工程建设,有利于带动整个流域经济的振兴发展。从城市功能看,必须继续调整产业结构,发展优势产业,发展交通、通信、金融、保险、劳务、外贸及第三产业部门;增加对城市的管理以及为区域提供综合性服务功能。整体来看,长江流域的城市正在向社会化、功能化、规模化的方向发展。

2018年,长江流域地区生产总值约64万亿元,约占全国生产总值的71.3%;第二产业增加值为27.1万亿元,约占全国第二产业增加值的74%;第三产业增加值为32.6万亿元,约占全国第三产业增加值的69%;人均地区生产总值为66134元,略高于全国人均GDP(64644元);城乡居民人均可支配收入分别高于全国平均增速0.2个百分点和0.4个百分点。其中,流域东部的5个省市地区生产总值约为31.5万亿元,约占长江流域的49.2%;流域中部的5个省份地区生产总值约为17.6万亿元,约占长江流域的27.5%;流域西部的9个省市自治区地区生产总值约为15.1万亿元,约占长江流域的23.59%[①]。区域间协调发展水平不断提高,2018年8个中西部省份累计实现2139万农村贫困人口脱困,占全部2904万贫困人口的73.7%。长江流域产业结构不断升级优化,2018年创新驱动发展能力进一步增强,长江经济带全研发投入占GDP比重达2.24%,专利授权数占全国比重超过47%。

---

① 长江流域东部5省市包括:上海、江苏、浙江、广东、福建;长江流域南部5省份包括:湖南、湖北、江西、安徽、河南;长江流域西部省市自治区包括:青海、西藏、四川、云南、重庆、甘肃、陕西、贵州、广西。此处指干支流流经范围及延伸范围。

一 农业发展概况

1. 长江流域农业发展在我国农业发展战略格局中占据重要地位。从长江干流流经的省市来看，除上海外，其他省份均分布有国家层面农产品主产区县（市、区）。其中，江苏省有贾汪区等23个农产品主产区县（市、区），安徽省有涡阳县等41个农产品主产区县（市、区），江西省有进贤县、永修县等33个农产品主产区县（市、区），湖北省有阳新县、远安县等29个农产品主产区县（市、区），湖南省有湘潭县、湘乡市等35个农产品主产区县（市、区），重庆市有潼南区、梁平区等6个农产品主产区县（市、区），四川省有中江县、三台县等35个农产品主产区县（市、区），贵州省有开阳县、普定县等31个农产品主产区县（市、区），云南省有宜良县、石林彝族自治县等46个农产品主产区县（市、区）。同时，长江流域农作物总播种面积就占全国比重极高，仅长江经济带①的11个省市农作物总播种面积占全国比重达40%以上（见图2.7）。虽然近两年长江经济带11个省市的农作物总播种面积有所减少，但其占全国比重依然在40%左右。

2. 长江流域农业发达，经济作物品种繁多。长江流域大部分地处亚热带季风区，气候温暖湿润，四季分明，年积温高，农作物生长期长，许多地区雨热同季，农业生产的光、热、水、土条件优越。流域有耕地2460多万公顷，占全国耕地总面积的1/4，其中95%分布在宜宾以下的流域东半部，尤以长江中下游最为集中。农业生产值占全国农业总产值的40%，粮食产量也占全国的40%，其中水稻产量占全国的70%，棉花产量占全国的1/3以上。仅长江经济带11个省市的粮食产量占全国比重就达36%左右（见图2.8），2018年长江经济带粮食为23918万吨，较2011年增加2219万吨。流域内的成都平原、江汉平原、洞庭湖地区、鄱阳湖地区、巢湖地区和太湖地区都是我国重要的商品粮基地。长江流域经济作物种类繁多，产量丰富，油菜籽、芝麻、蚕丝、麻类、茶叶、烟草等经济作物，在全国占有非常重要的地位。四川的水稻、油菜籽、桐油、柑橘，湖北的芝麻、芒麻，湖南、江西和浙江的油茶、毛竹等产量

————————————

① 此处从经济发展的角度出发，选取长江经济带11省进行阐述。

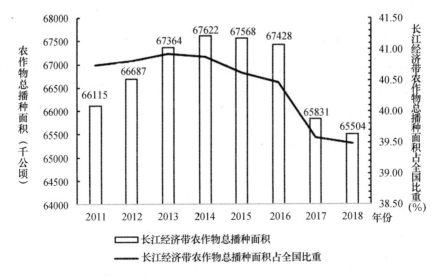

图2.7 2011—2018年长江经济带农作物总播种面积及其占全国比重

资料来源:根据《中国农村统计年鉴》(2012—2019)、各省市统计年鉴提供的相关统计数据整理。

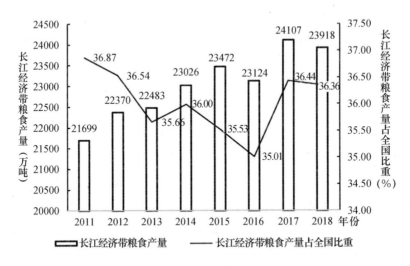

图2.8 2011—2018年长江经济带粮食产量及其占全国比重

资料来源:根据《中国农村统计年鉴》(2012—2019)、各省市统计年鉴提供的相关统计数据整理。

均居全国首位。所以，长江流域不愧为中国最主要的农业生产基地。

3. 长江流域上中下游地区农业发展不平衡。由于自然条件和社会经济条件的差别，长江流域上、中、下游地区农业生产各具特点，农业经济发展存在着一定的差距。长江上游的金沙江流域和岷江、大渡河、嘉陵江上游是我国西南林区的重要组成部分。长江中下游的丘陵山地森林较多，除松、杉外，还有油茶、油桐、乌桕、漆树、女贞、毛竹等多种经济林木。全流域木材蓄积量约占全国的1/4。长江流域西部虽为气候高寒的青藏高原，但草场辽阔，日照充足，温差较大，有利于牧草生长，牧草营养丰富，适口性好，是中国重要的牧区。主要牲畜有藏牦牛、藏绵羊、藏山羊、藏马。而长江中下游则农业发达，养殖业兴旺，四川、湖南、江苏是全国生猪拥有量最多的省份，四川、上海、湖南每公顷耕地载有生猪量为全国最高的地区，四川的黄牛、水牛等大型家畜拥有量居全国之冠。所以说，长江流域又是畜牧业生产的重要基地。

二　工业发展概况

1. 长江流域发展工业优势明显。首先，长江流域矿产资源丰富，已探明的矿产约有110种，其保有储量占全国储量50%以上的就有30种，钛、钒、汞、磷等矿产储量占全国的90%以上；流域内丰富的农副产品如粮、棉、油、桑、茶、果、畜、禽、鱼等是工业生产的重要原料，它们为流域轻、重工业的发展提供了十分雄厚的物质条件。其次，长江流域是我国工业发展较早的地区之一，已建立起部门比较齐全、轻重工业比较协调发展的工业体系，拥有众多的钢铁、有色金属、机械、石油化工、炼油、电力、轻纺等工业基地，工业基础雄厚；流域内劳动力素质和技术水平较高，技术优势明显，是工业不断发展的重要依靠力量。最后，长江流域内部差异极大，可多方位、多层次地选择工业发展方向，为区际间专业化协作提供客观条件；流域内交通运输较发达，长江水系通航里程约 7×10^4 公里，与铁路、公路交织成巨大的交通网络，为满足工业生产流通不断增长的需求提供了可靠保证。

2. 长江流域工业地位突出。长江流域是我国近现代工业发祥地之一，其工业生产在全国国民经济中占有举足轻重的地位。工业结构以冶金、纺织、机械、电力、石油化工等部门为主。流域内已形成攀枝花、重庆、成都、马鞍山、南京、上海六大钢铁基地和许多具有省级意义的钢铁基地，钢产量占全国总量的44%以上；昆明、东川、清镇、黄石、株洲、贵溪、铜陵等地有色金属基地，生产能力占全国40%以上；武汉、上海、重庆、南京、成都、十堰等地的机械工业，中下游的上海、南京、安庆、九江、岳阳、武汉、荆门七大炼油中心，上游宜宾、泸州、长寿等地的天然气化学工业，上海、南京、仪征、临湘、安庆等地的石油化学工业，均是具有全国意义的生产基地；流域内已形成西南、华中、华东三大电网，装机容量和年发电量都超过全国的1/2；轻纺工业基础雄厚，各类工厂遍布长江上下游，尤以中下游地区最为发达；其他如建材、化肥、食品、造纸等工业亦较发达。

3. 长江流域工业化水平不断提升，但省域间差异大。由于长江上中下游地区的交通条件不同和历史上的原因，工业发展很不平衡，从全流域而言，下游地区工业化程度高，中游地区次之，上游地区较低。就各地区而言，工业又主要集中在交通比较发达的平原和丘陵地区；西部地区除重庆、成都、昆明、贵阳和攀枝花外，工业较为落后，基本上是一个待开发地区；上海已完成工业化，正打造服务型产业体系；江苏、浙江、江西、安徽、湖北5省工业比重均高于全国平均水平，工业化水平也在不断提升。2018年，长江经济带各省市工业发展对GDP贡献较大（见表2.1），各省市工业增加值占地区生产总值比重均超过25%，同时，长江流域工业发展对全国工业发展有重要贡献，仅长江经济带工业增加值就占全国的47.44%。此外，长江流域各城市的工业结构类型有所不同。特大型城市，如沪、渝、汉、宁四大城市，是区域经济活动的中心，工业结构呈综合性发展。流域内还有一些省会城市，如贵阳、成都、长沙、南昌、合肥等，也具有综合性特征。还有一些城市，大多以一个或几个工业部门为支柱，如苏州、无锡、常州、南通、湖州等属轻纺和电子工业城市；十堰是以交通、运输，设备、制造业为主的城市；常德是以烟草加工业为主的城市；自贡是以机械工业为主的城市；马鞍山、铜陵、新余、黄石、攀枝花、东川等是以钢铁、有色冶金工业为主的城市；宜昌、丹江口等是以电力工业为主的城市；荆门为石油化工城市；萍乡等为煤炭工业城市。

表 2.1　　　　　　2017 年长江经济带 11 个省市工业化水平

	工业增加值 （亿元）	工业增加值占 全国比重（%）	工业增加值占地区 生产总值比重（%）
上海	8392.84	3.02	27.40
江苏	34013.6	12.22	39.61
浙江	19474.48	7.00	37.62
安徽	10916.31	3.92	40.40
江西	7789.59	2.80	38.94
湖北	13060.08	4.69	36.81
湖南	11879.94	4.27	35.04
重庆	6587.08	2.37	33.91
四川	11576.16	4.16	31.30
贵州	4260.48	1.53	31.46
云南	4089.37	1.47	24.97
长江经济带	132039.9	47.44	35.59

资料来源：根据 11 省市 2018 年统计年鉴提供的相关统计数据整理。

4. 长江流域工业创新动能强劲，市场化创新绩效突出。2011—2017年长江经济带①规上工业新产品销售收入份额基本上呈稳步上升态势（见图 2.9），由 2011 年的 13.78% 持续上升至 2017 年的 17.83%，平均每年增长 0.81 个百分点，超过全国平均水平，极大地推动了长江流域工业创新发展。可以说长江流域主导了全国工业绿色创新发展进程。此外，位于长江下游地区的上海、江苏、浙江等省市规上工业新产品销售份额及增速远高于中上游地区，是推动长江流域工业绿色创新发展的核心地区。同时，长江经济带沿线 11 省市工业创新市场化绩效差异显著，呈现出明显的极化分异趋势（见表 2.2）。2017 年，浙江、上海、重庆、湖南、安徽、江苏 6 省份为工业创新成果市场化第一梯队，规上工业新产品销售份额处于绝对领先地位，是长江流域工业绿色创新发展的核心增长极；

———————

① 此处从经济发展的角度出发，选取长江经济带 11 省进行阐述。

湖北、江西为工业创新成果市场化的第二梯队,仍有较大提升空间;四川、云南、贵州三省为工业创新成果市场化第三梯队,规上工业新产品销售份额持续走低,与全国平均水平差距巨大,亟待提升工业创新能力,增强绿色发展技术支撑。

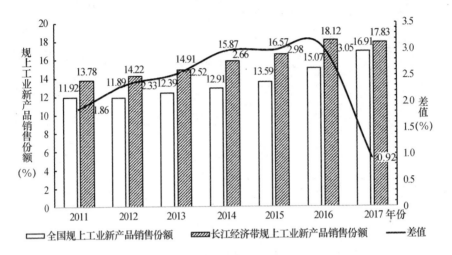

图 2.9 2011—2017 年全国及长江经济带规上工业新产品销售份额

资料来源:根据 11 省市 2012—2018 年统计年鉴的相关统计数据整理。

表 2.2 2011—2017 年长江经济带 11 省市规上工业新产品销售收入份额 （%）

年份 地区	2011	2012	2013	2014	2015	2016	2017
上海	22.68	21.70	22.43	23.81	21.86	26.33	26.56
江苏	13.89	14.96	14.77	16.58	16.63	17.94	19.18
浙江	18.15	19.56	24.27	25.64	29.80	32.69	32.16
安徽	12.75	12.91	12.95	14.35	15.07	17.35	20.51
江西	5.07	5.71	6.22	5.65	6.25	8.72	11.43
湖北	11.44	11.44	12.17	13.15	13.15	14.64	17.41
湖南	14.61	17.14	17.97	20.76	20.76	20.69	22.05
重庆	26.60	18.87	17.62	22.00	22.00	21.37	25.62
四川	7.03	6.67	6.92	7.54	7.54	7.33	8.85
贵州	5.96	6.42	5.05	3.97	3.97	5.15	5.69
云南	5.00	5.00	4.44	5.23	5.23	6.19	6.92

资料来源:根据《中国科技统计年鉴》(2012—2017)、各省市 2012—2018 统计年鉴相关资料整理。

三 现代服务业发展概况

随着长江流域经济社会的迅速发展，流域内城市之间的资金、技术、信息交流逐渐增多，以信息交流为主要特征的服务业得到迅速发展，具体表现在城市之间的交通仓储邮电业、金融保险业、房地产业、社会服务业、教育广播影视业、科研综合服务业等生产性、消费性服务业日趋活跃。

1. 长江流域服务业对区域经济发展的贡献度越来越高，甚至超过第二产业，成为对经济增长贡献最大的产业。长江流域的金融业、房地产业和交通仓储邮政业等典型现代服务业发展迅猛，2017 年，长江流域金融业增加值达到 44598 亿元，相比 2007 年，增长了 5 倍；长江流域房地产业增加值为 32514 亿元，相比 2007 年，增长了 3.6 倍；长江流域交通仓储邮政业增加值为 24863 亿元，相比 2007 年，增长了 2.7 倍。以长江经济带①的 11 个省市的数据来看，交通仓储邮政业、金融业和房地产业在全国占据重要地位（见图 2.10），2011—2017 年来三个典型现代服务业的增加值占全国的比重几乎均保持在平稳且高水平的状态，交通运输仓储邮电业增加值占全国比重始终保持在 40% 以上，金融业增加值占全

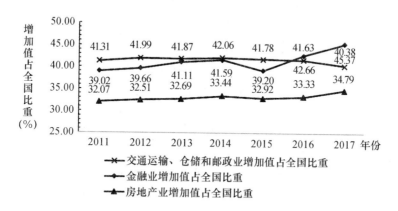

图 2.10 2011—2017 年长江经济带典型现代服务业增加值占全国比重

资料来源：根据各省市统计年鉴相关统计数据资料整理而得。

---

① 此处从经济发展的角度出发，选取长江经济带 11 省进行阐述。

国比重近年来有明显上升的趋势,房地产业增加值占全国的比重也存在缓慢上升的趋势。就房地产业而言(见表2.3),2012—2017年以来,全国层面的房地产业增加值增速呈波浪形变化。浙江、安徽、江西、湖北、湖南、重庆、四川7个省市的增加值年平均增速均超过全国平均水平。

表2.3 2012—2017年全国及长江经济带11个省市房地产业增加值增速 (%)

地区	2012年	2013年	2014年	2015年	2016年	2017年	年平均增速
全国	10.94	15.17	5.59	9.74	15.56	11.98	11.50
上海	12.49	24.41	7.28	11.03	25.05	-11.88	11.40
江苏	8.91	10.54	7.74	5.36	14.31	16.86	10.62
浙江	14.95	15.65	-2.82	8.52	10.87	23.61	11.80
安徽	4.86	6.90	13.44	7.77	29.19	23.70	14.31
江西	4.80	18.67	4.44	4.87	36.05	19.39	14.70
湖北	9.16	40.35	9.29	6.96	13.60	27.23	17.77
湖南	9.74	12.96	4.86	11.65	17.00	15.89	12.02
重庆	56.50	19.90	9.88	3.76	9.26	13.18	18.74
四川	13.36	8.42	39.59	17.61	21.12	34.50	22.43
贵州	10.26	14.82	8.64	5.26	7.38	13.58	9.99
云南	9.32	8.15	5.00	2.37	7.59	13.67	7.68

资料来源:根据各省市2013—2018年统计年鉴相关统计数据整理。

2. 形成多层次的服务业体系。当前长江流域以上海为龙头,以苏浙为两翼,以整个长江流域为腹地,充分发挥地域优势,大力发展"生产型"服务业即信息处理和实物商品相关的服务等,包括商贸流通、金融保险、旅游、信息咨询、电子商务等现代服务业,大力培育中介机构和市场,形成了多层次的服务业体系,提高了为长江经济腹地服务的能力和整体水平。同时,通过现代技术改造传统服务业,抓住世界服务产业向外转移的机遇,培育承接服务产业转移的良好条件发展服务业新业态，促进长江流域服务业的结构升级和增强服务业的竞争力。

但是由于长江流域中游区域各城市间的城市流辐射强度普遍弱化，特别是武汉这个长江中游区域唯一的巨大城市，由于其第三产业发展速度慢，导致它在金融保险业、房地产业、科研综合技术服务业等产业上的传导和辐射功能弱化，无法使周边的资金、人才、信息、技术等生产要素有效聚集，无法更好推动服务业做强做大。

第四节　长江上游流域范围界定

长江上游因其特殊的地理条件，自然资源、经济社会发展呈现出独特性；基于此长江上游地区的具体范围界定从不同角度出发具有不同层级的范围界定方式。

一　长江上游流域总体概况

长江干流宜昌以上为上游，长约 4504 公里，干流宜宾以上属峡谷河段，长 3464 公里，总落差 5100 米，占长江总落差的 95%。长江上游地区，以山区为主，河谷深切，地形破碎而起伏变化大，岩体以板岩、片岩、砂岩、黏土岩、碳酸盐岩、页岩等变质岩和沉积岩出露最广。金沙江河段比降大，滩多流急，宜宾至宜昌段（通称川江）长 1040 公里，沿江丘陵与阶地互间，奉节以下为雄伟的三峡河段，两岸悬崖峭壁，江面狭窄，水流湍急，滩险众多。

长江上游耕地面积 1.38 亿亩，占上游总面积的 9.1%，农业自然条件优越，平原区（如成都平原）农业发达，农副产品在全流域甚至全国占有一定地位，但山区则耕作粗放，生产水平较低。虽然雨量丰沛，但在时空分配上常与农业需水矛盾，旱灾常成为上游地区最主要的威胁，洪水灾害也时有发生。山地、丘陵面积很大，水土流失现象严重。

在交通方面，长江上游地区以山丘为主，山重岭叠，新中国成立后兴建了成昆、襄渝、湘黔、贵昆、川黔、黔桂等铁路和 12 万公里的公路,促进了物资集散、交流,发挥了繁荣经济的巨大作用。在水运方面,以长江干流(川江河段)为主,通过嘉陵江、岷江、赤水河、乌江等支流,初步形成上游内河水运系统,发挥了相当大的作用。但由于绝大多数通航河道目前尚处于天然状态,运输能力受到很大限制。

长江上游地区矿产资源丰富,矿种齐全,在100种矿产资源中,有90多种已探明储量可供开采,如铁、锰、钒、钛、铜、铝、铅、锌等金属矿及磷、煤、天然气、石棉、云母等非金属矿,在全国流域中有重要地位。由于山高谷深,河流落差大,水能资源非常丰富,约占全流域可能开发量的87%。

二 长江上游流域自然地理范围界定

长江从源头至囊极巴陇的当曲河口称沱沱河,河长358公里;当曲河口至玉树县境内的巴塘河口称通天河,全长822公里;巴塘河口至宜宾岷江河口称金沙江,全长2284公里;宜宾以下称为长江。长江在宜昌南津关以上总称为长江上游,全长4504千米,占长江总长度的72.0%,主要支流有雅砻江、岷江、沱江、嘉陵江、乌江等。长江上游流域区包括青海、西藏、云南、贵州、四川、甘肃、重庆、陕西、湖北等9个省(区、市),52个地(市、州),408个县(区、市)。以长江上游干、支流的分水岭为界计算的全部集水区面积约为111余万平方公里,占长江流域总面积的61.7%。以流域涉及的408个县(区、市)全部面积计算为130.13万平方公里,占9省(区、市)总面积的33.2%,2008年人口为19118万人,占9省(区、市)总人口的56.7%。

显然,这种区域范围的划分是完全依据唯一的主导因素——以分水岭为界的流域概念进行的。尽管这些区域连片,同属长江上游流域,但内部的气候、地质地貌、土壤、经济、人文传统等差别甚大。所以它只是以流域为依据的一种自然区划,如图2.11所示。

三 长江上游流域经济区范围界定

(一)长江上游经济区范围界定确定的依据和原则

由于流域经济区是生态、经济、社会三个子系统的复合体,所以其

图2.11　长江上游流域自然区划

资料来源：根据网络资源搜索及长江水利委员会网站相关资料整理得到。

经济区范围的划分界定必须依据自然、经济、社会等多方面的因素确定。本书对长江上游流域经济区进行界定的依据和原则主要有：流域一致性；自然生态条件的相对一致性；经济社会特征和条件的相对一致性；区域经济发展方向的相对一致性；区域连片性；一定层级行政区界的完整性。

（二）长江上游经济区范围的界定

水系是以流域为单元组织和流动的，而经济区的形成和组织，并不是完全依据流域划界和区分的。所以，本书暂不考虑长江流域西北地区、西藏地区和湖北长江上游相关区县，在其余的四川、重庆、云南、贵州四省市中，为了满足不同规划的目标和需要，依据不同的区划要素，可能有不同的区域范围界定。大体上可以从三大层次对长江上游地区进行三个尺度的划分。

1. 大尺度范围——长江上游地区（经济区）。大尺度范围的长江上游地区的划分，除考虑自然条件的相对一致性和区域的连片性外，更重要的是要考虑经济联系的紧密性和省级行政区划的完整性。根据以上原则，大尺度范围的长江上游地区包括四川、重庆、云南和贵州四省市。该区域面积为 113.45 平方公里,人口为 19873 万人。应当说,四川、重庆全域基本上属于长江上游流域范围,贵州 64.3% 的面积属于长江上游流域,而云南仅有 27.9% 的面积属于长江上游流域,但是,这两个省份与四川、重庆地域相连,区位、气候和地质地貌等自然条件相似,经济社会联系紧密,因此,可以将这四个省市划作大尺度长江上游地区范围。显然,这是以流域区为基础的经济区概念。

2. 中尺度范围——长江上游流域经济带(区)。中尺度范围的长江上游经济带的确定,主要基于三方面考虑:一是该区域均为长江上游流域区的范围;二是区域内各行政区经济联系紧密,互补性强;三是保持县级(市、区)行政单元的完整性。根据总体区划原则和以上三个方面的考虑,确定了中尺度的长江上游流域经济带(区)的范围。具体包括:四川全省、重庆全市和贵州省 4 个地(市)的 42 个县(区、市),云南省 5 个市(州)的 40 个县(区、市);面积为 76.68 万平方公里,占四省市总面积的 67.1%。

3. 小尺度范围——长江上游核心经济区(成渝城市群、成渝双城经济圈)。小尺度范围的长江上游经济区的划分,突出了区域经济增长极的概念。2016 年 4 月,国务院印发《关于成渝城市群发展规划的批复》,批复同意《成渝城市群发展规划》,要求成为西部大开发重要平台,成为长江经济带的战略支撑,成渝城市群规划涵盖四川省的成都、自贡、泸州、德阳、绵阳(除北川县、平武县)、遂宁、内江、乐山、南充、眉山、宜宾、广安、达州(除万源市)、雅安(除天全县、宝兴县)、资阳 15 个市和重庆市的渝中区、江北区、沙坪坝区、九龙坡区、南岸区、渝北区、巴南区、大渡口区、北碚区、万州区、黔江区、涪陵区、綦江区、大足区、长寿区、江津区、合川区、永川区、南川区、潼南区、铜梁区、荣昌区、璧山区、梁平区、丰都县、垫江县、忠县 27 个区(县)以及开州区、云阳县的部分地区,总面积 18.5 万平方公里,其中四川 15.9 万平方公里,重庆 2.6 万平方公里;总人口 9500 万人,其中四川 6884.6 万人,重庆 2615.4 万人。2018 年成渝城市群地区生产总值为 5.7 万亿元,占全国 6.4%。具体区位如图 2.12 所示。

图2.12　长江经济带"三大城市群"区位划分

资料来源：根据网络资料与长江经济带相关规划资料整理得到。

第 三 章

长江上游流域治理的实践审视

长江上游流域具有其独特性，历来在我国经济社会发展中有着重要的战略地位。本章剖析了长江上游流域资源开发利用和生态环境保护的现状，探讨了长江上游流域治理存在的主要问题，总结了长江上游流域治理面临的难点和障碍，对经济增长和环境保护、中央全局目标和地区局部目标、利益分配和价值补偿以及行政区划分割管理中存在的冲突和矛盾进行了深入分析，提出长江上游流域治理存在问题的原因主要是治理体制机制碎片化、经济利益本地化与流域治理一体化相冲突、管理体制机制单一化与长江上游流域治理复杂性不匹配以及政策保障滞后性与开发治理需求紧迫性不一致。在此基础上，从系统治理、协同治理、全过程治理和多手段治理四方面总结了流域治理的基本趋势。

第一节 长江上游流域治理的现状剖析

为进一步熟悉把握长江上游流域的治理现状，本节从长江上游流域资源开发利用状况与生态环境保护现状两个方面出发，对长江上游流域治理基本情况、主要成效等问题进行总结分析。

一 长江上游流域资源开发利用现状

（一）长江上游流域水资源开发利用

长江上游作为长江的水源区，拥有丰富的水资源，多年平均径流量达 4530 亿立方米，分别占全流域的 48% 和全国的 17% ，决定着长江水资源的变化情势,左右着全国水资源利用的战略决策,是长江和全国水资源保护的核心地区。其中上游流域面积大于 5 平方公里的支流有雅砻江、大渡河、岷江、嘉陵江和乌江,合计径流量 2778 亿立方米,约占上游总径流量的 62%,如表 3.1 所示。

表 3.1 　　　　　　　　　　**长江上游水资源分布**

水资源分区名称	金沙江水系	岷江水系	嘉陵江水系	乌江水系	长江上游干流区	上游合计
多年平均径流量（亿立方米）	590.3	841.8	655.2	482.9	4304	6874.2

资料来源:根据《2018 年长江流域及西南诸河水资源公报》等相关数据资料整理而得。

长江上游地区是全流域和全国水资源保护的核心地区,因此,上游的水质不仅影响全流域,还通过南水北调影响我国更大的区域。

长江上游流域水能资源丰富,大约占长江流域水能资源的 89.4%,理论蕴藏量、技术可开发量和经济可开发量均居全国首位。干支流水能资源理论蕴藏量 2.68 亿千瓦,全流域 10 万千瓦以上的河流共 1697 条,集中了金沙江、雅砻江、大渡河、澜沧江等全国重要的 6 个水能资源开发基地。

其中,两河口至卡拉的中游河段,有 6 个梯级的重要水电站:两河口(300 万千瓦,2017 年竣工)、牙根(150 万千瓦,2017 年竣工)、楞古(257.5 万千瓦,在建)、孟底沟(240 万千瓦,在建)、杨房沟(150 万千瓦,在建)、卡拉乡(108 万千瓦,在建),中游河段总装机约 1205 万千瓦。其中两河口梯级为中游河段控制性水库。锦屏大拐弯起点至雅砻江入金沙江之江口的下游河段,规划有 5 个梯级:锦屏一级(360 万千瓦,2013 年竣工)、锦屏二级(480 万千瓦,2014 年竣工)、官地(240 万千瓦,2013 年竣工)、二滩(330 万千瓦,2000 年建成)、桐子林(60 万千瓦,2016 年竣工),下游河段总装机 1470 千瓦,其中锦屏一级为下游河段控制性水库。金沙江河道上,乌东德水电站(1020 万千瓦,在建)。

除了上述主干河流已形成一级水库首尾相接,全江"渠化"的开发规划以外,这些河流的各级支流,也已形成"密如繁星、不留寸土"的梯级开发态势。例如，金沙江流域共有岗曲河、普渡河、牛栏江、横江、白水江等 56 个梯级。从干流到不同级别的支流，已形成由大集团公司到中小公司瓜分开发范围，由省、市政府到县、镇、乡分别管理和控制税收的利益分配格局，它几乎覆盖了所有的流域范围和河流支系。

（二）长江上游流域能矿资源开发利用

长江上游能矿资源开发的性质属于经济社会相对落后地区的资源开发，应通过优势资源的合理开发利用，尽快提高其经济发展水平，以跟上长江流域和全国经济社会发展步伐，并使之成为全国重要的水电、冶金、机械和重化工基地，增强开发实力和经济发展后劲。

长江上游地区具有丰富的、待开发的煤炭、天然气、铁、锰、钒、钛、铅、锌等金属资源，硫、盐、建材等非金属资源也比较丰富。长江上游地区是我国南方重要的煤炭、黑色金属和硫铁矿产地，是西南地区以六盘水—攀枝花为中心的煤炭钢铁基地的组成部分。但因受交通运输和开采技术条件制约，能矿资源开发利用主要以满足本地区的需求为主，与其具有丰富的资源量和充足的水能资源条件相比，目前的开发利用程度较低。仅就已经探明的储量而言，无论是大宗支柱矿产还是流域内的优势矿产，已利用储量占保有储量的比例绝大部分在 10%—40%。如流域内最重要的优势矿产钒钛磁铁矿，目前已利用矿区占有的储量仅为保有储量的 20%。由此可见资源开发利用的潜力很大。目前该地区采掘工业以天然气、煤炭、铁、钒、钛、硫铁矿、金、银开采为主，今后可望成为我国天然气、钢铁原料和硫铁矿的重要产地。

总体来看，长江上游地区优势能矿资源开发程度不高，整体经济发展水平较低，建设资金短缺，能源消费结构水平低，大规模直接烧煤炭造成的环境问题十分突出，受交通运输条件制约严重，与长江中、下游之间的产业经济联系尚不密切。

（三）长江上游流域土地资源开发利用

长江上游是我国坡耕地分布最为集中的地区，坡耕地面积约 2200 万公顷，占全国坡耕地总面积的 36.2%，占区内耕地面积的 88.3%，其中大于 25 度的坡耕地 506 万公顷，占区内耕地面积的 23%。坡耕地既是当地农民赖以生存的基础，也是区域粮食自给和国家粮食安全保障的重要补充。但山区坡耕地上耕作粗放，土地产出率与劳动生产率低下，抵御干旱与洪涝等自然灾害能力不强，水土流失严重。据悉，长江上游土壤总侵蚀量16亿吨，其中60%来自坡耕地。这不仅造成土层变薄、土地退化、土地生产力下降、农民生活贫困和生态环境恶化，而且对中下游的水安全和三峡等水电工程安全运行造成重大威胁，同时也严重阻滞了山区和民族地区的经济社会发展。

长江上游地区多年来土地利用发生较大的变化主要表现为草地和建设用地面积快速增加，而耕地、林地、水域、湿地和未利用地面积不同程度减少。其中草地面积从1980年的354.67×10³平方公里增加到2000年的356.35×10³平方公里，增加了1.68×10³平方公里，年均变化率为0.024%。在前10年间，草地面积增加了4%，而在随后的10年里锐减12.5×10³平方公里，年均减少0.34%，这一方面是由于其间大量耕地的开垦占用草地，另一方面人类不合理的开发活动也使得部分草地退化为未利用地。虽然之前国家针对西部建设用地方针进行了重要调整，使得前10年长江上游建设用地小幅减小，但在随后10年里建设用地面积猛增2.45×10³平方公里，增幅达90.74%。在20年间，建设用地也是增长最快的土地利用类型，年均增加1.116%。林地和湿地呈现先增加后减少的趋势，在前10年间，分别增加了0.57%和3.91%，但在随后10年里分别剧减0.97%和4.90%，使得最终20年里仍分别减少1.37×10³平方公里和0.13×10³平方公里。耕地在前10年减少1.78%。

（四）长江上游流域旅游资源开发利用

近年来长江上游省市旅游合作日趋紧密，2001年签订重庆—成都经济合作会谈纪要。2004年2月签订了《关于加强川渝两省市旅游合作协议》。2004年9月川渝两地旅游局就签订"构建长江上游（川渝）旅游圈合作协议书"。2005年2月确定川渝实行高层联席会，两地建立两省市党委、政府高层领导定期联系机制，建立两省市政府秘书长协调机制，两省市部门和行业对口合作机制，两省市的市、区、县对口联系机制，加强两地联系合作。2005年3月，川黔渝三省市还达成《共同打造川黔渝三省市金三角旅游区》的协议，提出构建川南、黔北、渝南一体化的旅游圈。从上述发展合作可以看出，川渝旅游合作已由理论构想到前期试探,跨越到目前的实质性合作阶段。从合作领域来说,合作不仅涉及旅游,而且涵盖了交通、执法、规划、市场营销等方面。2007 年 11 月,川渝两省市旅游局签订《四川—重庆旅游合作协议书》,并就推出跨区域旅游精品路线达成共识。在共同开发旅游产品方面,两地将加强旅游规划部门的协调配合,突破行政区域界限,共同规划设计跨区域的旅游精品产品线路。将加强成渝中心城区的旅游合作,联合推出世界遗产地与长江三峡连线组合的旅游产品线路;将加强川东与重庆的旅游合作,联合开发红色旅游精品线路和广元—重庆嘉陵江流域生态的文化旅游产品线路;将加强川南与重庆的旅游合作,加快川黔渝"金三角"旅游规划建设。这标志着川渝旅游业区域合作发展的序幕正式拉开。两地政府提出区域旅游合作发展构想,旨在进一步提升川渝区域旅游核心竞争力,打造西南地区的旅游领头板块。根据 2019 年 7 月签署的"2 + 16"个协议,川渝两省市将大力实施乡村振兴战略,依托合作联盟乡村旅游资源,推进巴蜀美丽乡村示范带建设。

近年来长江上游地区的旅游经济发展迅速,从总体上来看各地的旅游总收入都在各自 GDP 中占有重要的份额,部分具备了支柱产业地位。以四川、重庆为例,两地旅游总收入增长水平均超过 GDP 增长速度,发展潜力巨大,2018 年四川省和重庆市 GDP 同比增长分别是 10.00% 和 4.43%,旅游收入同比增长分别达 13.30% 和 31.32%,同时占 GDP 比重分别为 24.86% 和 21.33%,以较快的增速对经济总量产生较大贡献。如表 3.2、表 3.3 所示,重庆、四川两地旅游总收入增长速度均高过同期 GDP 增速,占 GDP 的比重越来越高。

表 3.2　　　　2011—2018 年四川省旅游总收入与全省 GDP 的关系

年份	GDP (亿元)	旅游收入 (亿元)	占 GDP 比重 (%)	GDP 同比增长率 (%)	旅游收入同比增长率 (%)
2011	21026.68	2449.15	11.65	22.35	29.85
2012	23872.8	3280.25	13.74	13.54	33.93
2013	26392.07	3877.4	14.69	10.55	18.20

续表

年份	GDP （亿元）	旅游收入 （亿元）	占 GDP 比重 （%）	GDP 同比增 长率（%）	旅游收入同比 增长率（%）
2014	28536.66	4891.04	17.14	8.13	26.14
2015	30053.1	6210.5	20.67	5.31	26.98
2016	32934.54	7705.54	23.40	9.59	24.07
2017	36980.22	8923.06	24.13	12.28	15.80
2018	40678.13	10112.75	24.86	10.00	13.30

资料来源：根据《四川统计年鉴》（2012—2019）相关数据资料整理而得。

表 3.3　　　　2011—2018 年重庆市旅游总收入与全市 GDP 的关系

年份	GDP （亿元）	旅游收入 （亿元）	占 GDP 比重 （%）	GDP 同比增 长率（%）	旅游收入同比 增长率（%）
2011	10011.37	1268.62	12.67	25.40	38.22
2012	11409.6	1662.15	14.57	13.97	31.02
2013	12656.69	1771.32626	14.00	10.93	6.57
2014	14262.6	2003.37	14.05	12.69	13.10
2015	15717.27	2251.31	14.32	10.20	12.38
2016	17740.59	2645.21	14.91	12.87	17.50
2017	19500.27	3308.04	16.96	9.92	25.10
2018	20363.19	4344.15	21.33	4.43	31.32

资料来源：根据《重庆统计年鉴》（2012—2019）相关数据资料整理而得。

二　长江上游流域生态环境保护现状

（一）长江上游流域生态环境概况

长江上游流域地处我国一级阶梯向二级阶梯的过渡地带，居高临下，其重要的地理位置、特殊的地质地貌特征和脆弱的生态环境，赋予了长江上游地区对中下游地区特殊的环境服务功能，素有天然屏障之称，是长江流域的根基和源泉，更是中下游地区的生态安全屏障。上游社会经济发展和自然因素引起的该区域水文、水资源、水环境、大气环境质量、生态多样性、矿产资源以及水土流失状况等变化，都会对中下游产生重大影响。维护长江上游流域良好的生态系统和环境条件，发挥其涵养水源、稳定河川径流、保持水土、减少泥沙对水利和发电工程的淤积、保育生物多样性、降低有害物质污染等方面的作用，有利于整个长江流域的健康发展。

由于自然生态系统自身的脆弱性和长期不合理开发等人为因素影响，加上全球气候变暖的影响，长江上游许多地区呈现出气候变化异常、自然灾害频发、森林资源锐减、草地退化严重、水土流失加剧、泥沙淤积严重、荒漠化和石漠化加快、生物多样性受损或丧失等一系列生态和环境恶化问题，导致长江上游环境服务功能下降。长江上游地区自然生态系统的退化和生态屏障功能的下降，不仅关系到本地区人民的生活和经济发展，还直接威胁着长江中下游地区的社会经济可持续发展。

1. 生物多样性概况

长江上游地区具有独特和多样的自然环境条件，是我国多种动植物区系演化、交汇之地，是天然的生物多样性宝库，属于我国生物物种保育的关键地区。长江上游的生物多样性保护不仅对我国物种保护具有十分重要的意义，还具有国际性的意义，长期以来一直受到国际和国内学者的关注。野生动植物种类十分丰富，有高等植物1万多种，占全国的近40%，野生脊椎动物1100余种，占全国总数的40%以上。地处长江上游的横断山区是我国三大特有物种分化中心之一，也是世界200个保护关键地区之一，它是东喜马拉雅生物多样性"热点"和全球25个生物多样性热点之一。

长江上游流域有很多濒危珍稀动植物，是我国自然保护区最多的重点区域。其中国家级自然保护区占全国的1/3，云南自然保护区数量居全国第一位。长江上游的珍稀保护动物有大熊猫、金丝猴、麋鹿、白冠长尾雉、长吻松鼠、花松鼠、岩松鼠、毛冠鹿、野猪、穿山甲等；珍稀保护植物有水青树、攀枝花苏铁、银杏、红豆杉、连香树、珙桐、独叶草、芒苞草、高寒水韭等。长江上游还是我国重要的药材资源富集区，共有药用植物4100余种，是许多重要中药材的原产地，有虫草、贝母、知母、雪莲、大黄、岩白菜、雪茶、红景天、天麻、灵芝、杜仲、羌活、薯蓣、红豆杉等，不仅资源丰富，而且质量上乘。长江上游的水生生物多样性极其丰富，特有物种比例高。以鱼类为例，长江上游是我国淡水鱼类种质资源最为丰富的地区之一，有鱼类261种，其中局限分布于上游水域的特有鱼类就多达124种，占上游鱼类总数的47.5%，超过国内其他任何地区或水系。

2. 水土保持现状

长江上游地区具有重要的水土保持、洪水调蓄功能，是生态安全屏障区。金沙江岷江上游及"三江并流"、丹江口库区、嘉陵江上游等地区是国家水土流失重点预防区，金沙江下游、嘉陵江及沱江中下游、三峡库区、乌江赤水河上中游等地区是国家水土流失重点治理区，贵州等西南喀斯特地区是世界三大石漠化地区之一。长江流域山水林田湖浑然一体，具有强大的洪水调蓄、净化环境功能。长江流域的水土流失主要发生在上游。金沙江、雅砻江、岷江、大渡河流域的水土流失面积合计占长江全流域水土流失面积的50%以上。近年来，国家加大了水土流失的治理力度，开展了水土保持治理工程。

上游流域的水土流失不仅是生态问题，还可能造成河道、湖泊淤积，引发洪灾。长江干流宜宾以上的河道具有很强的输沙能力，从而使长江上游流域成为长江泥沙的主要来源地。由于上游流域天然林的长期掠夺性砍伐、陡坡耕种、草地超载，加上长江上游流域本身的自然环境条件，长江上游成为长江流域水土流失最严重的区域，长江上游水土流失35.2万平方公里，占全流域的56.6%。而金沙江流域又是长江上游水土流失最为严重的区域，其水土流失面积占长江上游地区水土流失面积的36.4%；金沙江下游干流多年平均输沙量占金沙江全流域的57%，是长江上游水土流失最严重的地区。三峡库区的年平均产沙量为1.5亿吨，入江泥沙量约4000万吨（见图3.1）。上游地区水土流失的加剧引起该地区生态环境的恶化，使得中下游地区的河道、湖泊、水库淤积，洪涝灾害频繁发生。长江上游流域水土流失监测情况（见表3.4）。

表3.4   长江上游主要河流泥沙站实测含沙量与输沙量

河流名称	测站名称	多年平均含沙量 （kg.m^{-3}.a^{-1}）	多年平均输沙量 （万t.a^{-1}）
长江	朱家沱	1.14	30567
渠江	罗渡溪	1.14	2584
涪江	小河坝	1.17	1835
嘉陵江	武胜	2.59	7127
长江	寸滩	1.28	44483
乌江	武隆	0.64	3255
长江	清溪场	1.15	46008
长江	奉节	1.22	50490
綦江	五岔	1.03	344
龙河	石柱	0.57	40
磨刀溪	龙角	2.30	330
大溪河	鸣玉	0.45	28

资料来源：根据各省市相关数据资料整理而得。

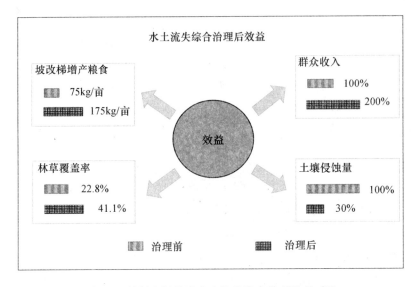

图3.1   长江上游流域水土流失综合治理效益对比

资料来源：根据长江水利委员会公布的《长江流域水土保持公报》等相关资料整理而得。

（二）长江上游生态环境建设的主要成效

近年来长江上游国家生态建设工程取得明显成效，在森林资源、水资源、草地资源、生物多样性保护等方面都有明显改善。

1. 水环境明显改善

以三峡重庆库区为例，近年来，库区不断加强工业污染治理和水环境项目建设，建立了多层面的地质环境监测治理系统，水环境质量明显改善。库区工业废水排放达标率达93%，水环境项目建设进度加快，2018年三峡库区重庆段完成8座城市污水处理厂改扩建，城市生活污水日处理规模累计达到416.75万吨；53座城市污水处理厂达到一级A排放标准；全年城镇污水处理厂共处理污水13.48亿立方米，集中处理城市生活污水12.2亿立方米，城市生活污水处理率达93.5%，乡镇生活污水处理率达82%；全市累计建设乡镇和农村污水集中处理设施2417座，日处理能力达118万吨；7916个行政村生活垃圾得到有效治理，有效治理比例达到90%以上；三峡水库水面漂浮物清理长效机制初步建立，次级河流综合整治稳步推进。此外，三峡重庆库区已经完成库区周边绿化带建设132万亩，已完成二、三期崩滑体和坍岸治理项目366处，完成移民迁建区高切坡治理2382处，建立了专业监测与群测群防相结合的地质环境监测预警系统。

根据环保部门数据公布，2018年长江干流重庆段总体水质为优。15个监测断面水质均为Ⅱ类。长江支流总体水质良好，114条河流196个监测断面中，Ⅰ—Ⅲ类、Ⅳ类、Ⅴ类和劣Ⅴ类水质的断面比例分别为81.1%、12.7%、3.1%和3.1%；水质满足水域功能的断面占86.7%。库区36条一级支流72个断面水质呈富营养的断面比例为25.0%。其中：嘉陵江流域47个监测断面中，Ⅰ—Ⅲ类、Ⅳ类、Ⅴ类和劣Ⅴ类水质的断面比例分别为61.7%、23.4%、6.4%和8.5%；乌江流域21个监测断面均达到或优于Ⅲ类水质。2018年长江干流四川段、金沙江水系优良比例为100%，嘉陵江、岷江和沱江水系优良水质比例分别达93.8%、74.4%和47.2%。长江干流四川段总体水质为优，干流5个断面、支流7个断面均为Ⅱ—Ⅲ类水质；金沙江水系总体水质为优，干流10个断面、支流6个断面均为Ⅰ—Ⅱ类水质；岷江水系支流26个断面中，达到优良水质标准的断面占 61.5%，12 个国考断面中，达到优良水质断面占 83.3%；
沱江水系总体水质良好，优良水质断面占 85.7%，7 个国考断面中，优良
水质断面占 85.7%。

2. 森林资源得到有效保护，森林生态屏障初步形成

1998—2004 年，通过实施天然林保护和退耕还林两大工程，长江上
游大片宜林国土面积得到绿化。长江上游一大批宜林荒山、疏林地和陡
坡耕地的植被恢复初见成效，乔、灌、草结合的森林复层群落正在逐渐
形成。根据资源清查和测算，自天然林保护和退耕还林工程实施以来，
2012—2017 年，四川省森林面积由 1703.74 万公顷增加至 1839.77 万公
顷，森林覆盖率由 35.22% 提高到 38.03%；森林蓄积由 16.8 亿立方米上
升至 18.61 亿立方米。2017 年度，全省森林和湿地生态服务价值
17605.72 亿元，较上年的 17153.65 亿元提高 2.64%，其中森林生态系统
生态服务价值 15873.83 亿元。全省森林全年减少土壤流失 1.48 亿吨、涵
养水源 757.21 亿立方米、释放氧气 1.46 亿吨，吸收二氧化硫、氟化物、
氮氧化合物和尘埃等有害物质 6.11 亿吨；固定碳量 0.70 亿吨，累计碳储
量达到 28.40 亿吨。

根据云南省第四次森林资源调查结果，全省林地面积 2607.11 万公
顷，占国土总面积的 68.00%；全省森林面积 2273.56 万公顷，森林覆盖
率 59.30%，全省活立木总储积量达 19.13 亿立方米。与 2003—2009 年完
成的第三次调查相比，近 10 年来全省森林面积增加 117 万公顷，森林覆
盖率提高了 3.06 个百分点，从而有效保护了长江上游天然绿色屏障。

3. 生物多样性保护持续加强

实施林业生态工程后，生态与环境得到保护和改善。以四川为例，
截至 2018 年四川省森林和野生动植物及湿地类型自然保护区 166 个，森
林公园 137 个，湿地公园 64 个，95% 以上在川分布的国家重点保护野生
动植物物种得到了有效保护；全省有野生大熊猫 1387 只，大熊猫栖息地
202.7 万公顷，分别占全国总量的 74.4% 和 78.7%；人工圈养大熊猫 481
只，占全国人工圈养大熊猫总数的 87.8%。生态环境的保护和改善，为
鸟类的生存繁衍创造了良好的栖息环境，鸟类种群的数量大幅增长。据
近年来在自贡、内江、达州、巴中等市的调查监测，苍鹭、白鹭、夜鹭

等 7 种省重点保护的野生鹭鸟数量比工程实施前增加了 71%；国家一级保护鸟类东方白鹳的数量比工程实施前增加近 2 倍。重庆自然生态系统中的植被垂直带、群系、群落与小生境等不同尺度的生态系统类型极具多样化。重庆是全球 34 个生物多样性关键地区之一，高等植物种类、兽类和鸟类分别约占全国的 21%、19% 和 29%，有黑叶猴、川金丝猴、珙桐、银杉等多种国家一级重点保护野生动植物。

4. 生态效益增长明显，促进了地方经济结构的战略性调整

天然林保护工程实施以来，整个长江经济带共营造林 1019.48 万公顷，长江防护林工程完成营造林任务 504.97 万公顷，完成退耕还林面积 572.79 万公顷，综合治理石漠化面积达到 357.33 万公顷，累计治理水土流失面积 47.29 万平方公里。随着森林资源的不断增加，生态效益明显提高，水土流失严重的状态基本得到遏制。围绕建设长江上游生态屏障的目标，四川省陆续实施了以治理水土流失为重要目标的天然林保护、退耕还林、退牧还草、生态县建设、坡耕地改造等水土保持生态环境建设工程，截至 2014 年年底，累计投入资金达 364.56 亿元，实施天然林保护 2100 万公顷，造林 342.8 万公顷，土地整治 22.74 万公顷，治理水土流失面积 5 万多平方千米。每年减少土壤侵蚀量 2.53 亿吨。其中退耕还林工程涉及 640 万农户、2400 万人口。2018 年全省实现全部林业产业总产值 3401.5 亿元，同比增长 11.15%；森林和湿地生态服务价值 19044.38 亿元，较上年提高 8.17%，其中森林生态系统生态服务价值 17034.65 亿元；全年减少土壤流失 1.63 亿吨、涵养水源 804.88 亿立方米。这些工程项目的实施不仅使农民从造林、营林和政策兑现中增加了收入，而且加快了林果业、竹产业、草食畜牧业、林产品加工业等生态产业的发展，促进了地方经济结构的战略性调整，为解决"三农"问题注入了新的活力。

（三）长江上游流域当前面临的生态环境问题

长江经济带战略的实施使得长江上游流域一方面在国家政策支持下，为恢复生态环境，保护整个流域安全，承担着巨大的保护成本；另一方面又进行前所未有的水电资源和特色矿产资源开发，为全国经济发展输送重要的能源和矿产。两个系统在同一区域同时实施中固有的矛盾，使得长江上游流域仍然面临严峻的生态环境形势。

1. 自然生态依然面临恶化的威胁

(1) 新增有林地地种单一,生态功能的恢复尚需时日。尽管长江上游的自然生态已有所改善,植被覆盖面积已扩大,但新增有林地基本上是人工林,而且大多处于幼林或未成林状态,加之林种单一,生物多样性贫乏,要形成乔、灌、草、枯枝落叶层等多层次的复杂生态结构尚需较长时间。因此,即使是已有植被覆盖的地区,生态功能尚有限,其涵养水分、保持水土、调节水文等功能与天然林还有较大距离,与真正建成长江上游生态屏障的要求还相差甚远,生态恢复和重建的任务依然艰巨,任重道远。

(2) 河川径流减少,冰川退缩持续。长江上游河川径流呈减少趋势。近 20 多年来,金沙江径流减少了 6.7%、雅砻江减少了 9.6%,减少幅度远远大于西北内陆河。近 40 年来江源区河川径流呈持续递减趋势,年均径流量减少了 15.2%。江源区 2000 年的冰川面积比 1969 年的冰川面积减少了 1.7%。与此相对应,多年冻土正在处于退化状态,冰川的库蓄作用减弱;湖泊萎缩,不利于径流调节和对长江源的水源供应;沼泽湿地退缩,植被类型和土壤调价改变,使湿地的涵养特别是调水功能能力降低。预计未来几十年上述变化将持续发生,并且有可能扩展,由此引发的问题将会越来越严重,必须引起相关部门的高度重视。

(3) 草原退化的趋势没有得到明显控制。根据卫星遥感监测结果,江河源区高寒草甸植被由 20 世纪七八十年代年均退化 3.9% 的速度上升到 90 年代的 7.6%,高寒草原植被年均退化速度由 2.3% 上升到 4.6%。草地的退化,导致草地生态系统功能退化,土地退化成为最严重的生态环境问题。长江源区"黑土滩"和"沙化土地"扩张范围和速度的迅速增加,使得源区草地正沦为"黑土山"或者"黄沙山"。即使在生产力很高的四川西部草地,退化也非常明显。最新的四川省第五次荒漠化和沙化检测结果表明,全省沙化土地分布于 18 个市 (州),沙化土地总面积86.3 万公顷。此外,草地生态系统的退化导致了严重的水土流失。

(4) 外来物种入侵造成严重的生态和经济损失。据初步调查,长江上游地区的主要外来入侵物种已达 100 余种,其中有些外来物种已经对当地生态系统和环境造成严重影响,例如紫茎泽兰、凤眼莲、水花生、大米草、部分鱼类、福寿螺、非洲大蜗牛等。其中紫茎泽兰现在我国云南、重庆、四川等地呈蔓延之势，在一些地区已成重灾，给当地的农业生产、生态环境和人民群众的身体健康造成严重影响。由于外来鱼种的引入，云南原有的 432 种土著鱼类中，一直未采集到标本的就有 130 余种。其中有些物种对瓜类、豆类、叶菜类蔬菜等经济作物都会造成极大的危害。

2. 环境污染形势严峻

在未来相当长的时期里，如果不加强治理，长江上游流域的水环境、大气环境、农业环境、城市环境的质量都难以有显著的改善，局部好转、整体恶化的趋势仍将继续，主要表现在以下几方面：

（1）资源开发与利用效率仍然低下。长期以来，长江上游各省区由于选择了粗放型的经济增长方式，资源开发利用率极低，浪费现象非常严重，对环境的破坏程度十分惊人。如 2017 年四川省 GDP 占全国的 4.47% 左右，污染物排放却约占全国的 5.18%，单位地区生产总值能耗（等价值）比全国高出约 9%。

（2）水污染形势将更严峻，农村面源污染增加，威胁我国饮水安全。在四川境内 70% 的河流被污染的情况下，长江上游还将发展大片耗水型、污染型企业。2011—2016 年长江上游地区废水排放量、城市污水排放量年均增长分别为 22.77%、29.98%。而从实际来看，污水治理的投资、增长速度与污水排放增长速度及治理要求差距扩大。长江上游地区主要污染物排放情况如表 3.5 所示。

表 3.5　　　　2011—2016 年长江上游地区主要污染物排放情况

年份	废水排放量（万吨）	城市污水排放量（万吨）	废水中氨氮排放量（万吨）
2011	1113103.92	623194	54.79
2012	1166129.25	641475	53.7
2013	1194025.28	681197	52.22
2014	1263827.15	736884	50.91
2015	1345734.42	791024	49.18
2016	1366552.37	810036	31.87
增长率	22.77%	29.98%	-41.83%

资料来源：根据各省市统计年鉴相关数据资料整理而得。

　　短期间内农药、化肥用量仍将增加,养殖业的发展将成为重要的污染源,农村垃圾性质发生变化,难分解物增加,数量巨大。上游地区化肥施用量近年来变化幅度较小,湖北、四川、甘肃等地呈下降趋势,但上游地区整体下降较小,对环境的污染并未有明显的缓解(见图3.2)。

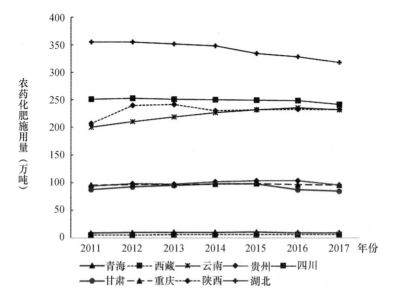

图3.2　长江上游地区主要省份化肥施用绝对量变化趋势

资料来源:根据各省市统计年鉴相关数据资料整理而得。

　　据初步统计,陕西省近年来农用化肥施用量均在232万吨左右,未有明显下降趋势,化肥农药利用率不足40%,大量污染物排入江河湖泊和地下水。农村污染面大、分散、难以集中处理,管理难度大,是一个极具挑战性的环境污染难题。

　　(3)突发性环境事件可能增多,中下游的环境风险增加。近年来,长江上游重大污染事件时有发生,其中影响较大的有葛洲坝库区黄柏河黄磷污染事件、万州航空油泄漏事件、云阳运载硫酸船舶沉江事件、沱江污染事件等。与此同时,长江上游船舶运输交通事故引发的环境污染事件也成倍增加。随着天然气开发,大型化工企业增加,污染型工厂数量增大,在长江上游发生突发性的水污染事故,包括气井喷发、化工厂泄漏、爆炸等在内的一系列环境事件也可能增加，从而对饮水安全造成威胁，导致人畜死亡、鱼类死亡的事件发生。并且由交通事故引发对江河污染、有毒化学品污染、扩散，造成对水库饮水、工农业用水安全威胁等事故也时有发生。

第二节　长江上游流域治理的问题检视

长江上游流域治理存在的问题日益凸显，已成为经济社会发展的重大障碍。我国长江上游流域在资源开发上存在本身资源匮乏的现象，较多工艺水平不达标的小型企业进行了大量的开发行为，导致长江上游流域资源开发过度，无序的开发加重了长江上游流域所面临的资源困境；与此同时，由于我国工业快速发展，环境污染问题日趋严重，且受长江上游地区产业结构、经济发展水平等因素的影响，环境污染问题逐渐复杂化。总体来看，长江上游流域面临资源短缺、资源开发过度、环境污染现象突出、流域环境保护与治理举措有待完善等问题。

一　资源相对短缺，过度开发、无序开发现象突出

（一）水资源、土地资源等资源相对短缺，需求日益增多

长江上游水资源总量大、可开发的水能资源丰富，但是近二十年来长江上游的金沙江、乌江、嘉陵江、上游干流区间水资源总量均有下降趋势。长江上游多为山地城市，地表水资源相对匮乏，且时空分布不均，地下水资源甚少。加之由于淡水资源主要库存在湖泊与江河中，直接受制于天然降水，时空分配不均，可利用淡水资源是短缺的，更有研究表明，长江上游年降水量近年来是显著下降的。在水资源供给不足的同时，长江上游用水需求也不断上升。随着长江上游人口不断增加、工业化和新型城镇化进程加快，未来对水资源的需求及保障能力的要求将不断提高。另外，水资源不仅存在资源"量"的问题，还存在"质"的问题。随着环境问题日趋严重，符合水质标准的水资源也越来越少，因此出现了"污染性缺水"的现象。随着三峡水库的建成，长江上游由河海生态系统转变为河湖生态系统。2018 年度，长江干流四川段达到二类水质标

准占83.3%,同比减少了16.7%;长江支流沱江仅5.6%达到一类二类水质,同比减少了8.3%。根据要求,三峡水库的水质应保持为二类水质,这就给注入三峡水库的长江上游及各支流提出了新的要求——水质标准至少应为二类。按照这个标准,长江上游水质部分是不达标的。就这个意义上的水资源短缺也是相对严重的。

长江上游地区土地总量很大,但是地形复杂多样,存在山地、丘陵、高原、平原等地理地貌,农用地比重较大,可供开发和利用的土地资源少之又少。用地需求不断增长,土地资源有限,两者矛盾日益突出。同时,水土流失是长江上游地区最严重的环境问题之一,土壤基本上是不可再生资源,形成一厘米厚的土层一般需要120—400年的时间,而流失一厘米厚的土层却只需要几场大雨,造成的直接后果是破坏了人类赖以生存的土地资源,使该区域本来就十分稀缺的土地资源大量丧失。

(二)资源过度开发、无序开发现象突出

伴随着人口的增多、工业化和新型城镇化进程的加快、乡村振兴战略的实施,长江上游地区对水、矿产、土地等资源的需求也越发迫切。虽然长江上游水资源、土地资源、能矿资源、森林资源等总量相对丰富,但多年来的过度开发、无序开发加重了长江上游地区的资源负担和环境负担。

1. 水能资源开发利用问题。长江上游水能资源丰富,但过度无序的水利水电开发和生态环境保护之间的矛盾也越发突出。长江上游水电问题涉及较多利益关联方,这种利益链条很难打破,以致长江上游水电无序开发状况多年得不到解决,严重影响到当地的环境平衡,给当地环境资源承载能力带来了挑战。长期以来,有关地方政府只关注如何最大效用利用水能开发,而忽视了水利循环、灌溉、涵养生态等功能,忽略了资源、环境、人文、河流生态等方面的制约因素。20世纪八九十年代,水电无序开发现象严重,无序开发与非科学开发对滑坡、地震、洪水等自然灾害带来影响。以云南省境内的长江支流南广河为例,南广河50公里距离内就有30多座小水电站,其中13座造成了不同程度的河道断流。目前长江上游水电开发主要采取梯级开发,尤其是自2012年发布《长江流域综合利用规划》(2012—2030)以来,长江上游干流和主要支流规划了若干水电站，形成梯级开发；《能源发展战略行动计划（2014—2020）》提出以西南地区金沙江、雅砻江、大渡河等河流为重点积极开发水电，为满足非化石能源占一次能源消费比重达到15%的目标，大中型水电开发力度依然不减。对水域生态亦会带来不利影响，比如河流流速显著变缓；水深提高，在金沙江、雅砻江等水量较大的河流修建的梯级电站坝前水深一般是50—100米，更深的达200米以上；饵料生物组成改变，生长在河滩砾石上的藻类和底栖无脊椎动物消失，大量浮游生物滋生；鱼类群落结构显著改变，原有的裂腹鱼类、高原鳅类等在水库内无法生存等。

2. 土地资源开发利用问题。长江上游土地资源的无序开发所带来的生态环境问题主要表现为农业生产活动中的农药和地膜导致土壤污染与不合理的灌溉方式引起的盐渍化。该区域山地多，平地少，其物质向下移动具有快速性和强烈性的特点，山地生态系统脆弱，开发利用不当极易造成水土流失。随着长江上游地区人口的增加、农业耕地的扩展，不合理的山地开垦、围湖造田和陡坡种植对生态环境造成了一定的负面影响，加速河流湖泊的淤积、泥石流的产生以及加重洪涝灾害等危险，带来严重的水土流失以及非点源污染。以云南为例，云南民族地区大多山坡陡峭、可耕地面积较少，加之沿袭传统的顺坡开垦的不合理耕作方式进行无序开发，加剧了水土流失。同时由于土地资源的无序开发，土层日益瘠薄，土壤中的养分随土冲走，导致土地生产力日趋下降。例如长江上游地区大部分是石质山区，特别是广大的石灰岩地区，表土流失，基岩裸露，城下光秃秃的岩石，使土地完全丧失农业利用价值。有关调查数据显示，长江上游地区每年因侵蚀造成的土地"石化"高达200万亩，使这些区域的农民无地耕种，迫使他们又去毁林开荒、陡坡垦殖，进行无序开发、不合理开发，形成"越流失越穷，越穷越乱开垦，越乱垦越流失"的恶性循环。

3. 矿产资源开发利用问题。长江上游地区拥有丰富的矿产资源，虽然目前其开发利用程度较低，但是乱挖滥采、无序开发的现象十分突出，造成了草地退化。近年来，长江上游地区每年涌入几万人次的淘金者，以原始落后、野蛮的方式大量开采矿金。仅玉树州曲麻莱县就有三万公顷以上的草地被开挖,到处是大小不等的沙砾堆,草地严重退化;以四川甘孜州色达县为例,近年来因开采黄金毁坏了大片的草地。

4. 森林资源开发利用问题。长江上游地区森林资源的过度开发、无序开发现象十分突出。该区域森林主要分布在四川、云南、西藏交界的横断山脉,以长江上游支流金沙江、雅砻江、大渡河和岷江流域为主,大部分是天然原始林,对涵养长江水源至关重要。但是长期以来,过量的不合理采伐使森林生态系统受到了严重的破坏,在开发历史较长的干支流沿岸河谷、人口密集的丘陵山区和平坝地区,森林已基本消失;西部留下的以天然原始林为主的森林资源随着最近40多年的掠夺性采伐,也已急剧减少。这种长期集中过度采伐的行为,加上毁林开荒、乱砍滥伐,破坏严重以致资源枯竭,长江上游地区有超过150个县的森林覆盖率低于15%。虽然进入21世纪后,国家决定禁伐天然林、实施天然林保护工程,但破坏天然林的行为屡禁不止,大规模倒卖木材外运证和天然林砍伐票证的现象时有发生,上千亩的郁郁葱葱的天然原始林毁于一旦。

二 水污染现象突出,土壤污染形势严峻

(一) 水污染现象突出,呈现跨界性、压缩型、复合型、结构型特征

长江上游流域水污染不仅导致流域生态系统的健康每况愈下,流域的水生物种逐渐消失遁迹,而且已经严重影响到流域区域人类健康,并引起公众的广泛关注和担忧。尤其是跨界性、压缩型、复合型、结构型水污染日益凸显,已经成为影响长江上游地区水安全的最突出因素,防治形势十分严峻:

1. 跨界性流域水环境具有不可分割的整体性,但是人为行政区划使这种整体性被打破,由此引发一系列弊端和纠纷,成为流域水污染治理的一项制度痼疾。长江上游流域跨界水污染冲突屡屡发生,导致环境恶化程度加深。一方面"点状偶发"演变为"面状多发"。伴随着工业化、城市化进程的不断加快和城市空间的不断扩大,因水污染引发的环境纠纷和事件日益增多,跨界(跨行政区)水污染问题也变得越来越普遍,由以前部分地区较为严重的"点状偶发"现象,演变为全区域普遍存在的"面状多发"状态,对资源环境有效配置、地区可持续发展及社会稳

定等提出了严峻挑战。另一方面跨界水污染冲突频繁，区域利益矛盾突出。长江上游流域流经地域广阔，跨越了许多省市地区，某一区域内部产生的污染问题不仅影响本区域的发展，还对其他区域产生了严重的污染威胁，污染物会随着河流的流动进入相邻的行政管理区域，形成区域性污染问题。这种污染源所涉及范围较为广泛，不仅会给流域沿岸居民生活带来一定困扰，同时还会影响沿岸地区经济效益和社会效益的健康发展。随着水污染问题的日益严重，水污染跨界流动直接激化区域间社会经济利益矛盾，致使水资源管理体制无法及时处理。

2. 压缩型污染矛盾突出。1973 年国家环境保护起步以来，伴随着经济发展特别是工业的快速发展，污染物排放量增加，环境质量持续恶化，我国经历了从点源污染到非点源污染，从源头污染到末端污染，从自然污染到人为污染等复杂的水污染问题，环境水体中污染物种类多含量高。由于水体环境容量相对有限，一些封闭水体或湖泊的环境容量很小，多年超额排放污染物导致的水体污染，积累起来更降低了水体的纳污能力，致使许多水体的环境容量接近甚至超过最大值。对于这些水体而言，即使少量的污染物排放也会导致严重的污染结果。

3. 复合型污染矛盾突出。工业点源污染、城镇生活污染、农业与农村面源污染相互交织、相互叠加，构成复合型流域水污染。第一，工业点源污染。企业违法排污现象屡禁不止，有的甚至排放重金属等有毒有害物质，重金属、持久性有机污染物等长期积累的问题开始暴露，流域面源污染防治、水生态保护和修复任务艰巨。第二，城镇生活污染。城市污染处理率比较低，城镇污水处理厂难以保障持续有效运行，流域内污水处理厂经常出现非正常工作状态，不能完全处理的污水仍然排入水体。同时存在污水处理技术不足，进水水质监管不足的难点。第三，农业与农村面源污染。农村污水治理是长江上游流域水污染防治的重要组成部分之一。农村污水治理的工程量大、需求复杂。现有的适用于城市的污水处理行业管理体制与农村污水处理的需求不相适应，导致规划、监管与技术标准等缺失，严重制约了农村污水治理的有效开展。所谓的"重建设、轻管理""重建设、轻运行"的现象，也使长江上游地区农村污水治理管理能力和技术能力建设未能获得良性的发展环境。化肥的过量使用给农业生态环境带来很严重的影响,有机肥料得不到充分利用。

4. 结构型污染矛盾突出。粗放型的发展方式对流域水环境的破坏和生态侵蚀影响深远。长江上游流域周围高水耗、重污染行业比重仍然较大,产业结构排序为:第二产业、第三产业和第一产业。第二产业又以传统产业为主,多数地区以造纸及纸制品业、化学原料及化学制品业、食品加工业、医药制造业、纺织业等为优势产业,这使得流域结构性污染矛盾突出。一些地方产业布局不合理,约80%的化工、石化企业布设在江河沿岸,带来较高环境风险隐患,还有一些缺水地区、水污染严重地区和敏感地区仍未有效遏制高耗水、高污染行业的快速发展。

在污废水排放中,第二产业排放比例大于第三产业,而产业结构一旦形成,在短时间内很难改变,这就使流域水生态持续恶化。尽管各地区在产业结构调整方面做了许多工作,但工业产能不断增加使得总污染仍然居于高位。流域内大多分布着大量重污染企业,由于缺乏统一规划和分区控制,大量无证无照无治污措施企业混杂在居民区、商业区中,各种污水基本得不到有效处理;流域内大部分企业污染治理设施落后简陋、运行不正常,部分企业在线监控设备形同虚设。

(二) 土壤污染问题严峻,尚未得到有效防控

长江上游地区土壤污染防控形势严峻,但由于土壤污染的根源交错复杂,且传统的粗放型发展方式仍然存在,土壤污染问题仍然严重。由于人口急剧增长,工业迅猛发展,固体废物不断向土壤表面堆放和倾倒,有害废水不断向土壤中渗透,大气中的有害气体及飘尘也不断随雨水降落在土壤中,导致了土壤污染。尤其是工矿企业建设、生产以及农业生产等造成的土壤问题较为突出。工业污水、固体废弃物排放量大,土壤重金属污染较为严重,但环保投入不足,给自然环境带来沉重压力。工业在长江上游地区所占比重大,重型化工业如建材、铝加工、现代化工等重工业会产生较多工业污染,在消耗大量能源及资源的同时,污染排放量也相应增加,进而造成土壤污染。农业生产造成的土壤问题中最主要的是污染灌溉带来的,农药、化肥的大量使用,造成土壤有机质含量下降,土壤板结,以致土壤质量下降、农作物产量和品质下降。同时,长江上游大部分地区长期受到酸沉降影响,属于我国酸雨污染较严重的

区域，工业排放的二氧化硫、一氧化氮等有害气体在大气中发生反应形成酸雨，进入土壤后使得土壤酸化，产生了严重的土壤污染问题。根据有关调查，四川、贵州、云南等省份重金属本底值本来就比较高，长期的重有色金属、磷矿等矿产资源开发、重化工业发展是耕地严重污染的重要原因，工矿企业的废渣随意堆放，工业企业的污水直排，以及农业生产中污水灌溉、化肥的不合理使用、畜禽养殖等人类活动造成或加剧了这些地区耕地重金属污染。

长江上游地区土壤污染呈现累积性、不可逆转性、难治理和高辐射等特征。大气污染、水污染和废弃物污染等问题一般都比较直观，通过感官就能发现，而土壤污染则不同，它需要通过对土壤样品进行分析化验和农作物的残留检测，甚至通过研究对人畜健康状况的影响才能确定，具有一定的隐蔽性和滞后性。

虽然近年来，党中央国务院高度重视长江上游地区的土壤环境保护，按照生态环境部统一部署，形成"长江保护修复"战役三年作战方案，但是长江上游地区土壤保护修复过程仍较为复杂，同时处在机构调整转型时期，尚未取得显著成效。同时，随着工业化、城镇化加速发展，工业中资源型产业比重大、发展快，呈现典型的"三高一低"现象，环保压力持续加大。不可否认，一些农业环境保护、防治土地污染方面的法律法规和部门规章对改善长江上游地区的土壤污染状况是发挥了一定作用的，但是土壤污染防控并未上升到国家层面，现行的《环境保护法》《农业法》《土地管理法》等法律法规提供的只是有关土壤污染防治的零散规定，我国并没有制定专门性的土壤防治方面的单行法律。因此我国在土壤污染防治上的法律是缺乏系统性与可操作性的，这方面的立法基本上是一片空白。

（三）流域治理效果不显著

1. 流域治理仍主要停留在水资源开发利用的单目标阶段，缺乏流域可持续管理的新理念。水资源保护与水生态环境保护这两个概念常常被混淆。水生态环境保护实际上是污染防治、资源保护和生态保护三位一体。水资源保护本属于单一资源价值保护的开发行业管理，内涵小于且从属于生态环境保护。近年来，水资源保护的内涵及其制度职能等不断延伸拓展,流域治理仍主要停留在水资源开发利用的单目标阶段,造成了较大的概念交叉、部门冲突,不利于流域可持续发展。

2. 合力治污局面尚未形成,项目治污效应体现不够。流域环境治理的根本目的是减少污染物的排放,改善流域环境质量。从污染物的产生、处理、排放到监测等不同环节都涉及水利部、工业和信息化部、住房城乡建设部、交通运输部和农业农村部等多个部门,在流域规划编制治污项目确定和实施过程中,各部委各地方虽有参与,但没能充分调动其积极性、主动性,也没有形成合力治污的局面。在规划项目的设定阶段,多以地方上报、国家审批为主;治污项目设立的针对性、可达性、科学性和有效性研究不够,而且各部委、各领域、各地方的众多实践成果没有得到充分的借鉴和应用,项目治污效益没有得到完全体现。

3. 流域治理过程中的系统观缺乏。长期以来,长江上游流域治水重在防洪、灌溉、抗旱等方面。而如今,区域水安全面临新老问题相互交织的严峻形势,特别是水资源短缺、水生态损害、水环境污染等新问题愈加突出,流域水环境治理需要从系统角度全局考虑。在流域治理参与层次上,存在"知行不一"的现象,生态文明建设意愿较强但实际环保行为薄弱;在流域治理形式上,形成了由政府主导的"自上而下"的被动参与方式,公众参与的广度和效果很大程度上受制于行政主管部门的态度偏好,尚未形成"自下而上"的生态自觉行为;缺乏生态文明大局观念和系统性认识,常常"各人自扫门前雪,不管他人瓦上霜"。在流域治理过程中,法律制度保障欠缺导致公众并不能完全享有合法的实体性权力和程序权力,只能侧重事后参与。以上问题制约公众参与流域生态治理的主动性、有效性和科学性。

第三节　长江上游流域治理的难点障碍

长江上游流域治理由于既存在着资源环境在私人主体之间的"外部性"问题,又涉及长江上游生态屏障建设的"区域外部性"难题,从而在不同的行政区域和较多的利益集团之间,产生了更多的利益冲突和矛盾激化。长江上游流域治理的难点与障碍主要包括以下四方面:一是长江上游地区经济快速增长与生态环境保护的矛盾；二是中央全局性目标与地方局部性目标的冲突；三是上中下游地区利益分配与损失补偿不均的矛盾；四是上游各行政区域在跨区域重大共建项目中产生的各类问题。经济快速增长与生态环境保护的矛盾是每一个区域在发展经济中均面临的问题，而中央与地方、上中下游和上游各行政区域内部的矛盾，则是长江上游流域治理的外部影响因素。

一　经济快速增长与生态环境保护的矛盾

目前，长江上游流域的省市大多处于工业化中期阶段，长江上游生态环境脆弱，生态恶化趋势尚未得到根本扭转，经济增长与生态环境保护的矛盾在这一地区表现得十分突出。究其原因，主要在于：

1. 资金约束。经济发展需要充足的资金支持，没有资金，经济难以发展；同样，没有可以用于生态环境恢复的投入，生态屏障建设也难以开展。但问题在于长江上游地区地处我国西部，经济基础相对薄弱，资金供给极其有限，这就导致在经济快速发展的过程中资金供不应求的情况长期存在。有限的资金投入是用于发展经济，即加快长江上游经济带建设，还是用于生态环境恢复，目前是两难选择。长江上游地区的大部分省市正处于经济高速发展阶段，经济发展的迫切性已成为地方政府与企业、居民的共识，有限的资金大多被地方政府和微观经济主体优先投入经济发展中。

2. 产业结构不合理。对长江上游地区而言，其不合理的产业结构也是导致其经济快速增长伴随着生态环境迅速恶化的重要原因。主要表现在以下几方面：首先，重工业发展提高了环境污染水平。随着工业化进程的加快，工业污染程度与工业部门的总体规模以及工业内部结构有着较强联系，尤其是与重化工业在工业部门结构中所占比重呈正相关关系。长江上游经济重镇四川和重庆产业存在结构同构，过去多年资源开发导向型的重工业占比较高，自然资源消耗量大、污染程度较高。能源、化工、冶金等耗能高、污染重的行业仍是四川和重庆工业的支柱，工业污染相对严重。其次，企业组织结构的小型化和布局的分散化增加了污染治理成本。长江上游地区经济发展的滞后和产业结构的趋同，导致企业规模较小，布局分散，难以发挥污染治理的规模经济效应和聚集经济效应。

3. 缺乏新技术推动。科技是现代经济增长的源泉，也是提高资源利用效率、治理环境污染的重要保障。但技术水平的提高和技术力量的充实都不可能脱离地区的经济发展水平。长江上游地区落后的经济发展水平和科技水平使得其生态环境保护事业难以顺利开展。

4. 政策偏好。在现行的财政体制和政府领导干部考核体制中，GDP、财政收入增长比生态环境保护对地方政府领导仍更具影响力，从而在区域经济决策中不得不倾向于经济快速增长的目标。现行的财政体制给地方政府造成较大的支出压力，需要承担义务教育、公共卫生、社会保障等职责。为增加税收收入，在以间接税为主的财税体制下，地方政府自然极力发展能带来较多财税收入的工业，特别是重化工业，这样既可以搞"政绩工程"，又可以缓解财政支出压力，而对于生态环境保护投入大多积极性主动性不高。

5. 生态环境保护项目自身缺乏投资吸引力。假定长江上游地区资金充裕，那么这些资金究竟投入哪些领域，在很大程度上与经济效益高低有关。从投资者角度来看，由于我国生态领域产权市场尚未建立，社会收益难以内部化，导致生态环境保护事业的资金利润率、成本利润率、销售利润率等偏低，甚至在较长时间内无利润而言。对投资者缺乏吸引力使得各类要素不断集中于高回报的经济项目，如水电站项目，以获取丰厚的利润，而一些公益性的项目则无人问津。

在上述因素的共同作用下，长江上游流域长时间内还难以自发形成经济快速增长与生态环境质量提高的协调能力。

二　中央全局性目标与地方局部性目标的冲突

中央政府与地方政府作为流域治理的两个主体，也存在着一定矛盾。这种矛盾从本质上说是中央政府的全局性目标和地方政府的局部性目标间的冲突。

中央政府的全局性目标，是基于欠发达地区的扶贫开发、资源富集区域的资源输出和长江流域的生态恢复。长江上游经济带作为西部重大的、带动和辐射功能最强的经济增长极，以及全国劳动地域分工中的重大资源开发和输出区域，对于带动西部区域非均衡协调发展，实现提高全国资源环境经济承载力具有重大意义。同时，由于长江上游地区生态恶化引发的各种灾害肆虐全国，使全国经济发展严重受阻，所以上游流域开发的经济战略又必须高度重视生态环境恢复。这可以说是中央政府在流域治理中的全局性目标。

而地方政府的局部性目标则是致力于通过经济带的构建实现地区经济增长和区域内部可持续发展。经济快速增长与生态环境保护的矛盾已经说明，人们是否愿意进行生态环境保护，取决于对环境需求的支付愿望。对上游地区贫穷落后的人民而言，生存发展是第一权利，如果连基本生活质量都得不到保障的话，又何谈对于环境的需求和对中下游地区生态功能提升的贡献。所以，上游地区政府的首要目标是增加财政收入，通过经济带的构建，以线串点、以点带面带动区域经济发展。

三　上中下游地区利益分配与损失补偿不均的矛盾

长江上游地区与中下游地区由于利益分配和损失补偿所产生的矛盾，主要是由于生态环境保护建设的区域正外部性。例如，长江上游地区森林被砍伐时，它会成为上游地区私人或地区的财富。但它作为活林木存在时，它向长江流域提供的福利包括保持长江上游的水土不流失、提供生物多样性等，这对于下游地区经济发展是极为有益的。而且在一个流域中，往往是下游地区较为发达，上游地区不太发达，如果上游地区因贫困而对生态环境无力保护，甚至造成破坏，下游受到的冲击就会是多方面的、长期的、严重的。因此，生态环境建设决不应该仅仅是上游地区地方政府或当地居民的任务。只有承认生态环境建设的区域正外部性，并根据上游地区和中下游地区在退耕还林等工程中的受益程度确定各自的投入比例，合理分割相关责任，才能确保生态环境建设的顺利实施。但牵涉中下游地区，由于生态环境恢复所带来的收益和上游地区生态环境恢复带来的间接损失难以衡量，在操作上难以做到利益分配与损失补偿的绝对均等。

首先，把长江上游地区定位于流域的生态屏障，必然会限制上游地区产业发展的方向和类型以及生产力布局的空间,这对于长江上游经济带建设的损失是巨大的。这种损失属于间接成本、机会成本,不确定性太大,也难以估量。而且如果由上游地区和中下游地区一起来估算这种损失,上游地区不免会夸大,中下游地区也必定会将这种损失计算得极小,难以协商。

其次,中下游地区中的任何省市作为补偿主体,如果在生态环境建设方面补偿过多,主动性、积极性明显不足。为了使中下游各省区对上游地区的补偿更为合理,需要测算补偿主体在生态环境建设中的收益程度,但相关收益程度很难量化。比如,天然林恢复的直接成本可以计算出来,但天然林恢复的收益难以量化,也就更谈不上如何将这种收益在中下游各省区之间进行分配。由于多数场合下环境资源不存在明确的产权,任何人不论是否为使用这些资源付费,都可以同等地享受环境功能,因此极易因责任不明而出现"搭便车"行为。

最后,长江上游流域治理的顺利推进,需要中下游地区对上游的扶持和帮助,但这种资金支持更难量化。所以,这种补偿机制和扶持机制最终只能由中央政府来建立,由中央政府估算长江上游地区在生态环境建设中的成本,并考虑生态环境建设所需资金和中下游对长江上游经济带建设的扶持力度,然后在中下游各省市之间分配责任和投入。

四 长江上游各区域因行政分割而产生的共建矛盾

由于环境问题往往是无界的,所以长江上游各行政区在流域治理中也存在着矛盾。比如为了恢复流域的生态环境,减少酸雨的程度,长江上游城市都必须减少煤炭的使用,而代之以更清洁的能源。如果有些城市煤炭使用得少一些,而另一些城市煤炭使用得多一些,由于酸雨污染的无边界性,那么他们同样都可以享受到酸雨减少的好处。但那些煤炭使用得少一些的城市,由于使用更清洁的能源,付出的成本会很高,甚至有可能超过酸雨减少所带来的好处。再如为了保证流域的水质,重工业发达的四川和重庆都必须通过建设污水处理设施,减少对长江干流的水污染。如果有些城市污水排放得多一些,而另一些城市污水排放得少一些,由于水质污染的跨区域影响,那么他们同样都可以享受到水质污染减少的好处。但如果大家都不治理污染，那么他们都将面临生态环境恶化带来的巨大损失。这是长江上游各行政区在治理越界污染中的博弈问题，他们必须考虑其他城市在流域治理中的反应做出决策。

第四节　长江上游流域治理问题缘由

考虑长江上游流域治理对国家整体战略布局的决定性作用，结合长江上游流域治理的管理历程，深入分析长江上游流域治理现阶段问题背后的成因，对顺利推进新时期长江上游流域治理具有重要战略意义。

一　长江上游流域治理体制机制碎片化

1. 流域管理相关部门的定位与职能不清，职能交叉与缺位并存，缺乏跨部门、跨地区的有效协调机制。长江上游流域治理的体制过分破碎化，职责交叉过多且权责不统一，制度衔接不够，尤其缺乏高效协调机制；统筹不够，没有形成合力，这是长江上游流域治理体制改革需要着力解决的核心问题。水利、生态环境、农业农村、林业和草原、交通、城建等部门都是长江上游流域治理管理事务的一部分，基于自身利益而产生的复杂纷争直接导致具体执行层无所适从；同一流域的不同行政区域之间经常出现因水污染等环境污染问题引发纠纷；流域开发治理的部门通常隶属具体的机构，很难超越部门利益制定出整体政策并进行综合管理，仅有有限的监控权和执法权，无法很好地处置地方之间的各项纠纷。

2. 政策过程方面的碎片化与割裂性。各地以地方利益为政策制定依据，割裂了长江上游流域资源开发利用、生态环境治理保护的关联性、完整性和统一性；部门之间没有统一的信息发布和共享平台，信息掌握上各自为政，缺乏沟通，极易造成浪费；规划缺乏整合，缺乏有法律地位和实践操作价值的流域多目标综合规划，流域管理的规划目标单一，流域管理的短期行为严重，单向性、分割性严重，流域管理更加困难。对长江上游流域治理的管理与行政管理相结合的管理体制仍未跳出行政管理主导的模式，部分机构在政策制定过程中仍是着眼部门和区域利益而非流域和整体利益，法律法规因视野所限而相互打架，流域开发治理的价值整合越发困难。如在环境管理方面,中国目前的环境管理基本上是一种"中央—地方—污染源"式的模式。现行法律法规将大部分环境监管的职责交给了地方,中央只负责统一监管。这种权责划分体现了计划经济时代统一管理与分工负责的原则,但并没有考虑普遍存在的 A 地投入巨资搞环保而 B 地享受环保成效对地方环保积极性的打击,以及这种打击对环境管理的综合影响。

3. 长江上游流域资源环境综合治理规则的相互不兼容。长江上游流域的综合管理以行政为主导,没有将流域管理纳入经济社会发展的整个系统进行考虑,对企业这一被管制者和引入社会力量进行管理认识不足,缺乏行动。正式规则未能起到很好的重塑作用,法律法规之间规定不一致,且各管一块,制度化分配行政权力、监督权力行使的功能欠缺,造成基层单位模棱两可、无所适从,出现"上有政策、下有对策"的困局,影响政策的执行效果。

二 经济利益本地化与流域治理一体化相冲突

随着我国工业化、新型城镇化和现代化的快速发展,不平衡、不协调、不可持续问题依然突出,长江上游流域治理与转变经济发展方式相互影响、相互作用。

1. 地方政府更多关注本行政辖区经济利益。在传统经济增长方式下,由于政绩考核需要,地方政府对辖区内资源开发效率低下企业、污染型企业的管制左右为难。涉污企业在流域大部分地区工业结构中往往占有较大比重,甚至是特定地区的财政收入主要来源,环境治理成本问题以及本地区所能容纳的涉污企业等会影响其财政收入,因而,地方政府不会花更多的人力、物力用在技术推广、革新上。例如在水环境治理上,政府本身建设污水厂的积极性不高,也不想因此看到企业的撤出,断了地方财源。而从企业来看,出于理性经济人的考虑,企业更不会花费大量资金在水污染治理上。由此出现调控机制的经济激励手段"无用武之地"的怪现象。

2. 政绩观驱动下政府就地执法不力。地方环保部门、水利局隶属于地方政府部门,人、财、物极易受到地方政府制约。地方政府出于优先发展地方经济考虑，地方环保部门、水利局等是不得不"配合"的。我国环境保护法已经提供了一系列的环境管制措施，如建设项目的环境影响评价、"三同时"制度、排污浓度控制和总量控制、排污治理义务、排污登记和自觉监测义务等，但在政绩观的驱动下，地方政府环境保护执法本身存在严重不足，污染物未经处理就排入江河、大气污染情况屡屡不绝。

3. 地方政府以邻为壑。从长江上游流域资源开发与环境治理综合效果看，现行长江上游流域管理体制存在不利于环境政策执行的诸多方面，成为长江上游流域综合管理体制的弊端。这些弊端表现为层级节制权威弱化、地方政府以邻为壑等。各地区为追求本地利益最大化，最大限度地利用区内各类资源，同时对区域内的环境污染治理问题不够积极，导致长江上游流域跨界污染的事情屡见不鲜，省界间因资源开发和环境污染治理而产生的冲突不断。长江上游流域部分地方政府并没有认真履行监管职责，甚至存在放任自流现象，以致下游地方群众的生命财产因环境污染而遭到损失。如当产业转移伴随着污染转移的时候，作为公共产品的流域水环境问题就摆在流域内地方政府面前，成为必须面对的公共事物。地方政府在面对流域水环境污染问题时，采取"事不关己高高挂起"的态度。

三　管理体制机制单一化与长江上游流域治理复杂性不匹配

1. 政府直控型的管理模式行政成本高，利益激励不足。主要表现在：①政府直控型模式行政成本高。长江上游流域环境保护具有政府直控的特点：一是政府承担了绝大部分环境保护职能，社会力量所能发挥作用的空间相当有限。二是政府在实施环境政策中，所采用的手段也是以本身所能直接操作的为主，特别是大量使用行政控制手段。即使是所谓的经济手段，其实也是行政手段的一部分，是用收费、罚款等经济价值来调控的行政管理手段。该种模式必然产生较大的行政成本。②政府直控型模式利益激励不足。由于各级环保部门规模和经费十分有限，所以面对大量违反环境保护法律规定的企业或其他对象时，生态环境部门力量不足，从而使环境政策法规不能得到充分落实。我国环境保护法中，对政府进行环境管理授予了很多权力,但对社会甚少分配权利,尤其缺少利益激励。如果社会力量未被激励、被动员到流域生态环境监督中来,环境执法不严的局面难以改变。

2. 长江上游流域环境治理系统内各主体间利益差异大。中央政府、流域省政府及其他地方政府在流域治理宏观规划制定过程中利益差异较大。对于省政府来说,涉污企业在流域大部分地区工业结构中往往占有较大比重,甚至是特定地区的财政收入主要来源,流域环境治理成本问题以及本地区所能容纳的涉污企业等会影响其财政收入。对于中央政府而言,其作为流域共同利益的代表者,能够站在客观的角度分析流域环境问题,进而制定出合理的环境质量目标及污染物总量控制目标。然而,长江上游流域范围广阔,中央政府机构并不具备充足的人力、物力、财力去全面地了解长江上游流域具体情况,也难以识别出全流域环境的全部问题。

3. 水资源所有权虚置导致流域水资源配置不合理。主要表现在:①流域管理机构不具有所有权。在我国,法律明确规定流域水资源的所有权属国家所有,由国务院水行政主管部门设立的流域管理机构在所管辖的范围内行使法律、行政法规规定的和国务院水行政主管部门授予的水资源管理和监督职责。流域管理机构所具有的水资源管理和监督的权限并不代表其具有水资源所有权,更不能完成所有权在水资源配置中的各项功能。②流域管理机构不能有效监督区域的水资源使用。长江流域作为重要流域往往覆盖跨省区的多个独立行政区域,这些区域在对于流域水资源的使用方面形成具有竞争关系的利益主体,流域管理机构受制于其自身机构的缺陷而不能有效地监督和规范这些利益主体的水资源使用行为。③流域管理机构不能有效配置水资源。流域水资源所有权实际上的虚置导致流域管理机构在现实流域水资源管理活动中更多地只能集中于水资源在各个行政区域之间的初始配置问题,对于完成配置后的水资源实际使用效果则缺乏进一步有效的运行机制。具体来看,流域上游居民保护水源生态环境的劳动投入,长期得不到江河中下游享用流水居民的等价回报。

四　政策保障滞后性与治理需求紧迫性不一致

长江上游流域治理是一个复杂的有机整体，除了各方力量的统筹协调，更需要政策法规的强制性保障。目前长江上游流域治理面临的诸多问题凸显了政策法规等保障的不足之处。

1. 公众有效参与途径有限。基于切身相关的健康利益、财产利益、环境利益和种群延续利益等，公众必将成为最有动力、也最有效率去监督各相关部门和企业履行环境义务的主体。现有体制下，公众参与长江上游流域治理的方式、途径等有限，无法监督长江上游流域资源开发与环境污染治理。从我国流域综合管理实践看，政府行为垄断了大多数活动，普通公众很难参与决策和管理过程。信息不透明，公民参与不足，信息公开进展缓慢，统计制度存在缺陷，导致公民不能获取足量、真实的信息，社会监督缺位，新闻媒体监督作用不能很好发挥。例如流域环境监测、预警、应急处置和环境执法能力薄弱，有些地区有法不依、执法不严现象较为突出，环境违法处罚力度不够，企业偷排、超标排污、超总量排污的现象时有发生。

2. 长江上游流域资源开发与环境治理的市场投入机制不完善。虽然近年来对长江上游流域综合管理的力度逐渐加大，但是相对于现实需求来讲，资金投入显得捉襟见肘。长期以来，资源开发与环境保护资金的来源缺乏稳定和明确的渠道。传统意义上的资源开发并未很好地带动本区域的社会经济发展，对资源开发的市场投入零散，无法进行有效规划，实现高效利用。在环境治理的许多方面都需要足够的资金投入才能产生效果，比如水环境治理方面污水处理的机器设备、水环境监测设备技术等。财政资金投入相对有限，市场投入机制不健全使得长江上游流域资源开发与环境治理成效不足。

（1）融资模式单一。我国水利经济政策相对滞后，流域管理部门筹资渠道过分依赖于国家和地方政府，经济体制至今没有完全转入市场经济轨道，利用市场手段的筹融资办法较为缺乏。尚未构建多元化、多渠道、多层次的社会投融资体系；尚未建立完善水资源开发市场准入制度和水资源保护税费政策。

（2）资金使用不当，使用效率低下。长江上游地区资源开发缺乏有效激励机制，相关开发建设资金相对短缺。有关排污收费、污水处理收费及用水收费分属生态环境、建设住建、水利等多个部门，形成利益部门化，加上缺乏有效监督，造成大量的收费被用于水污染防治以外的用途。污水处理由政府部门垄断性控制，缺乏竞争，造成政府财政投入的资金和收费使用效率不高。

（3）市场化的生态补偿机制不健全。目前生态补偿主要靠政府财政转移支付来补偿，市场作用小。生态补偿标准建立在生态服务价值评估的基础上，实际操作中，很难将生态服务价值进行明确的量化，从而无法合理有效地发挥各参与方的作用。市场补偿机制还不够成熟，缺乏相关的法律制度，未形成完备的生态补偿体系。

3. 长江上游流域水污染治理法制不健全、法律执行不力。主要表现在以下两方面：

（1）流域水污染法制不健全。虽然长江上游流域水环境治理逐渐得到重视，国家也出台了一系列相关的政策法规，但是现行的流域水污染治理法制还不够完善，无法从根本上解决流域水污染严重的问题。在水资源管理以及水污染治理实践中，由于水环境管理部门在很大程度上受制于同级政府，当流域利益与区域利益发生冲突时，权力应如何设置与分配，现行法律并未规定。同时，不同法律法规之间缺乏有效的协调和统一，现行水污染防治法律体系层级性和协调性差。

（2）法律执行不力。主要体现在：①政策执行缺乏有效的法律规范与监督。社会监督因投诉不畅、缺乏法律保障而难以发挥应有的作用。而且在多元监督体制下缺乏科学合理的分工，监督范围与监督责任在法律法规中并未明确规定，各监督机构在监督工作中相互推诿，使监督内容难以落实。②跨区域环保联合执法不够。在追求 GDP 增长的目标驱动之下，在缺乏环境质量考核的政府追责之下，跨区域的环境和资源往往成为"公地悲剧"的产物。环境违法企业往往在跨行政区域地带与执法人员玩起"时间差""游击战"，致使环境违法行为屡查不止。交界处污染企业管理归属问题一直是跨行政区域环保部门头疼的对象。③在执法方面，执法人员不可能跨区域执法，也是取证困难的一个原因。据了解，我国环境保护立法除了对点源的环境污染进行了严格的法律规制外，对跨界污染问题也有针对性的立法和规定。但我国跨界污染的法律控制不力，纠纷时有发生。分析其法律原因，主要问题不在立法，而在于对现有法律的执行不力。

4. 长江上游流域现行区域补偿机制落后。流域各省市之间在发展定位、战略规划、产业分工、城市集镇体系建设等诸多方面都未能达成共识，涉及流域开发过程中的利益分配机制不健全，现行开发补偿机制落后。以水能资源开发为例，当地并没有享受到合理的资源收益权，地方政府呼吁的"增加地方留存电量和税收分成"的补偿方案始终得不到落实；移民政策缺乏统一性、长远性和稳定性；"同库不同策""同流域不同策"的情况更增加了移民搬迁的难度。

第五节　长江上游流域治理趋势研判

经过多年来在流域治理上的理论实践探索，随着生态文明"五位一体"总体战略布局的全面推进、绿色可持续发展理念的不断深入，长江上游流域治理的理论方式、趋势手段等发展变化，不断转变为系统治理、协同治理、全过程治理、多手段治理。

一　系统治理：坚持山水林田湖草生命共同体

当前流域治理从单纯重视河流自身转变为对整个流域区域的治理；从单一规范流域水资源逐步演变为统筹考虑流域内所有环境资源要素；从流域系统整体功能进行流域治理，强调流域生态保护与社会经济发展的关系，从经济、环境、社会问题的角度进行流域生态系统的综合治理。2013 年习近平总书记在党的十八届三中全会报告指出：要坚持山水林田湖是一个生命共同体的系统思想。① 生态是统一的自然系统，是各种自然要素相互依存而实现循环的自然链条，水只是其中的一个要素。山水林田湖是一个生命共同体，形象地讲，人的命脉在田，田的命脉在水，水

---

① 引自党的十八届三中全会报告内容。

的命脉在山，山的命脉在土，土的命脉在树。用途管制和生态修复必须遵循自然规律，如果种树的只管种树、治水的只管治水、护田的单纯护田，很容易顾此失彼，最终造成生态的系统性破坏。2017年7月习近平总书记在中央全面深化改革领导小组第37次会议上指出：坚持将山水林田湖草作为一个生命共同体，统筹考虑保护与利用。① 流域治理过程中，由一个部门负责领土范围内所有国土空间用途管制职责，对山水林田湖草进行统一保护、统一修复是十分必要的，是对过去治理方式的总结，更是对制度跟进的擘画。山水林田湖草，各有其权益，但更是生命共同体。基于此，新时期的流域治理必须冲破"博弈思维"，割舍"部门利益"，形成更高层面的协调机制，把各类生态资源纳入统一治理的框架之中。

二 协同治理：注重部门协同、社会协同和河段协同

在流域水环境治理的各方之间，存在频繁的利益博弈。流域水环境系统是一个涉及生态、经济、社会、政治等多变量的复杂系统，并非全部的政策资源都为政府部门所掌握，政府通过强制性的主导无法对诸多资源进行有效配置。协同效应促使各方通过合作博弈的开展，分享合作利益，并从网络的全局视角自我履行合约。因此在流域治理的机制中，改变单一的依靠政府强制主导的供给型方式，转向利益合作为主的需求型方式，实现各方利益和目标的一致，进而通过协同治理实现治理目标。围绕加强社会治理，需要完善党委领导、政府负责、社会协同、公众参与、法治保障的社会治理体制。流域治理是社会治理的有机构成，同样要贯彻推进社会治理的总体要求，坚持政府主导和社会协同。在我国社会结构深刻变动、利益格局深刻调整、水环境问题日益凸显的新形势下，流域治理问题的复杂性以及涉水事务日益增多且越来越繁杂，决定了既要加强政府及有关部门的内外协调配合，又要统筹发挥社会各方治理合力，还要注重流域上下游之间的河段协同。比如农业水价综合改革是我国促进农业节水、解决用水浪费的一个重要举措，从试点到全面推广，

① 引自2017年7月中央全面深化改革领导小组第37次会议公开报道内容。

不仅需要政府及有关部门的合力推动，还需要中央与地方的上下联动，更需要农民用水户协会、农民等的协同参与。

三　全过程治理：强化流域治理的全过程跟踪监管

国外的流域环境治理基本上走的是一条先污染后治理的道路。首先经历了水资源综合利用阶段；然后进入由于大规模水资源开发导致流域水质恶化，加强污染治理和水资源保护的阶段；现在国外流域环境治理基本由以水污染综合防治，水生态环境的恢复为目的的治理转变为协调性的流域自然资源—生态环境—经济发展的综合治理。流域治理过程中，不仅重视合理开发水资源，尤为关注水资源高效利用；不仅重视源头预防，还关注用水过程管控和末端治理。比如甘肃等西北地区是严重缺水地区，在通过农业取水许可和定额管控农业供水、取水的同时，也应发展规模经济和高效节水灌溉，强化用水环节的管理。只有这样，才能保证在相对较低的农业取水限额下获得更好的经济效益和社会效益。再如对水污染治理，既要严格入河排污许可和排污标准，强化源头控制；也要实施节水技术改造，统筹推进各行业节水，减少污水排放；还要开展污水处理回用，加强污水末端治理。通过全过程治理，加快转变流域发展方式，推动整个社会形成有利于可持续发展的经济结构、生产方式和消费模式。

四　多手段治理：市场机制和政府引导的双管齐下

流域治理的显著的趋势是从一元行政管制到多维网络治理的转变。澳大利亚通过几十年的探索和变革，形成了政府、社区、企业、非政府组织和公众的多元治理网络。习近平总书记强调，坚持将山水林田湖草作为一个生命共同体，要统筹兼顾、整体施策、多措并举①。基于当前流域治理问题的复杂性，要综合运用工程、行政、技术、经济、法律、宣传等手段，统筹解决流域治理难题。通过"大动脉"与"毛细血管"并

---

①　在 2017 年 7 月中央全面深化改革领导小组第 37 次会议上习近平总书记讲话公共报道内容。

举，连通骨干引调水工程与田间工程，优化水资源配置格局，解决工程性缺水问题；通过取水许可、排污许可或其他行政命令，强制用水单位履行必要义务，严格规范取用水和排水行为；通过工业节水技术改造、高效节水灌溉和生物农艺技术、节水器具推广等措施，提高用水效率，减少污水排放；通过实施水权交易和排污权交易等经济手段，以市场机制解决资源短缺、环境污染等问题；通过追究违法行为人的民事、行政和刑事法律责任，惩罚破坏资源、环境、生态等违法行为；通过加大宣传引导力度，营造良好社会氛围，培育并提高公众节约资源、保护环境意识等。

第四章

长江上游流域治理的理念认知

适应绿色发展趋势，开展长江上游流域治理需要基础理论和全新的理念作为指导，本章尝试提出流域综合治理的指导性认知理论，主要包括：流域治理的概念界定和内涵明晰；长江上游流域治理的目标导向；长江上游流域治理的总体要求；长江上游流域治理的基本原则；长江上游流域治理需要处理好的三大关系等。通过树立科学的理念认知，为长江上游流域治理提供强有力的科学支撑。

第一节 流域治理的概念内涵

流域治理源于治理理论，强调流域事务中多主体对流域涉水与非涉水事务的整体性治理，强调资源的整合性、主体开放性、过程的协调和协商性以及手段的非制度安排性，这与治理理论中的区域治理、跨界治理一脉相承，同时，流域治理也借鉴了多中心治理理论的观点。在国际河流流域治理上更多地体现为围绕流域问题的公众和非政府组织参与，形成多中心的格局，体现协商解决水资源冲突的民主性和公平性。

从治理目标角度看，易志斌（2009）认为流域治理与府际的资源合作治理机制相关联，是针对环境问题的跨界性和公共物品效用的外溢性的一种协调和应对。谭永茂（2014）认为广义上的流域治理是指基于环境科学的理论，综合运用各种手段，实现对流域线上社会经济活动的管理；狭义上的流域治理是指管理者为了达到预期的流域治理目标，对经济、社会发展过程中施加给流域的污染性影响进行预防和控制，实现可持续发展。Lopes（2012）则认为流域治理是指在解决流域问题中，为了实现共同利益，实现流域一体化，促使国家以及非国家主体协作的过程。

从治理内容角度看，李忠魁（2003）认为流域治理的内涵是以流域为单元，在全面规划的基础上，合理安排农、林、牧、副各业用地，因地制宜地布设综合治理措施，对水土及其他自然资源进行保护、改良与合理利用。李德光（2016）提出广义上的流域治理包括对流域水土资源的开发、利用、保护和生态维护、环境保护和旅游开发等，而狭义上的流域治理主要包括流域的水资源管理、防洪抗旱减灾、河湖水系岸线管理、水土保持、水工程建设等。房引宁（2017）从生态文明建设的视角出发，认为流域治理从以往的分散化管理，逐渐过渡到统筹流域内社会经济和生态环境的综合治理。

从治理主体角度看，胡兴球（2015）认为流域治理强调流域事务中多主体对流域涉水与非涉水事务的整体性治理，强调资源的整合性、主体开放性、过程的协调和协商性以及手段的非制度安排性。朱记伟（2010）指出流域治理是各流域主体通过对流域水资源进行协调管理，为流域整体经济和社会发展提供有效的水资源保障的活动。程娟（2004）则认为流域治理是流域各主体通过对流域水资源的开发、配置、应用、节约以及水土保持和保护等活动对流域进行的综合管理活动，也是政府、非政府组织以及社会公众对流域进行整体协调和自主治理的过程。金帅（2010）认为流域治理是以政府为主导，社会协同、公众参与的多主体互动合作的多中心治理格局，即"政府、社会、市场"上下互动的管理过程与公共行动网络。

基于此，本书认为流域治理是流域开发、保护和管理的总称。是指基于生态文明、绿色发展新理念，从流域整体利益出发，坚持人与自然和谐共生，坚守尊重自然、顺应自然、保护自然，以生态环境保护与绿色发展相结合的可持续发展理论与流域生态系统改良理论为指导，以达到"生态、生产、生活"协调发展、人与自然和谐发展、区域经济社会可持续发展为治理目标，根据因地制宜原则，统筹山水林田湖草生命共同体，将开发与治理有机结合起来，实现流域治理现代化和经济社会可持续发展。流域治理包括流域功能定位、流域空间均衡有序发展、流域资源合理保护及有序开发利用、流域生态体育、产业协调发展及生态环境综合整治等内容。

2018年4月，习近平总书记在武汉主持召开深入推动长江经济带发展座谈会上进一步阐述了共抓大保护、不搞大开发和生态优先、绿色发展的关系，核心要义是处理好发展与保护的关系，运用绿水青山就是金山银山的"两山"论实现发展与保护的协调统一。发展与保护两个方面都重要，而且是内在一致的，不能只强调一个方面偏废另一个方面而把二者割裂开来，更不能对立起来。本书界定的流域治理范畴主要包括两大层面：一是流域生态环境保护和污染防治，主要涉及流域生态保护和生态修复、流域污染治理和流域污染联防联控等；二是流域发展问题，主要涉及流域资源综合开发利用、生产方式的绿色化和生活方式的绿色化等。后续研究基于此概念界定展开。

第二节　长江上游流域治理的目标导向

长江上游流域治理工作的开展一方面是为了促进流域人与自然的和谐发展，另一方面是为了促进流域高质量发展，这样既保证了发展的持续性，又保障了发展的质量。

一　流域人与自然和谐发展

长江上游流域治理是加强区际联系、促进区域合作、实现优势互补、缩小东西区域发展差距、实现可持续发展的有效途径。绿色发展新时期、生态文明新时代长江上游综合开发治理要高举中国特色社会主义伟大旗帜，全面贯彻党的十八大、十九大和十九届三中、四中全会精神，以邓小平理论、"三个代表"重要思想、科学发展观为指导，深入贯彻习近平总书记系列重要讲话精神，坚持全面建成小康社会、全面深化改革、全面依法治国、全面从严治党的战略布局；突出以人为本，以科学发展观为统领，以可持续发展理念为指导，以流域资源禀赋和发展条件为依据，以生态环境保护为前提，以流域经济崛起为核心，以科技创新、体制创新和管理创新为动力，把建设资源节约型、环境友好型社会，促进人与自然和谐相处，维护流域生态健康，保障流域水资源可持续利用，支撑流域经济社会可持续发展作为工作主线，转变思路、统筹兼顾、综合治理，统筹协调好流域兴利与除害、开发与保护、整体与局部、近期与长远的关系，做好长江上游流域治理规划，注重在开发利用中落实治理保护，在治理保护中促进开发利用，安排好供水、灌溉、防洪、发电、功能区划、产业发展、生态建设与环境保护等各项任务，加强水土保持，防治水质污染，注重生态补偿机制的构建，充分发挥长江上游流域在防洪、发电、灌溉、航运、供水以及水产养殖、旅游等方面的多种功能和作用，拓展和延伸长江上游流域经济社会发展空间，辐射带动长江上游流域周边地区发展致富，实现绿水青山永续发展，促进长江上游流域社会和谐及经济社会全面、协调、可持续发展。

二 流域高质量发展

新时期，我国经济发展阶段已经实现由高速增长到高质量的转变，而长江经济带的高质量发展内涵丰富、意义重大，需在五大发展理念的指引下实现绿色高效和可持续发展，助推长江经济带成为我国经济高质量发展的主力军。破除先污染后治理、先破坏后修复、认为经济的发展还是要以牺牲环境作为代价的陈旧观念，新添"绿水青山就是金山银山"的新理念作为长江经济带建设的指导性理念。推动长江经济带的发展关乎国家发展的全局、对于实现"两个一百年"奋斗目标具有重大的现实意义，要求坚持"共抓大保护、不搞大开发"的战略导向，"共抓"体现出协同的概念，长江经济带包括上下游、左右岸、干支流等，是一个有机的整体，要求用系统的思维方式来进行保护和修复；"不搞大开发"并不意味着不开发、不发展，而是要在环境承载力的基础上进行保护性开发，坚持走生态优先、绿色发展的新发展路径。

第三节 长江上游流域治理的总体要求

在长江上游流域治理过程中要把握保护生态环境、统筹开发资源、优化产业布局、防治城市污染、协调流域和区域发展等具体要求。

一　保护生态环境

长江上游地区地处我国一级阶梯向二级阶梯的过渡地带，居高临下，其重要的地理位置、特殊的地质地貌特征和脆弱的生态环境，赋予了长江上游地区对中下游地区特殊的环境服务功能，素有天然屏障之称，是长江流域的根基和源泉，更是中下游地区的生态安全屏障，这也决定了长江上游在整个流域中的生态地位非常重要。因此，长江上游流域治理必须走保护性开发之路，始终坚持以生态保护为前提。应紧扣国家主体功能区定位，坚持国土空间节约集约开发和绿色发展优先，努力构建生态环保治理联动机制，积极推动区域污染防治攻坚，坚守生态红线，大力倡导绿色生产生活方式，增加水土保持功能。积极探索生态补偿新机制，增强绿色发展的能力，打造山清水秀美丽之地。

二　统筹开发资源

长江上游流域是我国主要的资源富集区，有丰富的生物资源、煤铁资源、水能资源、有色金属资源以及旅游资源等，其中煤炭和水能资源最为丰富；石油、天然气和铀矿也有一定储量，是我国重要的天然气蕴藏和开采地区。但当前的资源开发利用率较低，需要在整治和保护生态环境的前提下，打破行政界限，统筹规划，综合布局，建立资源开发和利用的长效机制，把河流流经的不同行政区域连接起来，实现流域内各种资源的统筹开发和有效整合与利用，促进长江上游流域资源持续有序开发。通过统筹开发与利用优势资源，发展壮大相关产业，把长江上游地区的资源优势转化为经济优势，促进整个西部地区发展。

三　优化产业布局

加强流域产业规划，进行统一的产业协调和适当分工；引导生产力合理布局，按照资源优势和区位优势布局新的产业和进行产业空间结构调整；引导产业向园区集聚，形成若干产业群，打造产业高地；加大同类企业重组力度，通过兼并破产、收购、参股等方式实现长江上游流域优势企业的强强联手，依托优势企业引领流域产业协调发展。严格执行长江干流及主要支流沿岸工业环保管控政策，1公里范围内除在建项目外禁止新建重化工项目、5公里范围内不再新布局工业园区，在园区拓展中严格开展区域环评和开发区土地集约节约利用评价，高标准集中规划建设污水处理等环保设施。严控过剩产能和"两高一资"项目。推进园区向特色化、集约化发展转型。考虑长江上游流域产业与中下游产业的衔接与支持，建立区域内部各地区以及跨地区的产业链，逐步把区域内各地纳入一体化的经济网络和产业分工体系当中来，力求形成整体产业链和规模较大的产业集群。围绕构建"生态产业化、产业生态化"的现代绿色产业体系，深入实施以大数据智能化为引领的创新驱动发展战略行动计划，推进数字产业化、产业数字化，加大传统产业智能化改造，大力发展战略性新兴产业，努力推进工业高端化、智能化、集约化、绿色化。大力发展智能制造、服务型制造和绿色制造等先进生产方式，推动制造业发展的质量变革、动力变革和效率变革。积极推动工业经济、科技创新、现代金融和人力资本协同发展，推进制造业与服务业深度融合，构建良好产业生态。

四　防治城市污染

江河的污染往往不是发生在整个断面，而是城市江段的岸边污染带。目前长江上游干流的污染带，主要发生在攀枝花、宜宾、泸州、重庆、涪陵、万县、宜昌等工业集中的城市江段。因此，应将环境保护置于各城市经济决策的中心地位，改变传统的经济发展方式，狠抓工业污染、生活污染防治，突出城市环境综合整治；增加防治的经费投入，加强环境保护和污染治理基础设施建设，提高城市居民的环境保护意识，努力做好长江上游流域工业城市的污染防治工作。一是开展工业节能专项监察行动，按照国家能耗限额标准，对钢铁、水泥、电解铝、平板玻璃等高耗能行业实施现场节能监察。对能耗不达标的企业，除督促其限期整改外，还将根据国家高耗能行业阶梯电价政策征收加价电费，利用价格机制倒逼企业开展节能技术改造或关闭退出。二是开展沿江化工企业专项整治行动，鼓励距离长江、嘉陵江和乌江干流岸线1公里范围内具备条件的园外化工企业搬离现址并进入合规园区。对不符合相关规划要求，或者安全和环境风险突出、经评估通过就地改造仍不能达到安全、环境要求的园外企业，搬迁改造进入合规园区或者依法关闭退出。三是开展沿江落后产能专项整治退出行动，全面排查长江、嘉陵江和乌江干流岸线 1 公里范围所有工业企业，甄别每家企业是否达到环保、安全、能耗、质量等综合标准，是否符合产业结构调整指导目录、行业准入条件等国家产业政策。对于达不到综合标准、不符合产业政策的企业，依法依规推动落后产能企业退出。

五　协调流域和区域发展

紧密结合长江经济带战略、"一带一路"倡议及成渝地区双城经济圈建设总体部署，从实现国家战略部署以及提升长江上游流域综合竞争力的高度，谋划长江上游流域各区域的协调发展。将长江上游干支流资源密集区科学地系统划分为优先开发、重点开发、限制开发和禁止开发四种类型。以新发展理念为指导，加快构建"生态保护红线、环境质量底线、资源利用上线、生态环境准入清单"等"三线一单"体系构建，促进长江经济带绿色发展和协调发展。树立协同、共生、共赢的区域发展理念，建立健全各项沟通、合作、协调机制，共同出台鼓励要素流转、推动资源优化配置、企业与政府和社会互惠共赢的产业政策、投资政策、财政税收政策，共同探讨长江上游流域环境与经济协调发展的途径。着重体现长江上游流域开发利用、治理保护、协调发展的总体格局，充分发挥流域自身比较优势，协调经济社会发展对流域开发利用的需求与维持流域健康和可持续发展的关系。

第四节　长江上游流域治理的基本原则

长江上游流域治理应坚持以人为本，促进人与自然和谐共生；统筹兼顾，开发利用与治理保护并重；资源节约，促进经济社会可持续发展；因地制宜，注重开发治理综合效益；综合治理，强化管理和提升服务；科学治理、规划先行和兼顾效益等基本原则。

一 坚持以人为本,促进人与自然和谐共生的原则

把维护广大人民群众的根本利益作为基本出发点和落脚点,从提高流域人民群众生活水平和生活质量的实际要求出发,优先考虑人民群众最关心、最直接、最现实的饮水安全、防洪安全、生态安全等问题,遵循自然规律、市场规律和经济发展规律,充分考虑流域资源和环境承载能力,妥善处理开发与保护的关系,制止对流域自然无限制地索取和肆意破坏,转变发展观念,创新发展模式,更加重视生态文明建设,加快建设资源节约和环境友好型社会,走科学发展道路,维护流域生态健康,促进人与自然和谐共生。

二 坚持统筹兼顾,开发利用与治理保护并重的原则

统筹考虑长江上游流域经济社会发展特点和需求;统筹考虑资源条件和生产力布局、经济结构;统筹安排流域供水、灌溉、防洪、发电、生态环境保护等任务;正确处理流域与区域、左岸与右岸以及流域经济社会各单元之间的关系,开发利用和治理保护并重,在开发利用中落实流域治理保护,在治理保护中促进流域开发利用。

三 坚持资源节约,促进经济社会可持续发展的原则

坚持流域资源利用与节约并重,尤其将上游流域水资源的节约、保护、配置放在突出位置,节水为主,治污优先,把建立节水防污型社会作为长江上游流域治理的一项长期性任务,增强全社会节水防污意识,创新资源利用技术,改进资源利用模式,提高资源利用效率,实现资源循环高效利用,促进经济社会可持续发展。

四 坚持因地制宜,注重开发治理综合效益的原则

根据长江上游流域自然条件、经济社会发展水平以及资源开发利用程度,抓住长江上游流域治理和资源开发利用与保护的主要矛盾,结合长江上游流域特色,区分轻重缓急,合理确定近期与远期的规划目标、任务以及重点建设工程的布局和实施方案,争取国家政策支持,优化财

政资金配置，努力提高流域开发治理的生态环境效益和社会经济效益。

五　坚持综合治理，强化管理和提升服务的原则

结合实际开展综合治理，合理安排长江上游流域治理、开发和保护等重大措施，研究制定流域内不同功能区域综合管理的政策措施，尤其强调流域水资源的统一管理和统一调度。努力克服长江上游流域开发治理中的各种制度性障碍，理顺体制，健全法制，改革机制，促进长江上游流域健康快速发展，全面提升长江上游流域发展服务于全国经济社会可持续发展的能力。

六　坚持科学治理、规划先行和兼顾效益的原则

长江上游流域治理要遵照科学规律，合理制定流域治理的技术路线，加强流域治理集成技术研究和应用推广；"先规划、后执行"及在对未来规划与现有规划、计划进行有效的协调和衔接，达到保持污染控制与资源合理开发利用工作的系统性及连续性的目的；加大宣传教育力度，倡导节约资源、保护环境和绿色消费的生活方式，保护和调动社会公众参与治理工作的主动性和积极性。在此基础上，从最佳效益出发，合理安排有限资金，实现环境保护和经济发展的双赢。

第五节　长江上游流域治理
的关系协调

在新的发展理念下，推动长江上游流域治理需要协调好以下三对关系：

一　开发与保护的关系

2016 年 1 月 5 日，中共中央总书记习近平在推动长江经济带发展座谈会上指出："推动长江经济带发展必须从中华民族长远利益考虑，要把修复长江生态环境摆在压倒性位置，共抓大保护、不搞大开发……探索

出一条生态优先、绿色发展之路。"① 2018 年 4 月,习近平总书记在武汉主持召开深入推动长江经济带发展座谈会上进一步阐述了共抓大保护、不搞大开发和生态优先、绿色发展的关系,立足长江上游流域治理实践提出的共抓大保护、不搞大开发并不意味着要保护生态环境就不要经济发展,两者不是矛盾对立的存在,是辩证统一的关系。共抓大保护和生态优先是生态环境保护问题中的前提条件;而不搞大开发和绿色发展是社会经济发展问题中的最终结果,两者是同一个问题的不同的两个点。共抓大保护、不搞大开发侧重当前和策略方法;生态优先、绿色发展强调未来和方向路径,彼此是辩证统一的。推动长江上游流域绿色开发治理首先要认识到生态环境保护和经济发展不能对立和割裂,但是一味牺牲环境来换取经济效益的做法更是不可取的,既要金山银山,更要绿水青山,因为绿水青山就是金山银山。处理好长江上游流域开发与保护的关系也就是处理好生态环境保护和经济发展之间的关系,这要求积极探索推动绿水青山转化成金山银山的实现路径,使新的经济发展形势下长江流域的绿水青山产生巨大的社会效益、经济效益和生态效益。

二 流域管理与区域管理的关系

长江经济带的开发与保护已上升到国家战略层面的高度。长江流域经济的发展、长江流域综合功能的发挥及长江流域的保护和可持续发展,这三个细胞要素整体上构建了一个系统的工程,应统筹考虑。正确处理好长江流域管理和区域管理的关系是现实的需要,二者相辅相成,流域管理以区域管理作为基础,区域管理又服从于流域管理。我国《水法》规定,对水资源实行流域管理和区域管理相结合的体制,说明长江流域水资源的管理大体上实现了有法可依,区域管理与流域管理相结合的水资源管理模式基本确立,但不成熟,还亟须建立科学的跨行业和区域的协调发展机制。在流域管理中出现的权责不清、九龙治水、手段缺失、责任缺位等现状还未得到实质性的改变。厘清长江流域综合规划、区域规划、产业振兴规划,流域经济和沿江沿海经济,行政区域管理和流域

---

① 2016 年 1 月 5 日习近平总书记在重庆召开的推进长江经济带发展座谈会讲话内容。

综合管理，区域发展比较优势和流域发展"短板"，流域行政区域管理和流域综合管理等综合网络关系网，为长江流域实现区域管理与流域管理协调发展疏通脉络。

三　区际差异与协同治理的关系

长江经济带并不是作为孤立的单元格存在，它的发展与沿线各地是休戚与共的，所以要运用系统论的方法来统筹考虑长江经济带发展。在发展的过程中要从整体出发，始终树立"一盘棋"的思想。长江经济带作为流域经济，覆盖的省市较多且各地区经济发展水平差异大，涉及水、路、港、岸、产、城等具有明显差异，无序低效竞争、产业同构、抢资源圈地盘、条块分割、抢占发展资源、破坏产业链条等现象非常突出，要求我们必须处理好流域管理与区域管理的关系。各地区树立互利共赢的生态共同体、经济共同体意识，通过错位发展、协调发展的方式把长江经济带打造成为有机融合的高效经济体。一方面，各地区可以在发挥自身资源禀赋优势的同时把自我定位发展融入整个城市群，避免同质化和低效率竞争。另一方面，各地区充分利用市场这只"无形的手"发挥其在劳动力、资本、技术等要素的优化配置作用，逐步解决流域资源分配不公，发展不平衡不协调问题。再者，各地区的政策措施应该在顶层设计上相互配合、在发展模式上相互促进、在建设过程中相互借鉴、在建设成果上相得益彰，共同推进长江经济带沿线各省市发挥"协同效应"助推整体发展。

第 五 章

长江上游流域治理的基本构想

绿色发展理念是经济社会发展要素的现实基础，同时也是实现可持续发展的重要抓手。新时期长江上游流域治理将突出以人为本，以可持续发展理念为指导，按照"保护生态环境、统筹开发资源、优化产业布局、防治城市污染、协调流域发展"的总体要求，坚持"以人为本、统筹兼顾、资源节约、因地制宜、综合治理"的原则，遵循"分类分区"治理的基本思路，科学把握流域治理的重点区域和关键环节，有目标、分层次、有重点地推进长江上游流域治理。

第一节　长江上游流域治理的总体思路

近年来，国内区域经济发展格局已经发生根本性改变，已从单一的以行政辖区、自然辖区和经济辖区为基本单元的空间开发模式和结构向以主体功能区为基本单元的空间开发秩序和结构转变。因此，长江上游流域治理也需适应区域发展变化，以生态文明观、绿色发展观为统领，以可持续发展理论为指导，以"维护流域健康、促进人水和谐"为基本宗旨，坚持在开发中落实保护，在保护中促进开发，坚持全面规划、统筹兼顾、标本兼治、综合治理，坚持走资源节约、环境友好的路子。基于此，长江上游流域治理应遵循"确定功能区划、分类分区治理""注重综合效应、强化规划统筹""探索科学路径、健全治理体系"的总体思路（见图5.1）。

首先，科学确定功能区划，实行分类分区治理。参照国家主体功能

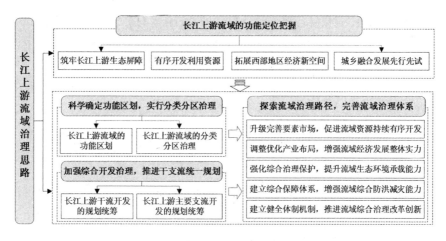

图5.1　长江上游流域治理的思路框架

区的划分要求与长江上游流域功能定位，根据流域业资源环境条件、资源环境保护要求、水资源开发利用现状、承载能力、发展潜力以及经济社会发展对水资源的需求等主要因素，以一定的河段范围为分析评价单元，按照长江上游河段自然、生态功能要求和未来经济社会发展对水资源开发利用的需求以及生态与环境保护的目标要求等，研究划定流域内各类河流河段的功能区划，合理确定流域不同河流河段区域治理、开发和保护的功能定位及目标和任务，提出各类功能区的开发利用限制条件，加强对受损河流生态系统的修复。

其次，加强综合开发治理，推进干支流统一规划。充分发挥合理开发利用长江水资源的综合效益，长江上游流域干支流在统一规划的前提下，根据地区自然特点和社会经济情况，对其综合开发治理任务作出适当安排。重点是要对长江上游干支流水能资源密集区进行优先开发、重点开发、限制开发和禁止开发等区域的划分，合理开发利用河流的水能资源。着重体现长江上游流域开发利用、治理保护的总体格局，充分发挥流域自身比较优势，协调经济社会发展对流域开发利用的需求与维持流域健康和可持续利用的关系。

最后，探索流域治理路径，完善流域治理体系。通过升级完善要素市场，促进流域资源持续有序开发；调整优化产业布局，增强流域经济发展整体实力；强化综合治理保护，提升流域生态环境承载能力；建立综合保障体系，增强流域综合防洪减灾能力；建立健全体制机制，推进流域综合治理改革创新，使长江上游流域成为我国重要的经济增长极，以长江上游流域治理促进国家经济社会可持续发展。

第二节　长江上游流域的功能定位把握

长江流域横贯我国腹心地带，不仅把东、中、西部三大经济地带连接起来，还与多条南北铁路干线交汇，起着承东启西、接南济北的重要作用。准确把握长江上游流域的功能定位，对科学开展流域治理、加快长江上游流域一体化发展以及促进我国区域协调发展，都具有重要的现实意义。

一　筑牢长江上游生态屏障

长江上游地区是我国重要的生态屏障，对中下游的发展和全国的生态安全至关重要。按照筑牢长江上游生态屏障的基本要求，如何坚定不移地贯彻习近平总书记提出的"把修复长江生态环境摆在压倒性位置"，在当前形势下显得尤为必要和重要。从长江流域整体角度入手，必须加强上游地区的生态环境保护，建设好长江上游生态屏障，防治水土流失，确保长江干流水质的要求。长江上游生态环境的变化对中下游地区影响甚大，上游地区的生态环境属于全流域性的，上游地区的环境恶化和水土流失，不仅使自身经济社会发展受损，还会威胁到下游地区的饮水安全，甚至使中下游地区遭受洪涝之灾。

因此，在综合开发利用长江上游资源时，一定要注重生态环境保护。从坚持人与自然和谐共生的角度，科学制定河流的优化、重点、限制和禁止开发等不同的功能区划，加强对受损河流生态系统的修复，促进流域生态文明建设和绿色发展。从国家战略角度，必须加强对长江流域整体开发的领导，不但要重视长江中下游的开发、开放，还要加大上游地区资源开发利用和有效保护的力度。制定长江流域整体开发的总体规划，将上游地区的资源开发利用规划纳入整个流域的开发规划之中。对长江流域的森林植被和生物多样性进行保护，加强水质保护，防治水土流失。

二　拓展西部地区经济新空间

长江上游经济带（见图5.2）位于长江经济带的西部末端，川渝黔经济区是长江上游经济带的核心，该经济区不仅包括沿江城市群和产业带，还包括沿公路和铁路分布的城市群和产业带。城市群内部地区之间通过加强经济合作，优势互补，形成新时期的重要经济增长极。成渝双城经济圈战略已正式上升到国家层面，将打造成为具有全国影响力的重要经济中心、科技创新中心、改革开放新高地、高品质生活宜居地，即"两中心两地"。长江上游地区同时也是西部大开发的重要区域。成渝双城经济圈建设、第三个十年西部大开发战略的实施对新时期持续深入拓展西部地区经济新空间具有重要的作用。

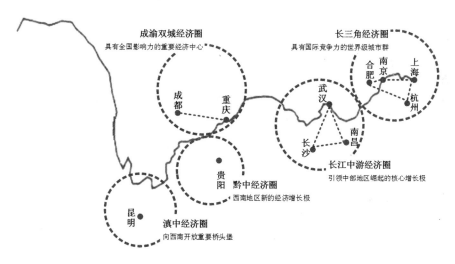

图5.2　长江流域经济圈示意

资料来源：根据网络及长江经济带相关规划资料等整理得到。

长江沿岸产业带是我国重要的经济发展产业带。由东部沿海经济带建设、长江经济带建设与西部大开发构成"H"型战略布局（见图5.3）。其中，长江经济带的"龙头"上海直辖市与沿海经济带衔接，"龙尾"的重庆直辖市与西部地区开发相衔接。长江上游流域位于"H 型"战略布局包含重庆在内的广大西部地区,基于战略地位的重要性,长江上游流域已成为西部大开发的中坚和进军通道。

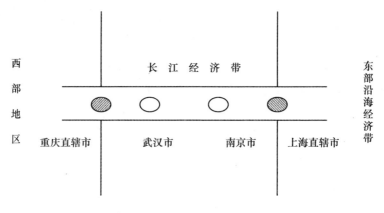

图 5.3　"H"型战略布局示意

三　有序开发利用资源

长江流域资源开发利用必须打破行业、地区的局限性,全面统筹,综合规划,统一安排战略性资源开发利用的实施步骤。利用长江上游峡谷河段优越的自然条件修建综合利用控制性枢纽,以满足防洪、发电、航运等要求,丘陵低山区河段则修建低水头枢纽,航运结合发电,最大限度地减少上游干支流水库对中下游河道和湖泊的累积影响。长江上游地区是我国南方重要的煤炭、黑色金属和硫铁矿产地,是西南地区以六盘水—攀枝花为中心的煤炭钢铁基地的组成部分。加强对煤炭资源的合理利用和开发,促进矿产资源的节约使用、综合利用和高效增值,减少资源开发造成的环境破坏。提高该地区矿业的集约化水平,提高资源的回收利用和综合利用水平,减少"三废"排放量。

着眼于流域整体角度,改革流域水资源管理体制,实现以流域为单元的水资源统一调度和优化配置,建立长江三峡及以上控制性水库群综合利用调度机制,有效控制地区无序开发,实现水利信息化。规范长江上游流域政府及各部门间的管理行为，推动长江上游流域间政府部门合作，建立合理的资源开发利用利益分享和补偿机制。

四　城乡融合发展先行先试

四川成都西部片区、重庆西部片区是 2019 年 12 月国家发展改革委等十八部门联合印发《国家城乡融合发展试验区改革方案》确定的 11 个国家城乡融合发展试验区名单的 2 个地区。成渝地区过去是国务院批准的全国统筹城乡综合改革配套试验区，统筹城乡试验的先试先行已经在全国起到明显的示范带动作用。重庆市和成都市地处西部，在中西部具有重大影响和带动作用。这两大试验区处在成渝双城经济圈，与长三角、粤港澳和京津冀三大经济区相呼应，有利于完善国家发展战略的空间布局，促进区域协调发展。城乡融合发展试验区对于更好地贯彻落实科学发展观、切实解决好"三农"问题、加快推进西部大开发、完善全国改革发展格局，具有极其重要的战略意义。

城乡发展不协调是全国普遍存在的问题。长江上游流域的四川成都西部片区、重庆西部片区列入国家城乡融合发展实验区，有利于为我国实现城乡统筹找到合适的路径。通过积极促进城乡产业结构调整、人力资源配置和金融资源配置的优化、经济社会协调发展等，既充分发挥城市对农村的带动作用，又充分发挥农村对城市的促进作用，逐步形成以市场机制为基础、城乡之间全方位自主自由交流与平等互利合作、有利于改变城乡二元经济结构的体制和机制，实现工业与农业、城市与农村发展良性互动，通过文化、人员、信息交流，经济、教育与科技合作，把城市现代文明输入农村，从而加快城乡融合发展，加快"三农"问题的解决，推动我国全面建设小康社会的全面实现。

第三节　长江上游流域功能区划与分类分区治理

从规模空间开发秩序、协调长江上游流域经济快速发展与资源环境保护矛盾的角度出发，依据"分类分区"治理的思路，将长江上游流域分为：源头区、深谷区、山地丘陵及三峡库区。根据流域业务区段特征及各分区进行合理的功能定位,并提出分类分区治理的实现方式。

一 长江上游流域的功能区划

明确长江上游流域功能分区,规范空间开发秩序,不仅是保障长江上游流域可持续发展的必然要求,也是开展长江上游流域治理的首要任务。根据长江上游流域的资源环境条件、生态环境保护要求以及经济社会发展对资源的需求等因素,以一定的河段范围为分析评价单元,将长江上游流域分为:源头区、深谷区、山地丘陵区以及三峡库区(见图5.4),体现长江上游流域开发利用、治理保护的总体格局,协调经济社会发展对长江上游流域治理需求与维持流域健康及可持续发展的关系。

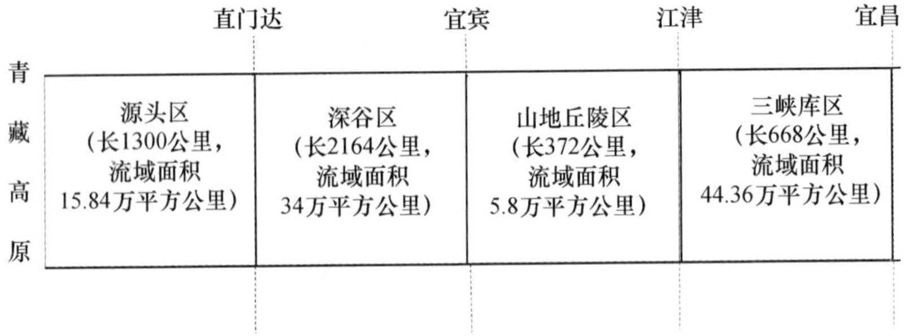

	直门达	宜宾	江津	宜昌
青藏高原	源头区 (长1300公里, 流域面积 15.84万平方公里)	深谷区 (长2164公里, 流域面积 34万平方公里)	山地丘陵区 (长372公里, 流域面积 5.8万平方公里)	三峡库区 (长668公里, 流域面积 44.36万平方公里)

长江上游流域全长4504公里,流域面积100万平方公里

图5.4 长江上游流域功能性分区

1. 源头区

长江上游源头区是指青藏高原东北部、川西北高原和通天河及其支流地区,全长近 1300 公里,流域面积约 15.84 万平方公里,海拔在 4000—5000 米以上,以山原地貌为主。长江源园区以楚玛尔河、沱沱河、通天河流域为主体框架,包括长江源头区域的可可西里国家级自然保护区、三江源国家级自然保护区的索加—曲麻河保护分区。在上游和河源地区存在着大量的湖泊、沼泽和湿地,主要为灌丛草甸,森林少且分散,仅占 1.8%。近年来,由于受自然因素和人类活动,特别是全球气候变化的影响,该地区生态环境呈退化趋势,突出表现在冰川后退、冻土退化、

湖泊萎缩、草场沙化、沼泽湿地大面积消失、沙漠化土地迅速扩张和生物多样性下降，水土流失面积达 6.5 万平方公里。研究表明该地区成为响应全球气候变化的敏感地区之一，未来全球变化必将对该地区生态环境和社会经济发展产生深刻的影响，加之该地区生态系统十分脆弱，并且人类干扰活动将更加频繁，全球气候变化的区域影响有可能进一步强化。针对长江源在整个长江流域生态建设中的作用和地位，国家已将三江源地区列为自然保护区，生态功能定位以水源涵养和野生动植物保护为主；建设国家公园体制，重点保护现代冰川、冰缘冻土、冰川遗迹、高海拔湿地、草原草甸和珍稀濒危野生动物，特别是藏羚、野牦牛、藏野驴、棕熊等国家重点保护野生动物的重要栖息地和迁徙通道。保存好青藏高原最完整的高原夷平面和密集的、处于不同演替阶段的湖泊群。突出对中度以上退化草地、沙化地的修复。创建青海可可西里世界自然遗产品牌。打造"野生动物天堂"展示平台，搭建长江源科考探险廊道。在新时期的流域治理过程中，应重点限制该区域的开发，切实加强对该区域的建设和管理，促进地区经济协调发展。

2. 深谷区

该区段长 2164 公里，流域面积 34 万平方公里，属峡谷河段，从直门达至宜宾市高差近 3000 米，两岸为高山峡谷，河床深切，河面宽一般仅百米左右。该区最大的特点就是相对高差大，蕴含丰富的水能资源，是长江水力资源集中分布区。金沙江下段（石鼓至四川宜宾）为我国第一大水电基地，水量丰沛多年平均水量 1455×108 立方米，约占宜昌站的 1/3，加上落差大，水能理论蕴藏量 4231×104 千瓦，约占长江干流蕴藏量的 46%。但由于该江段地质构造复杂，地貌类型多样，山高坡陡，断裂带发育，岩层破碎，雨量充沛，风化和重力作用强烈，加上历史上长期以来毁林开荒，陡坡耕作，水土流失十分严重。该区段 70% 的耕地是没有水保措施的顺坡耕作，尤其是大于 25 度陡坡地的垦殖较为普遍。金沙江流域是强度流失区，土壤侵蚀达到 8.29 亿吨，多年平均输沙量 2.57 亿吨，占上游输沙量 5.3 亿吨的近 50%。本江段的水资源量多年平均达 1450 亿立方米，水力资源 4231 万千瓦，分别占长江水资源和水力资源总量的 15% 和 46%。该区段是长江流域首要生态屏障，在流域生态安全体系建设中起着至关重要的作用。生态功能定位以水能开发、水土涵养为主,重点进行防治地质灾害和恢复植被。总体来看,应当进行适度开发,在植被恢复方面,注意生态林建设如何与农民的脱贫致富和解决地方财政问题结合起来,解决好农民生活生产出路,妥善处理好生态、生产与生活之间的关系,走生态文明和绿色发展之路。

3. 山地丘陵区

该区段主要从宜宾市到重庆江津段,全长372公里,涉及流域面积为5.8万平方公里,此处低山与丘陵、宽谷与峡谷相间,暴雨集中,径流量大,是长江中游暴发洪水的主要水源之一。本区段人口集中,垦殖历史悠久,人地矛盾突出,人类对环境生态压力大,植被破坏、水土流失严重,环境污染加剧。城市建设滞后,城镇化水平较低,城市辐射能力不强;投资不足,基础设施建设落后,区域交通体系不完善;农业发展水平低,农村建设落后,城乡二元化结构矛盾突出;产业结构不合理,经济增长粗放,资源开发滞后。该区段应充分发挥自然资源丰富的优势,打破地区壁垒,统筹区域发展,进行综合开发与治理,注重城市污染和工业污染,坚持绿色低碳循环发展,扎实推进绿色制造体系建设、清洁生产水平提升,以建设能源和高端装备制造基地为主要方向,发展能源、高端装备制造、食品工业和特色农业、旅游业;坚持把修复长江生态环境摆在压倒性位置,以高质量发展为中心,扎实推进产业布局优化、沿江环境管控和以大数据智能化为引领的创新驱动发展战略,打造长江上游流域新的经济增长极。

4. 三峡库区

三峡库区东起葛洲坝,西至重庆江津区,全长668公里,涉及流域面积为44.36万平方公里。三峡库区地形复杂,大部分地区山高谷深,岭谷相间,地处我国中亚热带湿润地区,本地区除在植物区系上和植被类型上显示其丰富性和多样性外,同时还保存着许多珍稀和我国特有的属种,是我国珍贵稀有植物的避难所和三个特有属植物分布中心区之一。一直以来,三峡库区的产业发展薄弱、就业矛盾突出、基础设施制约严重、生态环境脆弱、社会事业发展滞后。三峡库区主体建设工程已完成,库区工作已进入以移民搬迁为主向以加快经济社会发展为主转变的新阶段,移民安稳致富和促进库区经济社会发展、库区生态环境建设与保护、库区地质灾害防治等已成为工作重点,确保三峡后续规划目标如期实现,实现移民"稳得住、逐步能致富"已成为重大而紧迫的任务。三峡特大型库区建设对我国经济社会发展有着十分重要的作用,三峡库区百万移民是三峡工程建设成败的关键。

应将三峡库区的流域治理与移民安置结合起来,变被动为主动,在扩大开放,承接世界和沿海地区产业转移的过程中给予库区相应的政策支持,依靠库区资源,科学规划库区产业发展,提升产业发展质量,将三峡库区真正建成经济繁荣、社会和谐、生态良好、人民安居乐业的城乡协调发展的特大型库区。当前三峡库区流域治理的重点包括:一是移民安稳致富和促进库区经济社会发展,加强库区文化遗产保护和旅游业发展融合,鼓励以特色产业为基础的三产融合;以就业需求为导向,着力提升移民劳动力文化素质和就业能力;着力改善库区城镇移民小区人居环境、公共服务设施等,增强移民群众获得感、幸福感;优先安排与脱贫攻坚关系密切的帮扶项目,尤其是深度贫困地区的水利设施和饮水安全工程。二是库区生态环境建设与保护,重点支持消落区保护及综合治理、库区支流系统治理。三是库区地质灾害防治工作,主要对危及群众生命财产安全的滑坡、崩滑体等实施工程治理和监测预警,加快推进1042 处三峡后续地质灾害搬迁避让项目。

二 长江上游流域的分类分区治理

长江上游流域在长江流域中具有独特性,长江上游流域是长江流域的水源涵养区、生态屏障区和资源富集区。根据长江上游流域资源环境条件、生态环境保护要求、水资源开发利用现状与潜力,以及经济社会发展对资源的需求等主要因素,以一定的河段范围为分析评价单元,按照长江上游河段的自然、生态功能要求和未来经济社会发展要求等,从协调长江上游流域经济快速发展与资源环境保护矛盾角度出发契合"分类分区"综合开发治理的实现途径(见图 5.5)。

1. 源头区——加强长江源自然保护区建设,构建长江生态屏障

长江源头区地处"世界屋脊",自然条件恶劣,生态系统阈值低,生

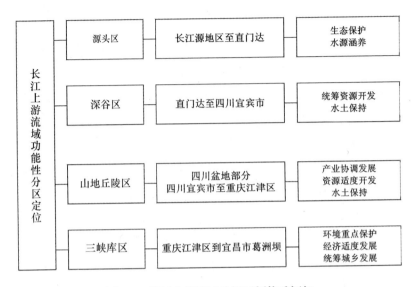

图5.5 长江上游流域功能区划体系框架

态环境承载力低。在国土功能划分上,主要功能是生态功能而不是经济功能。因此,促进长江源区流域治理的侧重点应是强化三江源国家公园体制建设,尽快采取措施恢复与重建生态环境,保护脆弱的生态环境不至于进一步恶化。

一是加强长江源自然保护区的建设,科学规划、强化管理,落实对保护区的保护工作。根据相应的自然生态条件将长江源自然保护区划分为核心区、缓冲区和试验区,根据各区所要保护的重点,研究保护途径、对策和措施;加快开展三江源国家公园体制建设。二是在必要的地方开展生态移民,鼓励农、牧民迁出长江源地区的生态脆弱区和自然保护区的核心区,使人口向集镇集中。并且帮助农牧民解决生活能源问题,调整畜群结构,改变落后的生产生活方式,以减轻其对生态环境和生物多样性的冲击。三是加强水土流失综合治理,坚持预防为主、保护优先、因地制宜、因害设防、综合治理的原则,遵循长江源区自然环境条件,把水土流失治理与区域经济发展结合起来。四是加强执法力度,保护珍稀物种,保护土壤植被,防治水土流失。通过对长江源头的生态环境保护和建设,构建长江上游流域生态屏障。

2. 深谷区——统筹资源开发，实现资源合理利用

河流流经青藏高原、云贵高原及其边缘山地、秦岭、大巴山地，河谷切割较深，落差大，水量丰富，水能资源蕴藏量占全流域 70% 以上，矿藏和森林资源丰富，但人口不及全流域的 1/5，土地利用率低，交通条件差，经济开发程度较低。大多地处偏远，自然条件恶劣，交通水利基础设施建设滞后，在对该地区的开发中，由于不注意对生态环境的保护与建设，生态环境不断退化、恶化。合理适度开发资源能源，加强对生态环境的保护，是该区域开发过程中的重点任务。另外，由于水土流失严重，应尽快恢复和重建林草植被生态系统。

一是加强能源建设。搞好水电梯级开发，充分利用流域丰富的水能资源。二是合理开发利用资源。加强土地整理，全面治理水土流失；采矿业发展，要注意保护土地资源；矿业"三废"要妥善处理；废弃的采矿点要复垦或还林还草，避免矿山开采所导致的土地石漠化和水环境污染；生物引种必须谨慎行事，不要为一时的经济利益，引发"生物入侵"，导致本地生物物种的灭绝。三是恢复和重建林草植被生态系统。抓紧实施天然林保护、"长防"、"长治"、植树造林、封山育林和退耕还林还草等生态环境保护与建设工程，因地制宜营造防护林、用材林、水源涵养林和水土保持林，全面恢复林草生态系统。

云南金沙江流域应以防治水土流失和滇池水体污染为重点，实施综合农业开发，保护天然林，退耕还林还草还湖。加强对滇池水域的综合管理。狠抓小流域综合治理，实施综合农业开发，走产业化经营之路。加强农村水利能源建设，减少乱砍滥伐，发展新型能源模式。统筹安排、合理规划，重点发展旅游业。

3. 山地丘陵区——加快经济发展步伐，实现城乡统筹

该区域大部分位于四川盆地，水位落差小，水能资源相对减少，区域内多为山地、丘陵，人口相对密集，土地利用率较高，经济开发程度较高，是长江上游工业化、城市化水平较高的区域。近年来，产业发展迅速，城镇化进程加快，空间布局呈现出中心城市极化效应明显。但区域发展不平衡、板块结构突出、城乡二元结构显著，环境与经济发展失衡，人地矛盾严重，长期的掠夺式开采导致当地环境的恶化和水土流失。

一是以水土流失治理和沱江流域水体污染防治为切入点，促进四川盆地丘陵区农业和农村经济全面发展，重点加强水土流失防治工作。防治结合，标本兼治，实现山水田林路综合治理。把水土流失治理与农业、农村经济结构调整结合起来，改善人地关系，提高土地生产力，稳定增加农民收入，努力解决"三农"问题，实现城乡统筹发展；二是综合考虑国家的战略定位，该区域应在注重生态环境保护的基础上加快经济发展步伐，结合各地资源禀赋、产业基础以及产业发展趋势，调整优化产业结构，重点发展优势主导产业，实现产业协调发展，争取早日与重庆形成中国的第四增长极；三是以加强流域灾害多发地区监测和基础设施能力建设，推进当地经济发展和流域治理工作顺利开展。

4. 三峡库区——引导资源聚集，增强库区可持续发展能力

三峡库区包含中国最年轻的直辖市重庆还有湖北宜昌。三峡移民的安置绝大多数也处于重庆辖区，该区既肩负着生态环境保护的重任，亦肩负着经济社会协调发展，实现城乡一体化的重任。立足三峡库区实际，引导资本、技术、人才等资源向库区聚集发展，重视移民安稳致富工作，建立促进库区稳定发展的长效机制，努力构建符合生态文明建设要求的新型流域开发模式，增强三峡库区可持续发展能力。

一是围绕构筑新时代三峡库区生态经济体系，以优质的生态产业为核心，以优良的生态环境为基础，以科学的生态布局为支撑，以先进的生态文化为导向，以完备的生态机制为保障，努力打造"五位一体"的生态经济基本框架，将三峡库区打造成国家级"产业生态化、生态产业化"特色示范区和国家级生态经济高质量发展示范区。二是围绕深化生态文明制度改革，借鉴江西、贵州、海南等国家生态文明试验区建设经验，积极在三峡库区开展流域资源有偿使用、流域绿色司法、流域协同治理等体制机制改革，将三峡库区打造成长江流域生态文明制度改革的先行区。三是围绕建设沿江绿色生态廊道，在巫山到永川段开展岸线重大整治工程，主要任务包括：严格岸线分区管理和用途管制；推进流域河湖水域岸线产权登记；探索建立河湖水域岸线有偿使用制度；岸线生态修复和植被恢复等，将三峡库区打造成长江流域"最美岸线"。四是按照国家战略决策部署，充分发挥广阳岛片区绿色发展示范的标杆引领作

用，加快实施广阳岛片区的护山、营林、理水、疏田、清湖、丰草等工程，将广阳岛片区打造成长江经济带绿色发展示范和传承弘扬大河文明的标杆性区域。五是围绕库区水体污染的防治，发展库区环保产业，推行清洁生产，加强对库区生态环境的检测和管理力度；围绕库区水土流失治理，恢复和重建林草植被，调整农业和农村结构，搞好移民安置，加大扶贫力度，统筹城乡经济社会发展。

第四节　长江上游流域干、支流开发的规划统筹

为了充分发挥合理开发利用长江水资源的综合效益，长江上游流域干支流必须在统一规划的前提下，根据地区自然特点和社会经济情况，对其综合开发治理任务作出适当安排。

一　长江上游干流开发的规划统筹

根据长江干流自然、社会经济特点，干流开发现状以及国民经济建设的迫切要求，结合当前综合利用规划布局，长江上游干流的综合开发治理任务是防洪、发电、航运、工农业供水、河道整治与岸线利用、水源保护。长江上游流域利用峡谷河段优越的自然条件修建综合利用控制性枢纽，以满足防洪、发电、航运等要求，丘陵低山区河段则修建低水头枢纽，航运结合发电。并且长江中下游防洪任务，宜以三峡水库结合平原防洪工程为主来承担，三峡水库以上干支流，则以本河流的水利任务为主，合理分担长江中下游地区的防洪任务，三峡水库为控制锁钥。

1. 金沙江开发的规划统筹

长江干流直门达以下称金沙江，南流至云南丽江石鼓，为金沙江上段，长958公里；石鼓至四川宜宾为金沙江下段，横跨川滇两省间，全长1326公里。青海玉树直门达至石鼓河段，流经青海、四川、西藏和云南四省（区），长958公里，平均比降1.75‰，区间面积7.6万平方公里。径流以融雪补给为主，年内与年际变化不大。石鼓站多年平均输沙量仅为0.22亿吨，不到屏山站的1/10。根据南水北调总体规划，本河段是西线调水方案引水水源之一。由于地形险阻，交通不便，气候恶劣，本河

段以往只做过局部的考察与粗略研究工作，基础资料缺乏。

金沙江石鼓至宜宾段流经云南、四川两省，全长 1326 公里，落差 1570 米，平均比降 1.2‰，区间面积 26.8 万平方公里，占长江宜宾以上流域面积的 54%。根据河段特点和国民经济发展要求，本河段及地区的主要治理开发任务为发电、航运、防洪、漂木和水土保持。考虑到本河段具有河谷狭窄，径流年内及年际变化小，洪枯水期比较稳定和淹没损失小以及河床覆盖层一般较厚、河床狭窄、洪枯水位变幅较大的特点，宜采取修建控制性高坝和梯级水位适当重叠的开发方式。这样可以增加兴利和防洪库容，有利于控制洪水和泥沙，增加调节流量，充分利用水能资源。采取适当重叠开发方式还将有利于淹没碍航滩险，改善河段航运及木材运输条件。

2. 宜宾至宜昌河段开发的规划统筹

宜宾至宜昌河段流经四川与湖北两省，全长 1040 公里，平均比降万分之二左右，区间集水面积 50 万余平方公里。宜昌多年平均流量 14300 立方米/秒，年输沙量 5.3 亿吨，蕴藏着丰富的水能资源。宜昌以上洪水是长江中下游洪水的主要来源。宜宾至宜昌河段的主要开发任务是防洪、发电与航运，结合发展旅游。重庆以上河段，两岸地势较低，淹没损失大，只宜建设低水头枢纽，航运结合发电。这些枢纽正常蓄水位选择还要以不淹泸州和宜宾市为原则。重庆以下已经修建三峡控制性综合利用枢纽。三峡正常蓄水位的选择，关系到宜宾至宜昌河段的开发方案和治理开发长江的总体安排，因此，宜宾至宜昌河段的开发方案围绕三峡正常蓄水位的选择进行研究。

二 长江上游主要支流开发的规划统筹

为了充分发挥合理开发利用长江上游水资源的综合效益，长江流域干支流必须在统一规划的前提下，根据各自的自然特点和社会经济情况，对其开发治理任务进行适当安排。长江上游支流均可按本支流的水利任务治理开发，但有拦洪作用的水库在遭遇洪水时，要考虑统一调度的可能性。干支流水库在长江防洪任务上作出如此的安排后，支流开发就有相对独立性。各支流可按照本河流的自然特点、社会经济情况确定自己的开发任务，并据此拟订河流开发方案。长江上游支流蕴含着丰富的水能资源，对长江上游支流的规划必须根据实际情况，因地制宜，制定不同的规划意见（见表5.1）。

表5.1　　　　　　　　　**长江上游主要支流开发规划统筹**

主要支流名称		规划内容
金沙江左岸主要支流	美姑河	发电
	西溪河	发电，结合灌溉与供水
	黑水河	发电，以引水式开发为主
	鱼参鱼河	发电兼顾灌溉、防洪与工业用水
	普隆河	发电、灌溉，兼顾防洪
雅砻江		以发电为主，兼顾漂木和工农业用水，促进航运发展，同时控制本河洪水，以分担长江干流防洪任务，上游河段要分担南水北调西线调水任务
金沙江右岸主要支流	普渡河	灌溉、供水与发电
	牛栏江	上游以灌溉为主，兼顾防洪；中下游以发电为主
	横江	灌溉发电并举，结合航运，兼顾工农业用水
岷江		灌溉、发电、防洪、航运以及工业与生活用水。干流上游河段主要任务是发电、灌溉、防洪、工业与生活用水。中下游河段主要任务是灌溉、防洪和航运，并结合发电
沱江		规划任务是灌溉、发电、防洪、航运以及工业与生活用水
赤水河		航运与发电。干流上游以发电为主，中游航电结合，下游航运为主
嘉陵江		灌溉、防洪、航运、发电与水土保持
乌江		干流规划已经国家批准，主要开发任务是发电，其次是航运，兼顾防洪、灌溉及其他

资料来源：根据长江水利委员会及电站规划等相关资料整理得到。

第五节　长江上游流域治理的路径选择

按照长江上游流域治理的基本思路及综合功能定位，需要选择科学合理的实现路径，主要包括：升级完善要素市场，促进流域资源持续有序开发；调整优化产业布局，增强流域经济发展整体实力；强化综合治理保护，提升流域生态环境承载能力；建立综合保障体系，增强流域综合防洪减灾能力；建立健全体制机制，推进流域综合治理改革创新。

一　升级完善要素市场，促进流域资源持续有序开发

长江上游流域资源出现无序开发、过度开发现象的根本原因在于其要素市场不健全。促进长江上游流域水电资源、能矿资源以及旅游资源等实现持续有序开发，需要升级完善长江上游流域的生产资料市场、资金市场、劳动力市场、技术市场和产权市场等要素市场，建设与工业化、城镇化相适应的多层次、多类型、城乡一体化、内外开放、合理布局、竞争有序的市场体系，重点培育为生产服务的专业性、区域性和全国性大市场。

（一）水电资源开发

建立水电资源可持续利用保障体系，以提高水电资源利用率为核心，由"粗放利用"向"集约利用"转变，提高公众的节约水电资源意识，全面开展节约利用水电资源工作。以流域重点区域的控制性工程为连接流域的"结点"，建立上游流域数字化合理配置水电资源的骨干网络；流域内不同功能区域应建立适合其特点的，以重要蓄水、引水和供水网络工程为骨干，与自来水水厂、水能电厂相配套的完善和高效的水电资源配置网络体系，实行水电资源的统一调配。

一是在全球气候变化和社会经济发展对水和水安全要求日益提高的大背景下，应更全面地认识水资源工程对国家发展的作用。在采取更有力措施处理好水库建设中移民、生态与环保等前提下，大力推动长江上游等西南地区水资源工程建设。二是国家对大型水库实施统一管理，流域实行统一调度。根据水资源优先、提高综合利用的目标，对大型水库进行更合理的定位：在当前建设中必须充分考虑到今后为实现水资源的全流域优化配置目标的优化调度创造条件。三是逐步调整水电上网价格、提高调峰电价、鼓励水电调峰，将水电收益增加部分主要用于：（1）提高移民生活水平、支持库区和上游水源保护区发展特色经济和新型城镇化建设，让水库和上游群众在水利建设中得到实惠、促进上游地区经济发展；（2）建立强大的国家水库生态环境保护基金。支持和鼓励库区和

上游实现产业转移、农业生产方式向集约化发展，支持开发库区生态环保技术，保证库区和上游生态环保基础设施建设与运行。

（二）能矿资源开发

长江上游流域能矿资源的开发对整个长江流域乃至全国经济的发展具有重大的战略意义和必要性。一是以内陆开放型经济发展为契机，融入长江经济带，走向全世界。积极参加长江流域经济合作，出台相关优惠政策，鼓励到长江上游地区建立原材料基地和矿产品基地，并将长江上游流域矿业发展列入长江流域产业发展规划中去。二是立足于国内外市场，加速经济体制改革和经济增长方式的转变，建立健全矿业权市场，充分发挥市场在优化资源配置中的决定性作用，以产权为核心，以资本为纽带，通过矿业政策引导能矿资源开发利用和矿产品结构调整，发展规模经营，提高流域经济实力。三是从全流域生态环境保护的长远目标出发，使矿产资源开发与环境保护之间协调一致，强化资源合理利用和矿山环境保护的监督管理，促进矿产资源的节约使用、综合利用和高效增值，减少资源开发造成的环境破坏，实现经济效益与资源效益、环境效益相协调的可持续发展。

（三）旅游资源开发

长江上游流域拥有完备的自然旅游资源、人文旅游资源、生态旅游资源、民族民俗旅游资源以及观光农业旅游资源等，积极发挥流域旅游资源优势，在丰富旅游资源基础上，充分开发具有保护自然环境和发展当地经济双重功能的旅游形式，倡导绿色生态旅游。一方面，科学研究，认真规划，确定景区适当的旅游环境容量，调控景区单位时间的旅游人数；另一方面，加强对当地居民和外来游客的宣传教育力度，增强其环境意识，同时配合法制手段加强旅游管理，保护生态环境，最终实现长江上游地区旅游资源开发利用与区域生态环境保护的和谐统一。

二　调整优化产业布局，增强流域经济发展整体实力

长江上游流域应充分把握成渝双城经济圈建设、城乡融合发展改革以及内陆开放型经济高地建设等历史机遇，主动承接沿海发达地区和国外产业转移，调整优化产业布局，实现产业转型升级，消除流域产业发展同质化趋势,增强流域经济发展整体实力。

1. 流域产业集群形成的基础是流域资源禀赋,尤其是流域独特的水资源。由于水资源的流动性和干支流的沟通性,长江上游流域产业集群不应是仅仅基于本区段的资源禀赋,应打破行政界限,进行统一规划,综合布局,实现资源整合,选择布局与区段自然资源、人力资源、技术信息资源或资本资源等资源禀赋相适应、区域特色鲜明,充分发挥流域整体比较优势的绿色产业集群、特色产业集群和综合产业集群。

2. 对流域各功能板块来讲,则需坚持资源优势原则、经济效益比较原则、劳动分工原则、产业链原则以及动态比较原则,根据流域功能区划定位及流域内各区段不同的自然条件、地理位置、经济基础等特点,扬长避短、发挥优势,选择经济效益明显、产业链条较长和动态比较优势明显的主导产业,建立合理的流域经济结构。

3. 从产业链角度看,围绕价值链的整体提升,考虑长江上游流域产业与中下游产业的衔接与支持,建立区域内部各地区以及跨地区的产业链,逐步把区域内各地纳入一体化的经济网络和产业分工体系当中来,力求形成整体产业链和规模较大的产业集群。

三　强化综合治理保护,提升流域生态环境承载能力

加强综合治理,严格生态保护,改善修复环境,提升流域生态环境承载能力。主要包括两方面:

1. 以防污、减污、治污和中水回用为核心,由"末端治理"向"源头控制"转移,治污为本。加强点源和面源污染的综合治理,切实保障清洁安全饮用水,重视生态环境建设与水环境治理和水资源保护的关系,合理安排生态用水。根据整个长江流域水功能和水资源保护要求,提出满足水资源保护要求的长江上游流域水污染综合防治建议,包括区域产业结构调整、循环经济建设、节水减污和清洁生产、污染源末端治理、城市污水厂建设等方面。

2. 注重水土保持,做好土地利用规划,采取治理耕地、退耕还林、加强植被建设、迅速增加林草覆盖等水土保持工程措施,加强水土流失严重地区的治理。加强教育培训和预防监督,提高公民自觉进行水土保

持和生态环境保护的意识，防止新的人为水土流失。强化水土保持科技工作，提高科学治理水平，不断探索并逐步发展与水土保持相统一的耕种制度、种植模式和管理模式。

四 建立综合保障体系，增强流域综合防洪减灾能力

以人与洪水协调共处为核心，由"被动蓄洪"向"主动蓄洪"转变，完善非工程防洪措施，形成以堤防为基础，干支流水库、蓄滞洪区、河道整治相配套，平垸行洪、退田还湖、水土保持相结合，以及非工程防洪手段并重的高标准的综合防洪减灾保障体系，增强流域综合防洪减灾能力，有效控制常遇洪涝、风暴灾害。

一是采取多种措施，约束各种不顾后果、破坏生态环境和过度开发利用土地的行为，从无序、无节制地与洪水争地转变为有序、可持续地与洪水协调共处。二是对流域内以防洪为主的或失事后可能对下游造成巨大灾难的大、中型综合利用水库进行重新加固，完善城市防洪工程建设，为洪水提供足够的蓄泄和调蓄空间，将洪水灾害减少到人类社会经济可持续发展所容许的程度。三是在加强防洪工程体系建设的同时，更要注重防洪减灾保障非工程体系建设，建立科学的预警和应急系统，以及防洪保险、救灾和灾后重建机制，形成全方位的流域综合防洪减灾体系。

五 建立健全体制机制，推进流域综合治理改革创新

在流域经济发展水平不断提高的过程中，体制和机制因素对阻碍流域综合治理的作用越显突出。推进长江上游流域的综合开发治理需要改革创新生态补偿机制、投融资机制、综合管理体制等体制机制。

1. 健全流域生态补偿机制。根据流域各区域不同的功能区划，考虑开发治理的可持续性，发展成果分享的公平性，需要建立合理的生态补偿机制对财富在各功能区域的分配与平衡进行优化调控。坚持多种补偿方式相结合，近远期补偿方式应有所区别。在近期应主要采取直接补偿。对远期而言，则主要转向间接补偿，即通过改善基础设施，兴办科技教育、完善市场体系和法律制度等方面间接支付农户和区域经济的发展。

2. 创新长江上游流域综合治理投融资体制。首先，改变以往完全依靠国家的状况，逐步形成国家、地方、企业，以及国内投资和国外投资联合开发的格局，特别要发挥大型企业和企业集团的主体作用。其次，改变过分依靠国家投资和银行贷款的状况，逐步形成更多地依托资金市场，由各种开发主体联合投资，以及筹资建立多种专项开发基金；由地方和大型企业担保，发行长江开发债券；组建多种形式的长江开发公司，发行公司股票；利用BOT、PPP等形式，吸引社会资本、外资进入基础设施建设等。

3. 完善流域综合管理体制。将流域作为有机整体统一进行治理和管理，统筹考虑流域水资源量与质、开发与保护、生态价值和经济价值之间的有机联系及上下游治理之间的内在关系，提出流域治理的战略构想、近期和长远目标，规定相关部门和流域各级政府的职责并制订严格的考核和奖惩措施。通过法律规范，强化流域综合管理，厘清部门之间职责关系，打破辖区之间的利益壁垒，推动流域治理统一进行、协调进行。科学合理划定各方职责边界，理顺中央与地方、部门与部门、流域与区域、区域与区域之间的关系，建立起统分结合、整体联动的长江流域管理体制。通过系统性制度设计，加强山水林田湖草系统治理，建立起全流域水岸协调、陆海统筹、社会共治的综合协调治理体系。

第 六 章

流域治理:流域生态环境
保护与污染防治

根据流域治理概念范畴的界定,本章主要探讨长江上游流域生态环境保护与污染防治的思路构想、基本路径、机制与模式等。充分利用新机遇新条件,妥善应对各种风险和挑战,全面推动大保护,系统开展生态修复治理,找到科学破解长江上游流域生态环境保护形势严峻、生态环境保护压力持续加大的有效路径,推动长江上游流域加快实现绿色发展。

第一节 长江上游流域生态环境保护
与污染防治的思路构想

绿色发展视域下长江上游流域生态环境保护与污染防治的核心是围绕水生态、水资源、水环境、水管理、水文化、水安全构建六位一体的水生态文明,紧密结合"节水优先、空间均衡、系统治理、两手发力"的新时期治水方针,立足流域生态系统健康和增进人类福祉,深刻认识流域的生命属性,科学统筹区域与流域、发展与保护、治污与治水、城镇与农村、工程与管理"五大"关系,从被动应对转向主动防控,从单一治污转向综合整治,从分散治理转向集中控制,以流域为体系,以水质改善和流域绿色发展为目标,以污染源治理和环保基础设施建设为重点,坚持干支流并举、点源面源控制结合、预防治理结合、远近结合,按照"统筹规划,目标转型,问题导向,系统治理,分区管理,模式变革,机制创新,职能整合,多方共治,科学推进"的十项战略方针,努力构建系统高效的流域环境治理体系(见图6.1)。

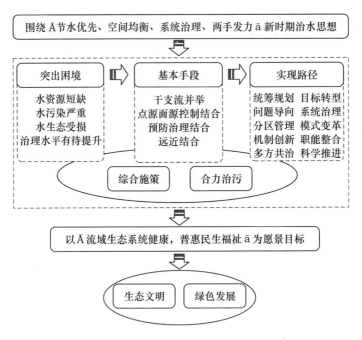

图6.1　长江上游流域生态环境保护与污染防治的逻辑框架

一　统筹规划:强化顶层设计和宏观引导

科学完善的流域治理规划需做到以下两点:立足流域可持续发展视角,真正重视流域生态系统健康;强化重点流域污染控制与治理的执行力。长江上游流域是一个跨地域、跨系统的独特地理单元,流域治理面临多重问题。要改变这种状况,流域治理规划需要从理念上真正重视流域生态系统健康,从具体举措上加强流域治理的控制力和执行力。以"多规合一"为导向,在"统筹规划"层面,坚持系统思维、问题导向。从流域生态系统健康和人类福祉的角度加强流域综合规划,做好长期工作准备,将水污染控制与治理作为未来一段时期内最重要的环境工作之一。研究制定科学的流域资源开发利用规划,从根本上遏制污染恶化趋势，实现长江上游流域资源可持续开发利用、维护流域生态系统健康。

二　目标转型：单一目标向综合治理目标转变

长江上游流域综合治理的目标应强调自然生态属性的管理和维护。对长江上游流域的治理需要跳出水利工程专业的视野，从传统的水污染治理单一目标逐渐转向综合治理目标。以水系为基本单位，从流域的水环境整治入手，优化流域空间结构，带动产业发展。结合生态红线，保留干支流自然脉络，以水系为通廊、水库为节点、绿道为纽带、特色产业为依托，形成山、水、田、林、草、城有序的城乡空间格局。立足生态系统完整性和自然资源的双重属性，打破区域、流域和水陆界限，打破产业和生态系统要素界限，实行要素综合、职能综合、手段综合，建立与生态系统完整性相适应的流域治理体制，形成从地表到地下、从山顶到江底的全要素、全过程和全方位的生态系统一体化管理，维护生态系统的结构和功能的完整性，保持流域生态系统健康。

三　问题导向：围绕解决主要污染物重点突破

科学评估长江上游流域资源环境承载能力和生态安全状况，深入分析流域资源、环境、生态等方面存在的问题，抓住关键症结，有针对性地设计目标和综合整治路径，部署流域治理任务。点源及非点源污染已成为流域首要污染因子，点面源问题直接影响着流域生态系统的修复功能。在"共抓大保护、不搞大开发"背景下，把点面源污染防治放在流域治理最突出的位置上，通过"控源、治污、修复"等手段，多管齐下，使流域基本解决以点源及农业非点源因子为表征的有机污染问题。通过综合施策，努力破解重点问题和关键问题，推动整个长江上游流域治理顺利进行。

四　系统治理：流域尺度的标本兼治

转变流域治理思路，把长江上游流域作为一个整体，做好流域尺度的系统设计、产业布局和区域协调，突破部门交叉和条块分割，采取系统性的综合措施促进流域生态系统恢复。坚持源头治理与系统治理相结合,由"灭火管理"转向"源头抓起",多举措组合"出击",完善长江上游流域生态系统。根据流域及区域承载能力,科学合理确定污染物总量控制方案,依托区域环境综合整治、工业污染综合整治、污水处理设施建设和改造、农业面源防治示范等骨干工程削减污染物排放总量,并从经济、技术、环境效益等方面深入论证。提高对"山水林田湖草生命共同体"的认识,统筹流域内各种自然生态要素,发挥规划的控制和引领作用,综合考虑上下游、左右岸、干支流、地表地下、城市乡村、工程措施与非工程措施等方面,坚持标本兼治,系统解决环境污染问题,促进长江上游流域可持续发展。

五 分区管理:构建详细的分区控制体系

明确长江上游流域功能分区,规范空间开发秩序,不仅是保障长江上游流域可持续发展的必然要求,也是开展长江上游流域综合治理的首要任务。根据长江上游流域的资源环境条件、生态环境保护要求以及经济社会发展对资源的需求等因素,划分优先控制单元、控制区等,体现长江上游流域开发利用、治理保护的总体格局,协调经济社会发展对流域综合治理需求与维持流域健康及可持续发展的关系。促进流域与区域相结合,形成空间污染防治战略。加快布局主要治污项目,设计水污染防治任务,改善饮用水水源地、跨界水体、受污染河流和敏感水域的水质。通过优先控制单元的辐射作用,带动长江上游流域共同治污,达到全面提升流域治理水平、经济社会与生态环境保护协调发展的目标。

六 模式变革:构造新型社会制衡型环境治理模式

"社会制衡型环境治理"是把政府管理与公众参与结合起来,构建一种新型环境治理模式。当环境问题发生时,即社会发生环境权益冲突时,不再完全依赖于政府出面直接处置,而是由环境权益相关各方进行互相作用。政府的身份已由进行直接管理的当事人转变为起辅助作用的中介人,这是社会制衡型环境治理模式的关键之处。在强化社会制衡的同时,放弃一些环境管理制度、部分冗余的行政措施。改革创新流域环境保护制度体系,依法施策与市场驱动并举,政府、企业、社会公众多主体共治，推动形成"政府引导、企业施为、市场驱动、公众参与"的长江上游流域综合治理新模式。

七 机制创新：构建激发创新能力和绿色发展动力的长效机制

加强长江上游流域治理理念的创新，建立流域层面符合资源价值和治污成本的水价机制、水权交易和排污权交易体系，形成体现资源紧缺和治污成本的水价机制，发挥水权、水价、税收、水交易、排污费和排污权交易等经济手段在库区流域水资源管理中的重要作用，增加用水（特别是额外用水）成本，减少污水来源；增加排污成本，减少污水排放；结合长江上游流域治理需求，强调技术创新，加快形成关键技术、重大装备开发与产业化的产业链；以 PPP 为主导，推行政府和社会资本合作的建设运营模式，推广股权、项目收益权、特许经营权、排污权等质押融资担保，创新采取环境绩效合同服务、授予开发经营权益等方式，切实解决 PPP 项目融资难题，建立稳定、多元的投入机制；创新长江上游流域资源管理方式和管理机制，加快形成海绵城市建设体制机制；加强监测、调度、预警平台建设和信息共享，推动实施流域生态补偿，完善长江上游流域综合整治长效机制；建立跨界联防联控工作机制，搭建有助于建立长江上游流域生态补偿机制的政府管理平台，推动建立流域生态保护共建共享机制；支持长江上游流域地区政府达成基于水量分配和水质控制的环境合作协议。

八 职能整合：打造一体化整合式治理架构

创新监管体制，以区域为单位，构建由相关行政区政府领导成员组成、上级环保部门监督、企业和公众积极参与的长江上游流域治理的权威机构，加强长江上游流域相关行政区的横向交流、合作以及相互间的监督，实现科层结构与网络结构有效结合；建立健全以自然流域为基础、流域管理与区域管理相结合的管理体制体系，统筹考虑流域资源管理、污染防治、生态保护和灾害防治等内容，逐步将分散的流域治理职能整合到比较集中的部门，按照长江上游流域治理工作性质和能力要求，由专业化程度低的部门向专业化程度高的部门集中。按照长江上游流域治理的过程和特点,同时兼顾历史形成的分散式监管的现状,以改革成本最小化为必要条件,强调对长江上游流域治理体系的顶层设计,对原来分散式监管的机构及其职能做适当调整和合并,避免重复监管和真空状态,实行一体化整合式长江上游流域治理体制。根据 2018 年 1 月 1 日履行的《中华人民共和国水污染防治法》,河长制正式入法。按照规定,长江上游流域各省、市、县、乡建立河长制,分级分段组织领导本行政区域内江河、湖泊的水资源保护、水域岸线管理、水污染防治、水环境治理等工作。

九 多方共治:"政府主导"转向"全民共治"

治理理论视野下,非政府组织、利益相关者、公共权益热心人同样对长江上游流域治理目标的达成有不可或缺的作用。在长江上游流域治理过程中,将共同治理理念贯穿治理全过程,充分调动各级、各相关部门和流域居民的积极性。加强社会公众和企业的普法教育,让社会公众和企业作为参与长江上游流域治理的重要主体和主要受益者。努力探索政府与企业、社会联盟的模式,逐渐把长江上游流域治理的问题交由市场主导。贯彻执行涉水相关法律法规,建立区域联动、上下联动、部门联动的协作体系,形成"全民共治"的协同共治格局,提高治理能力和治理水平。

十 科学推进:一河一策分阶段推进

参考《水污染防治行动计划》的相关标准和措施,采取多举措分阶段综合治理,确保完成长江上游流域水质改善的基本目标。长江上游流域环境综合治理多为长期、复杂且资金需求量大的系统工程,推动流域内环境合作治理,落实好区域制、单元制,实行分段包干和整体治理相结合,建立与各流域特征相匹配的模式。充分考虑不同地区、不同领域污染特点,因地制宜,采取差异化的合作模式与推进策略,分类、分阶段推进长江上游流域污染防治等各项工作。

上述十项战略行动的框架如图 6.2 所示。

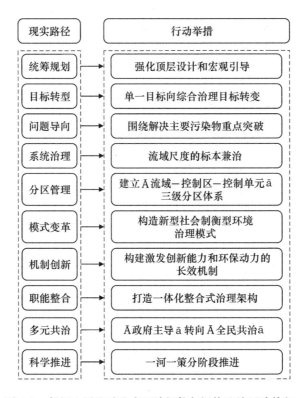

图 6.2　长江上游流域生态环境保护与污染防治思路构想

第二节　长江上游流域生态环境保护与污染防治的基本路径

长江上游流域生态环境保护与污染防治的基本实现路径主要从三方面入手，其一是做好长江上游流域环境污染防治工作；其二是加强生态保护与修复，提高流域环境承载力；其三是从管理体制机制优化入手，推动区域联防联控。

一　环境污染防治：全面推进环境污染防治，建设宜居城乡环境

（一）流域污染物总量控制

环境污染物总量控制简称总量控制，是指根据一个地区或区域的自然环境和自净能力，依据环境质量标准，控制污染源的排放总量，把污

染物负荷总量控制在自然的承载能力范围内。

最早提出污染物总量控制的国家是日本和美国。日本为改善环境质量,提出了污染物排放总量控制的管理措施。比如对水体污染物总量的控制中,美国环保局最早于1972年提出TMDL计划。TMDL是指"在满足水质标准的条件下,水体能够接受的某种污染物的最大日负荷量",要考虑安全临界值和季节性变化。主要包括3个要素:污染负荷核算、安全余量和排放分配。TMDL计划经实践证明是一个先进的、有效的水体污染管理技术,其充分体现了恢复和维持水体的物理、化学性质及生物完整性,注重对水生态系统健康保护,是国际水体污染管理技术的发展趋势。

TMDL的计算方法:

$$TMDL = WLA + LA + BL + MOS \qquad (6—1)$$

式中:WLA——允许的现存和未来的点源污染负荷;

LA——允许的现存和未来的非点源污染负荷;

BL——水体自然背景值;

MOS——安全余量。

流域总量控制是以流域水生态系统生态特征为基础,兼顾地方行政管理,将小流域划分为多个控制单元,对水质目标进行管理和监督,开展基于控制单元的污染物总量控制,使污染负荷在控制单元内得到有效的削减。结合TMDL计划理论框架及长江上游流域控制单元的总量控制技术体系,本书建立了基于控制单元的长江上游流域水体污染物总量控制实施(见图6.3)。

总量控制首先确定基准年及近期规划实施年限,将研究区域划分为多个控制单元,主要考虑水体状况、污染发生情况及监测数据完整状况等因素;在掌握污染现状和预测污染物排放量的基础上,根据控制指标的污染现状、长江上游流域水质现状,将污染负荷在各排污口进行分配;最后计算流域污染物削减量及削减率,制定削减方案及应对举措。

(二)改善流域工业环境质量,控制工业点源污染

目前,工业点源排放仍是长江上游流域环境最主要的污染源之一,因此,对工业点源污染的治理仍需高度重视。正确处理经济发展和环境

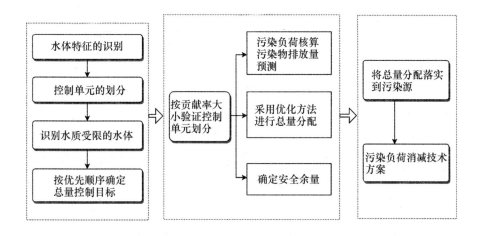

图6.3　长江上游流域水体污染物总量控制实施路径

保护的关系,切实把环保工作放在更加重要的战略位置,坚持走新型工业化道路,促进长江上游流域环境质量的改善,实现长江上游流域环境保护和社会经济发展的双赢。具体措施如下:

1. 实施更加严格的达标排放标准。在目前情况下,即使单个企业和污水处理厂实现达标排放,污染物排放总量仍会超出环境容纳总量。因此,有必要实行更高水平、更加严格的达标排放标准,并从总量上控制污染物排放。

2. 提高环境准入条件。加强区域环评和项目环评工作,对排污总量已超过控制目标的地区以及水源保护地区,停止审批新增污染排放建设项目。全面禁止新上不符合产业政策和增加氮磷污染物的项目。对集中式饮用水源地、重要河流两岸产业发展,提出项目落户环保门槛,严禁布置可能造成水环境隐患的工业企业,防止有重大环境污染风险的项目进入,及时调整和发布鼓励类项目、限制类项目名录。

3. 严格执行强制淘汰制度。对与长江上游流域环境保护要求不相适应的高污染、高能耗的产品实行关、停、并、转、迁,建立严格的产业淘汰制度,对规模不经济、污染严重的企业或者落后的工艺、设备实行强制淘汰,或通过以大带小的办法,实现污染集中控制。及时制定重点行业资源消耗和污染物排放强标准,促进企业技术改造和提升管理水平。

（三）加强流域农村生态环境保护，控制农业面源污染

农村面源污染要纳入污染防治总体规划，鼓励无污染和集约化的农业生产方式。严格控制农业面源污染，加快发展循环农业，推行农业清洁生产，做好农业种植面源污染防治、畜禽养殖污染防治、水产养殖污染防治等方面的工作。积极推广农作物秸秆多元化综合利用技术，增加秸秆还田量。增施有机肥，培肥改良土壤，防治耕地退化。严格控制秸秆露天焚烧，研究开发低成本、高效益、适宜农民推广应用的农业废弃物资源化新技术和新产品。加快建设农田废弃物收集池、废弃物发酵处理池，提高农业废弃物资源化利用水平。对规模化的畜禽养殖业污染实行限制治理和鼓励畜禽粪便的资源化。平衡施肥，积极推广农业病虫害绿色防控和专业化统防统治技术。科学合理使用化肥、农药薄膜和饲料添加剂，逐步减少化肥农药施用量，回收农用薄膜，减轻化肥农药对湖泊水体的污染。全面规范水产养殖行为，大力推广生态养殖，加强水产养殖集中区域的水环境监测。积极探索农业面源污染综合治理的新技术、新模式和长效机制。

（四）统筹城乡生活污染治理，加快海绵城市建设

1. 科学处理城市生活污染

随着城市的扩张和人口的快速增长，长江上游流域城镇生活污染源的比重日趋加重，生活污水和垃圾排放量也迅速增加。因此，要加快流域重要城市和饮用水源地的污水处理设施建设以及加快生活垃圾回收处理体系。

（1）建设污水资源化和中水回用工程。建设污水处理配套管网，推进雨污合流管网系统改造，不断提高城镇污水收集的能力和效率。规范污水处理厂科学运营的监管，安装在线监测设施。全面实施污水处理收费制度，保障污水处理厂正常运行。合理确定污水处理厂设计标准及处理工艺。污水处理厂建设要按照"集中和分散"相结合的原则优化布局，根据当地特点合理确定设计标准，选择处理工艺。污水处理设施建设要与供水、用水、节水与污水回用统筹考虑，加强污水处理厂配套工程建设，促进城市水域环境质量的改善。高度重视污水处理厂的污泥处理处置，新建污水处理厂和现有污水处理厂改造要统筹考虑配套建设污泥处

理处置设施，在每个地级市建设污泥集中综合处理处置工程。

（2）大力推行城镇生活垃圾分类制度，加快生活垃圾收集、运输与处理设施建设，实现生活垃圾无害化处理设施全覆盖。新建或升级一批垃圾收集站、中转站等收集转运设施，推进垃圾收运的容器化、密闭化和机械化。加强城市生活垃圾分类宣传力度，将再生资源产业、"互联网＋"等发展融入城市生活垃圾处理过程中，提高生活垃圾的有效利用率；强化垃圾处理管理机制，提高生活垃圾无害化处理率。

2. 因地制宜实施农村生活污染治理

全面推进农村环境综合整治工作，建立农村集镇、自然村落和散居农户生产、生活污水处理和后续服务体系：建立"户、村、乡、县四位一体"的生活垃圾收集、转运与处理处置系统，构建农村生活污水治理设施长效运行体系，引入第三方专业队伍对处理设施进行维运与管理，强化基层生态环保监管人员技术培训，完善各类治理设施运营规章制度，保障设施长期、稳定运行。

3. 治理污染严重水体

一是大力整治城市黑臭水体。采取控源截污、节水减排、内源治理、生态修复、垃圾清理、底泥疏浚等综合性措施，切实解决城市建成区黑臭水体问题。对已经排查清楚的黑臭水体逐一编制和实施整治方案。未完成排查任务的城市，应尽快完成黑臭水体排查任务，及时公布黑臭水体名称、责任人及达标期限。二是开展劣Ⅴ类断面（点位）所在控制单元的水域纳污能力和环境容量测算，制定控制单元水质达标方案，开展水环境污染综合治理。

4. 加快海绵城市建设，提升城市排污能力

海绵城市建设涉及生态修复、园林绿化、绿色建材、管网建设与运营、智慧城市与物联网技术、污水污泥处理等多方面。海绵城市建设强调的核心是"整体"和"系统"的提供城市环境解决方案，是未来流域水环境治理发展的必然方向。以往中国水环境污染治理行业更强调的是点对点治理，未来发展方向必然向城市水环境系统的综合解方案的面源或立体的治理方向发展，海绵城市正符合这一趋势。将海绵城市建设水利措施和要求，统一纳入城市规划蓝图，强化与流域和区域综合规划、

防洪排涝规划等的衔接,发挥规划的约束和引领作用。统筹协调流域上下游、城市建成区内外、地表水与地下水、防洪排涝与雨水利用的关系,在长江上游流域科学布局海绵城市建设,确保发挥系统治理效益。

二 生态保护与修复:加强生态保护与修复,提高流域环境承载力

2019年4月,习近平总书记在重庆视察时指出,"保护好长江母亲河和三峡库区,事关重庆长远发展,事关国家发展全局"。重庆是长江上游生态屏障的最后一道关口,对长江中下游地区生态安全承担着不可替代的作用,要筑牢长江上游重要生态屏障,坚持上中下游协同,按照统筹山水林田湖草系统治理的思路,实施长江生态环境系统性保护修复,对破坏长江生态环境的问题要下决心解决。流域生态环境修复与建设是基于长江上游流域环境治理的流域绿色发展战略研究的重要补充和研究要点。实施该项发展战略的内容主要包括以下八点:

(1)严守生态保护红线。要将生态保护红线作为空间规划编制的重要基础,相关规划要符合生态保护红线空间管控要求,不符合的要及时进行调整。生态保护红线原则上按禁止开发区域的要求进行管理,严禁不符合主体功能定位的各类开发活动,严禁任意改变用途。对国家重大战略资源勘查,在不影响主体功能定位的前提下,经国务院有关部门批准后予以安排。对生态保护红线保护成效进行考核,结果纳入生态文明建设目标评价考核体系,作为党政领导班子和领导干部综合评价及责任追究、离任审计的重要参考。建立长江上游流域生态保护红线监管平台,加强监测数据集成分析与综合应用,强化生态状况监测,实时监控人类干扰活动、生态系统状况与服务功能变化,预警生态风险。

(2)严格管控岸线开发利用。统筹规划长江上游流域岸线资源,严格分区管理与用途管制。科学划定岸线功能区,合理划定保护区、保留区、控制利用区和开发利用区边界。加大保护区和保留区岸线保护力度,有效保护自然岸线生态环境。提升开发利用区岸线使用效率,合理安排沿江工业和港口岸线、过江通道岸线、取排水口岸线。建立健全长江岸线保护和开发利用协调机制,统筹岸线与后方土地的使用和管理。探索建立岸线资源有偿使用制度。

（3）加强国家重点生态功能区保护。对长江上游流域现有生态功能保护区的现有植被和自然生态系统应严加保护，防止生态环境的破坏和生态功能的退化。保护区建设目标是：保护和恢复江河流域的调蓄功能，防止流域湖泊的萎缩及破坏；保护良好的流域生态系统和生物多样性；减轻水污染负荷；改善水交换条件，恢复水生态系统的自然净化能力。推动三峡库区、川滇森林、秦巴山地、武陵山区等国家重点生态功能区的区域共建，优先布局重大生态保护工程。充分发挥卫星遥感监测能力，强化重点生态功能区生态环境监管，提高区内生态环境监测、预报、预警水平，及时、准确地掌握区内主导生态功能的动态变化情况。编制实施重点生态功能区产业准入负面清单，因地制宜发展负面清单外的特色优势产业，科学实施生态移民。继续实施天然林资源保护、退耕还林还草、退牧还草、退田还湖还湿、湿地保护、沙化土地修复和自然保护区建设等工程，提升水源涵养和水土保持功能。对于防洪和调蓄洪水为主的江河流域或其部分蓄洪区流段，实施退田还水工程和移民，使之成为永久性蓄水流域，恢复重建流域生态功能。强化水土保持监督管理，控制人为水土流失；建立健全综合监管体系，强化水土保持动态监测；提高水源涵养和水土保持功能。

（4）整体推进森林生态系统保护。继续实施天然林资源保护工程，全面停止天然林商业性采伐。在湖北、重庆、四川、贵州、云南5省市开展公益林建设。加强国家级公益林和地方级公益林管护，全面实行国有天然林管护补助政策，对自愿停止商业性采伐的集体和个人给予停伐奖励补助资金。加强新造林地管理和中幼龄林抚育，优化森林结构，提高森林覆盖率和质量。

（5）加大河湖、湿地生态保护与修复。加强河湖、湿地保护，严禁围垦湖泊，强化高原湿地生态系统保护，提高自然湿地面积、保护率。组织开展长江上游流域河湖生态调查、健康评估，加强三峡水库等重点湖库生态安全体系建设。继续实施退田还湖还湿，采取水量调度、湖滨带生态修复、生态补水、河湖水系连通、重要生境修复等措施，修复湖泊、湿地生态系统。通过退耕（牧）还湿、河岸带水生态保护与修复、湿地植被恢复、有害生物防控等措施，实施湿地综合治理，提高湿地生态功能。

（6）加强维护生物多样性。提升生物多样性保护和监管能力，优化保护区网络，完善保护区空间布局，加强自然保护区、水产种质资源保护区等各级各类保护区能力建设。建立省、市、县多级的跨部门生物多样性保护纵横向协调机制，夯实基层保护和管理机构的能力。

（7）加强交通建设工程中生态环境保护。交通建设工程要严格执行环境影响评价制度，科学规划，合理选择线路，尽量少占耕地，避免交通干线穿越和严重干扰自然保护区、风景名胜区和其他生态敏感区；公路分割自然景观时，必须设计必要的生物廊道，方便种群活动和交流；防止牺牲生态环境价值换取节省工程投资和施工方便；对筑路工程造成的生态破坏和不利影响，必须及时修复和补救。

（8）加强旅游资源的生态环境保护建设。加强对沿流域风景名胜资源和旅游区的生态保护和监督管理，对未按照规划建成的破坏风景和影响生态环境的旅游设施要限期拆除。旅游区要制定生态环境保护规划，依法治理污水、烟尘和旅游垃圾。

三　管理体制机制优化：推动区域的联防联控，协同共治

结合新发展理念，流域治理需要从传统的行政区划为主的管理机制转变为流域管理为主的管理机制。实施最严格的资源节约和生态环境保护制度，推进重点污染物综合防治和环境治理，实行跨区域、跨部门的联防联控和流域共治，共同保护和提升流域生态服务功能，推动长江上游流域绿色低碳发展循环。

1. 立足保护长江流域生态系统完整性和提高流域治理的有效性，完善环境污染联防联控机制。推动制定长江经济带统一的限制、禁止、淘汰类产业目录，加强对高耗能、高污染、高排放工业项目新增产能的协同控制。探索建立跨省界重大生态环境损害赔偿制度。推进水权、碳排放权、排污权交易，推行环境污染第三方治理。推进省际环境信息共享。

2. 建立健全地方政府的自然资源开发与生态环境保护考核体系，根据具体区位特征和禀赋特征的差异，制定差异化的考核方式，促使地方政府能够有足够的激励措施来实现协同治理，共同保护，走富有地域特

色的高质量发展新路。

3. 依据流域分工特征,划分好流域与区域管理权责,建立相应的流域资源生态环境协调机构和协商平台。在流域总体保护优先背景下加强区域的协同治理,要打破行政区划和部门分割的限制,整合各类保护地管理机构,共同保护和合理开发长江上游流域,改善传统管理方式下生态系统的多头管理和效率低下问题。

第三节　长江上游流域生态环境保护与污染防治的机制重构

完善的机制是提高长江上游流域生态环境保护与污染防治效果的重要保障。本章从生态环境保护机制、生态补偿机制、投融资机制、常态化监测机制、激励约束机制、综合管理机制等方面入手对长江上游流域生态环境保护与污染防治机制进行详细阐述。

一　生态环境保护机制

(一) 水土保持机制

长江上游流域水土流失问题十分严重,是长江下游洪涝灾害不断发生的直接原因,是阻碍整个长江流域可持续发展的重要因素。治理长江上游水土流失是一项复杂的系统工程,需要政府各部门和民众的共同努力。长江上游流域水土保持重点防治要始终坚持以人为本的原则,把解决群众生产生活的实际问题作为水土保持的根本出发点和着力点。坚持治理与开发相结合,以开发促治理,以治理保开发,突出水土保持生态、经济和社会效益。

建设沿江、沿河、环湖水资源保护带和生态隔离带,增强水源涵养和水土保持能力。长江上游水土流失治理应以金沙江下游、嘉陵江流域和三峡库区为重点治理地区,加大综合治理力度。加强云南、贵州、四川、重庆、湖北等省市中上游地区的坡耕地水土流失治理。以金沙江中下游、嘉陵江上游、乌江流域、三峡库区等区域为重点,实施小流域综合治理和崩岗治理,加快推进三峡库区等重要水源保护区生态清洁小流域建设。防治措施上,长江上游水土流失综合防治工程应抓住森林砍伐、植被破坏和坡耕地垦殖这些造成水土流失的主要因素,以治理保护和开发利用水土资源为基础,以改造坡耕地、兴修基本农田为重点,以经济效益为中心,以小流域综合治理为核心,以坡耕地合理利用和保水保土措施为重点,对水土流失地区实施综合性开发治理。进一步推进长江上游防护林、水源保护林工程的实施,切实加强退耕还林工程和天然林保护工程的建设。通过土地利用结构的调整,因地制宜地配置各项水土保持措施,实施以小流域为单元的山、水、田、林、路的综合治理开发,在小流域内形成多目标、多功能、高效益的综合防治体系,提高人口环境承载能力,实现人口、资源、环境和经济协调发展。

（二）森林植被保护恢复机制

长江上游区域生态脆弱,植被破坏不易恢复,各地区通过制定本省（区、市）生态环境建设规划,整合所有的生态建设工程,实行山、水、林、田、路综合治理,实施分类经营战略,规划林业生态建设。目前,总体上可以将林业用地划分为生态保护区和商品林经营区两类,其中生态保护区又进一步划分为重点生态保护区和一般生态保护区,并采取针对性的保护措施。

1. 重点生态保护区:除已划定的自然保护区、自然保护小区、森林公园和其他特种用途林之外,将江河源头、干流、支流两侧、路渠两侧、库湖周围、石质山区、风沙干旱区、高山陡坡地带、生物多样性丰富地区和其他生态环境脆弱地区划为重点保护区,对所有的荒山荒地及新造林未成林地、灌木林地,采取封山育林的办法,全面恢复林草植被;对陡坡地退耕还林,大力营造水土保持林和水源涵养林;通过大力营造薪炭林等手段,解决农村能源问题,减轻植被樵采的压力。

2. 一般生态保护区:将生态环境相对脆弱,但恢复能力强的地区作为一般生态保护区。通过人工造林、飞播造林、封山育林等方式,大力营造生态公益林。同时在立地条件好、不产生水土流失的前提下,有步骤地营造各类经济林及其他林种。并允许对现有林实行抚育、间伐加以合理利用。

3. 商品林经营区:主要选择自然条件优越、立地条件好、适宜林木生长、地势较平坦、不易造成水土流失和对生态环境构成影响的地区,采取高强度集约经营方式,大力发展速生丰产林、短周期工业原料林和各种经济林等,增加木材和林产品的有效供给,以期求得最大的经济效益。采取封山育林、飞播造林、人工造林等多种方式恢复和扩大森林植被。以实现自然生态良性循环为核心,建立林业生态体系和产业体系,充分发挥森林的生态、经济和社会效益。以有利于改善生态环境和山区人民脱贫致富为前提,统筹规划,突出重点,因害设防,先急后缓分期实施,综合治理,建设长江上游绿色生态屏障。

(三)生物多样性保护机制

针对长江上游流域具有生物多样性的资源优势,各地区都要注重生物多样性与新生态系统的培育,促进生物多样性生态建设。

1. 培育生物多样性保护相关技术。结合国内外生物资源保育与可持续开发利用现状及发展趋势,重点研究生物多样性监测技术与信息系统构建技术,研发重要物种种质资源就地保护及异地保护技术,研究重要植物资源快速繁殖技术与培育技术,构建基于生物多样性保育的退化生态系统恢复与重建技术和模式及试验示范基地,研发特色生物资源的开发利用技术与产业发展模式,评估生物多样性的生态系统服务功能,核算区域生物多样性所蕴含的生态资产。

2. 加强上游保护区规划研究。通过新建自然保护区和调整已有的保护区,填补保护空缺,完善自然保护区系统。结合国家重点生态建设工程和生物多样性保护行动,采取有效保护措施和生态恢复措施,保护天然林,恢复退化植被,在优先区和连接带内限制人类经济活动,以确保优先区和连接带发挥应有的生态功能。

3. 着力提升水生生物保护和监管能力。实施保护区改、扩建工程,增强管护基础设施,补充建设增殖放流和人工保种基地,对救护基地和设施升级改造。增设和完善科普教育基地、标本室、实验室和博物馆等。开展自然保护区规范化建设,补充界牌和标志塔,新建实时视频监控系统,完善水生生态和渔业资源监测设施、设备。严禁毒鱼、电鱼等严重威胁珍稀鱼类资源的活动。严厉打击河道和湖泊非法采砂,加强对航道疏浚、城镇建设、岸线利用等涉水活动的规范管理。

4. 提升外来入侵物种防范能力。开展生物多样性保护与减贫协同推进示范,通过生态旅游等模式,可持续地利用生物资源。强化长江沿线水生生物资源的引进与开发利用管理。制定长江经济带外来入侵物种防控管理办法,健全国门生物安全查验机制,提升长江经济带水运口岸查验能力,加大进口货物和运输工具的检验检疫力度,防范外来有害生物随货物、运输工具、压舱水传入。构建外来入侵物种监测、预警与防控管理体系,定期发布外来入侵物种分布情况。加强重点外来入侵物种防控与治理。

二 生态补偿机制

基于长江上游流域在国家生态安全中的战略地位以及"谁受益、谁补偿""谁破坏、谁恢复""谁污染、谁治理"的生态补偿原则,强化长江上游生态系统的服务功能,核算森林、草地、湿地等典型生态系统所蕴含的生态资产,评估天然林保护工程、退耕还林(草)工程、长防林建设工程以及水土流失综合治理工程等在水源涵养、水质净化、碳固定、生物多样性保育、土壤保持等方面的生态系统服务功能价值,构建基于生态系统服务功能评估的生态补偿机制。

1. 出台生态补偿法。国家适时出台制定统一的综合性生态补偿法,对生态环境资源开发与管理、生态建设、资金投入与补偿的方针、政策进行统一协调,科学确定生态环境补偿标准、补偿方式和补偿对象。完善财政转移支付政策。在财政转移支付中增加生态环境影响因子权重,增加对生态脆弱和生态保护重点地区的支持力度。

2. 建立流域生态补偿标准体系。参照新安江流域生态补偿办法,制定长江上游流域生态补偿标准体系。确保出境水质达到考核目标,根据出入境水质状况确定横向赔偿和补偿标准。积极维护饮水安全,研究各类饮用水源区建设项目和水电开发项目对区域生态环境和当地群众生产生活用水质量的影响,加快开展饮用水源区生态补偿标准制定。

3. 制定优惠政策。制定相关税收调节政策,对有利于水土保持生态建设的企业给予税收优惠,对造成严重水土流失的课以重税。同时制定相关产业指导政策。对采用新技术、新方法减少水土流失的产业给予扶持；对生产工艺落后、生态破坏严重的产业加以限制，提高准入门槛。

4. 建立流域生态补偿专项资金。加强与有关各方协调，多渠道筹集资金，建立促进跨行政区的流域水环境保护的专项资金，重点用于长江流域上游地区的环境污染治理与生态保护恢复补偿，并兼顾上游突发环境事件对下游造成污染的赔偿。建立专项资金的申请、使用、效益评估与考核制度，促进全流域共同参与流域治理。生态补偿专项资金主要来源包括两部分：①原有与流域生态建设和环境保护相关的专项资金的统一调配使用，使用中强调生态补偿原则；②政府财政新增资金。为扩大专项资金来源，可考虑在水价中附加水资源保护资金；或对相关企业实行环境治理备用金制度，规定流域取水企业和排污企业与环保部门签订流域生态环境治理责任书，并分期交纳治理备用金；同时可发行流域综合治理专项债券，将发行债券所收款项纳入生态补偿专项资金，每年由政府统一划拨，专款专用。

5. 促进流域区域合作，推动建立流域生态保护共建共享机制。搭建有助于建立流域生态补偿机制的政府管理平台，促进流域上下游地区协作，采取资金、技术援助和经贸合作等措施，支持上游地区开展生态保护和污染防治工作，引导上游地区积极发展循环经济和生态经济，限制发展高耗能、重污染的产业。支持流域上下游地区政府达成基于水量分配和水质控制的环境合作协议。积极探索当地居民土地入股等补偿方式，支持生态保护成本的直接负担者分享水电开发收益等流域生态保护带来的经济效益。

在具体的实施方式上，流域生态补偿机制的运行要坚持污染者赔偿、受益者补偿的原则，循序渐进推进。以生态补偿试点为起点，分两个阶段逐步推进。在试点实施阶段，重点考虑项目带动与受益者补偿和污染者赔偿相结合的做法，即上游地区市县需围绕本年要开展的环保工作来做项目申报，省级财政部门结合环保部门意见对申报予以评估和批准。在流域推广阶段，考虑下游补偿和上游赔偿与项目带动、异地开发、人才培养等多种方式相结合的做法，积极运用市场机制实施生态补偿。通过分阶段引入市场机制，综合运用经济手段与行政手段，逐步形成责、权、利相对应的规范有效的生态补偿运行机制。

另外,兼用垂直补偿和水平补偿两种生态补偿方式。一方面加强中央政府的垂直补偿,合理运用财政政策和税收政策。加大一般性转移支付力度,调整现行财政转移支付的支出结构,把对作为生态功能区的上游的生态补偿纳入一般性转移支付范畴。通过给予财政资助、财政补贴等方式引导金融机构支持上游经济发展。另一方面探索流域区际政府的平行补偿方式。实施移民资金补偿,给予货币补偿。上游应该为工程移民建立社会保障制度,将移民纳入社会保障体系,而下游作为受益主体,应该与上游共同分摊这部分社会保障金的支出,通过协商建立合适的分摊比例,对工程移民进行资金补偿,建立生态补偿基金。通过提供中下游地区向上游地区提供项目支持、科技支持、劳务合作、人才合作等方式对长江上游流域生态进行价值补偿。

三　投融资机制

在目前条件下,鉴于长江上游流域地方政府公共财力的紧张状况,应考虑大力推广和使用 PPP 模式,形成多元化的融资形式、投资主体和投资方式,以建设一个高效的融资体系,满足长江上游流域治理的需要,实现投融资和区域开发保护、投融资和经济社会发展相协调。

(一) 建立多元化的融资形式

结合我国国情,应充分发挥财政的主渠道作用,继续加大国债资金和中央预算内投资用于长江上游流域治理的投入力度,并重点解决跨行政区的流域污染治理问题,从流域尺度统筹资金使用。在加大政府对流域治理财政投资的基础上,继续利用国债、银行贷款、外国政府商业贷款;探索发行信托凭证和企业债券;针对不同项目的特点,灵活采用 BOT、BT、TOT 等模式,吸纳社会资金参与流域治理项目的建设和运营,进一步拓宽融资渠道。鼓励发行生态环境保护彩票,从事生态环境保护的企业优先上市发行股票,通过股份合作等形式实现多元化的投融资机制,使政府投资和社会融资相互结合、互为补充,扩大流域治理资金来源,解决目前资金紧张、投入不足的问题。

大力推广和使用 PPP 模式,在该模式下,长江上游流域的政府可以将环境治理的部分责任以特许经营权的方式转移给社会主体—企业，政府与社会主体建立起"利益共享、风险共担、全程合作"的共同体关系，从而既减轻了政府财政负担，又减少了企业投资风险。在长江上游环境综合治理领域形成以合同约束、信息公开、过程监管、绩效考核等为主要内容，多层次、一体化、综合性的 PPP 工作规范体系，实现合作双方风险分担、利益共享、权益融合。建立和完善长江上游流域环境综合治理稳定、长效的社会资本投资回报机制。在实际操作过程中，综合采用使用者付费、政府可行性缺口补助、政府付费等方式，有利于拓宽投融资渠道，落实"权责对等"原则，促进投资主体多元化（见图6.4）。

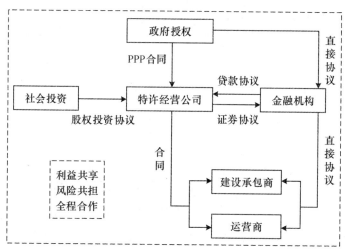

图6.4　长江上游流域环境综合治理的 PPP 模式分解

（二）形成多元化的投资主体

投资主体多元化有利于形成竞争机制，加快长江上游流域治理进程。流域内各级政府要把流域治理投入作为公共财政支出的重点。除专项资金外，逐年增加各级财政安排的经费，并纳入同级财政预算。同时，各相关部门要积极争取国债和其他资金用于流域治理。企业按照"谁污染、谁治理"的原则，加大资金投入，落实工业污染治理的主体责任。以推进污染处理、垃圾处理产业市场化为突破口，加快投融资体制改革，积极吸引国内外政府贷款、国际金融组织和社会资本投入流域治理事业，形成政府主导、市场推进、多元投入的格局。多元化、社会化投融资体制的建立,将改变目前政府作为主要投资主体的局面,为国内外的企业及个人、金融机构、投资公司、政府等提供良好的投资环境和巨大的投资市场。

在多元化、社会化的投融资体制下,为各类投资主体创造了多样化的投资方式和服务方式,不同的投资主体可以根据自己的经济能力和技术能力,选择直接的投资方式或间接的投资方式,也可选择两者相结合的投资方式参与长江上游流域治理投资,形成全民共同参与流域治理的局面。

四　常态化监测机制

进一步强化长江上游流域治理能力建设,建立长江上游流域国土资源与生态环境信息系统数据库,及时动态地对国土资源与生态环境的多种信息进行数据收集、存储、处理。建立生物多样性监测技术与信息系统,构建基于生物多样性保育的退化生态系统恢复与重建技术和模式及试验示范基地。全面加强流域环境质量监测工作,完善流域环境监测网络,提高环境监测技术装备水平。不断完善流域应急机制,健全应急网络,有效防范和应对突发事件。加强完备的监督执法体系建设,提高执法能力,深入开展执法专项行动,有效遏制各类违法行为。通过建立常态化的监测机制,将监测长江上游流域环境的状况落实到各方面,实现全方位的监测流域状况,从而更好地保障长江上游流域综合治理的需要。

(一)建立长江上游流域统一环境监测网

借助物联网、云计算、卫星遥感等信息技术,在长江上游流域附近的城市、农村、企业等地方,建立统一的环境质量监测网络,建立环境监测和管理平台,建立生态环境监测数据集成共享机制、构建生态环境监测大数据平台、统一发布生态环境监测信息、加强环境质量监测预报预警、严密监控企业污染排放、加强生态环境监测机构监督。充分利用流域内政府各部门的监测专业优势,整合和优化监测资源配置,制定统一的环境监测网规划,规范站点建设,为保证监测数据的完整性和可比性,准确反映长江上游流域环境质量状况及其变化提供前提和基础保障。

组织开展流域内环境监测专项检查,防止虚报、假报监测数据现象。

(二) 建立健全长江上游流域环境评价体系

建立资源、环境承载能力监测评价体系,实行承载能力监测预警,打造资源环境承载能力监测预警平台。积极构建监测预警体系合作共建机制和成果信息共享机制。建立评价监测预警体系应首先规范评价方法与标准,明确资源环境承载能力的内涵、目标、技术流程以及成果应用等方面内容,并结合长江上游流域环境特点,合理建立"分级—分类—分层次"评价体系。确定长江上游流域环境容量,定期开展资源环境承载能力评估,设置预警控制线和响应线,对用水总量、污染物排放超过或接近承载能力的地区,实行预警提醒和限制性措施。

(三) 建立长江上游流域环境应急机制

防控长江上游流域环境风险,构建环境监督预警和突发应急管理体系。建立流域内环境应急指挥机构,加强相关部门之间的配合,区域间政府以及区域内各部门相互协调配合,明确相关部门的职责,使政府各职能部门能够有机地结合起来,确保各有关部门应急工作能够快速展开并正常发挥。完善长江上游流域污染应急处理预案,坚持"统一领导,分类管理,属地为主,分级响应"的原则,明确应急处理指挥部的组成和相关部门的职责,明确信息收集、分析、报告与通报,明确突发事件的分级和应急处理工作方案等,以便在污染发生第一时间确定污染源、清理污染物、供应物资、进行通信等应急处理措施。突发性环境污染事故的信息发布应当及时、准确、客观、全面,要能够正确引导社会舆论。与此同时,加强对企业及群众的宣传教育,使其正确认识环境污染的危害,发动社会力量,进行各方监控,以便在环境污染事故发生后第一时间获取信息进行处理。

五　激励约束机制

经济新常态下要实质性改善我国长江上游流域污染现状,不仅要依靠更强有力的末端治理措施,还必须采用一系列激励约束机制,实现长江上游流域环境治理从官员升迁激励向市场利润激励转变,从"谁污染,谁付费"的外在约束向"谁治理,谁收费"的内生激励转变。

（一）开展水权交易

水权交易是以"水权人"为主体。水权人可以是水使用者协会、水区、自来水公司、地方自治团体、个人等，凡是水权人均有资格进行水权的买卖。水权交易所发挥的功能，是使水权成为一项具有市场价值的流动性资源，透过市场机制，诱使用水效率低的水权人考虑用水的机会成本而节约用水，并把部分水权转让给用水边际效益大的用水人，使新增或潜在用水人有机会取得所需水资源，从而达到提升社会用水总效率的目的。由于水量具有不确定性，因季节和年份变化很大，所以在国外多数流域将水权定义为流量的比率，即水权人拥有总水量的固定百分比，而实际拥有的水量是不确定的。长江上游流域水权的授予可以根据降雨量、灌溉面积、土地面积等来计算，且必须建立历史数据库。对于新水权需求者则以拍卖方式授予，前提是政府必须确定该水没有其他使用者。地下水与地表水必须适用相同的规定，虽然也有适用不同的规定者，但基本上地下水与地表水的交易方式应该相同，以避免产生市场交易的漏洞。

（二）征收环境保护税

为了有效约束企业直接排放污染物的行为，应当使企业直接排放污染物的纳税成本高于减少污染物排放的治理成本，即环境保护税税额应高于企业的治污成本，从而激励排污者治理污染在长江上游流域环境治理过程中对企业征收环境保护税，这是一种有力的激励机制。对排污企业征收环保税，多排放多缴税，排污量越大就要缴纳越多的税费，实质上是增加了企业的排污成本，当企业排污成本超过自身治理费用时，企业将不会继续进行排污转而自己进行治理。征收排污费使得每个企业的排污量得到了更加有力的控制，能够有效促进企业主动减少排污量而进行自治。通过税收制度实现环境资源价值的最大化，有效提高长江上游流域资源配置效率。

（三）开展排污权交易

长江上游流域环境治理是建立在可持续发展的基础上，通过排污权交易手段，排污企业获得一定量排放污染物的权利。排污权交易主要是建立合理的"排放污染的权利"，并且允许这种权利像商品一样进入市场，在市场上拍卖，其价格由供求关系决定。排污权通过市场交易从治理成本低的排污企业流向治理成本高的排污企业，对排污权进行交易，将长江上游流域环境治理的某些特许权委托给专业化的企业，政府通过税费减免等方式鼓励市场力量参与，并适度开放环保设备市场，形成长江上游流域环境治理第三方治理机制，巩固流域内环境治理效果，加快长江上游流域环境治理市场化进程，提高其环境治理效率。

1. 制定相关法律法规，明确排污交易规则、交易主体权利义务、监管程序和法律责任等。各区域根据排污权的稀缺性，结合自身实际情况，制定初始价格标准；完善交易机制的政策保障，兼顾不同企业、项目间的公平性来制定与之匹配的制度；严格控制交易范围，把排污权交易的环境质量影响作为衡量政策有效性的重要指标和交易约束条件。

2. 建立排污权交易监管的综合平台，充分利用大数据、物联网等智能技术搭建排污权交易的大数据平台，实现对企业排放量监测、排污权计量的智能化监管。减少对排污权交易的行政干预，通过回购富余排污权、推动排污权抵押贷款和排污权租赁等市场行为，对排污权交易进行补充和完善。为维护交易秩序，防止市场操纵及发布虚假市场信息等违规行为，政府部门应加强市场监管。

六　综合管理机制

（一）政府监管机制

1. 建立权威性的流域监督管理机构。长江上游流域内应设置高权威、高规格的流域监督管理机构，强化环境保护部门的职权，确保长江上游流域环境污染治理工作有序开展，而这种机构又不受任何地方政府局部利益的牵制，能独立依法行使职权，从保护和合理利用资源角度对流域进行科学规范和管理。比如，国家可以赋予长江水利委员会等重点流域管理委员会以流域水污染防治和水资源保护行使监督管理的职权，并在以后逐步通过立法对流域管理机构的设置及其权限作规定。此外，还应赋予生态环境部门对流域内资源开发和利用活动中污染破坏行为的监督管理权和必要的行政强制执行权力，增强生态环境执法的权威性和严肃性，从而才能真正实现环境污染统一治理的目的。

2. 加强流域管理机构的统一性和权威性,打破长期以来影响流域管理的条块分割体制。建立强有力的流域管理统一机构,扩大其管理权限。长江上游流域环境具有复杂性、整体性的特点,治理流域内环境必然会涉及多个流域区域之间利益的问题。目前,国务院推行的大部制改革为流域管理机构改革指明了方向。在中央政府统筹下,上下统一、协调合作、互相监督,共同治理流域水环境,实现资源的最优化配置,从而形成一个"协调—执行—监督"一体化的管理体制。可以在中央设立独立的流域综合管理局,赋予其较强的管理和协调功能,对全国流域有着全面规划、开发和利用流域内各种资源的广泛权力,从而打破"多龙管水"的混乱局面,有效提高流域管理效率。

3. 加强长江水利委员会在流域开发治理中的作用,依法有效开展大型开发建设项目水土保持监督检查。开展流域监督管理规范化建设,不断完善长江流域水土保持监督检查体系,提高执法能力,形成流域机构、省(自治区、直辖市)、市(州)、县四级监督检查网络,充分发挥地方监督管理部门的优势,共同履行好监督检查职责。建立和完善长江流域大型开发建设项目水土保持管理数据库,通过设立并公示举报电话、信箱、电子邮箱等,利用社会力量及时掌握流域水土流失违法事实,为监督检查提供线索。

(二)公众参与机制

公众参与在长江上游流域治理过程中将会扮演重要角色。公众参与流域综合管理监督和保护,可使监督渠道更畅通、信息反馈更快,政府决策也可以得到更多的公众支持和更好的贯彻实施,同时还可增强公众参与长江上游流域生态环境保护的意识。不论是鼓励公众参与还是开展舆论监督,都有一个首要的前提,即长江上游流域治理意识的普及。只有形成全社会共同推动长江上游流域综合管理工作的良好社会氛围,公众参与和舆论监督各项工作才能顺利高效的开展起来。从哲学上来说,意识具有能动的反作用,只有树立正确的意识,才能引导公众重视长江上游流域资源开发与环境保护的工作。对于意识的普及,可通过媒体宣传、政府鼓励、青少年学校教育、社区宣传以及网络互动等多种方式展开。

1. 规范公众参与的有效方式。公众具体的参与和监督方式，本书将其分为媒体主导型、民众主导型和政府主导型三种类型。首先，看媒体主导型，现今的媒体与网络高速发展，已经成为一股不容小觑的力量，我们很容易看到，一些经过媒体曝光的事件会在社会上引起轩然大波。所以，对于长江上游流域治理，媒体应积极发挥其作用，可以通过网络、纸质传媒、电视广播等方式，对流域治理的进程和问题进行曝光和宣传。其次，民众主导型是指由公益环保组织和环保积极人士引领的普通民众自发参与和监督的方式。实际上公众一旦成为流域资源的使用者，他们的参与将提高流域管理规划的可行性和资源环境管理的效率，并将有助于问题的解决而不是成为问题的一部分。最后，政府主导型，即政府既要鼓励公众参与又要接受公众监督。在这里本书主要指的是政府应积极做到信息公开；同时，政府以其自身优势引导社会意识，鼓励公众参与和舆论监督，对于公众和舆论力所不及之处，政府应作为其坚强后盾给予支持。

2. 建立公众参与的社会监督机制。我国法律中对于流域环境管理的规定基本上采取的是自上而下的管理模式，而在社会监督机制方面并未做完善的规定。基于此，在制度完善上可从以下几方面入手：在完善行政执法程序建设的同时，逐步向健全社会监督机制的方向调整，也就是通过信息公开等方式为公众参与创造条件，对涉及公众环境权益的重大问题，要履行听证会、论证会程序，充分发挥市民社会和环境公益组织的作用；建立环境公益诉讼制度，利用公众和司法力量加强对政府和执法部门的监督；建立企业环保监督员制度，实行环保有奖举报，鼓励检举各种环境违法行为。

（三）立法机制

《中华人民共和国水法》（以下简称《水法》）确立了我国流域与区域相结合的水资源管理体制，为长江上游流域治理相关法律法规的制定指明了方向，但《水法》规定的新的管理体制与相关的法律尚不配套。为此，国家和各省级行政区域要制定配套的法律法规体系。主要包括：长江流域水资源管理与保护方面的专门立法、长江上游水能资源开发管理方面的立法、水库调度管理的专门立法等。同时根据长江上游流域管理的需要出台流域规范性文件，主要有：根据国家现有法律法规，制定并发布有关长江流域的规范性文件;根据法律法规及国家的授权,在流域机构的职权范围内,就流域治理、开发、保护、管理中的重大问题,有针对性地自主制定并发布一批规范性文件。

建议尽快出台首部流域性保护法律《长江保护法》,科学合力划定各方职责边界,理顺中央与地方、部门与部门、流域与区域、区域与区域之间的关系,建立起统分结合、整体联动的长江流域管理体制。通过系统性制度设计,加强山水林田湖草系统治理,建立起全流域水岸协调、陆海统筹、社会共治的综合协调管理体系。明确责任,坚持中央统筹、省级层面负总责、市县抓落实,强化企业责任,发挥广大人民群众主动性和创造性;建立健全长江流域生态环境保护法律制度。国家建立长江流域统筹协调机制下的分部门管理体制,长江流域协调机制由国务院建立。国务院长江流域协调机制负责统筹协调、指导、监督长江保护工作;统筹协调、协商国务院有关部门及长江流域省级人民政府之间的管理工作;组织协调联合执法;组织建立完善长江流域相关标准、监测、风险预警、评估评价、信息共享等体系,并负责对各体系运行的统筹协调。根据《中华人民共和国水污染防治法》规定的河长制,长江流域各省、市、县级河长负责落实长江流域协调机制决定的相关工作任务。在规定国务院有关部门和地方各级人民政府及其有关部门职权的同时,增加对行使职权的责任追究的规定;为了加强对长江流域生态系统和环境的保护,专门设立针对破坏生态系统行为和污染环境行为的处罚;对长江流域长期以来突出的违法采砂活动专门设立处罚条款等。

未来长江上游各省市要尽早出台相关的实施办法和地方管理条例等地方性法规。另外,要用法律明确流域管理机构和行政区域在流域治理中的职能。对于流域和区域的职责要进行具体制度设定,所设计的制度既要明确,又要便于操作;结合我国环境补偿条例的起草与制订,规定长江上游流域环境治理的部分具体要求;遵循绿色可持续发展原则,明确长江上游流域内环境治理的法律主体,强化政府主导的同时,积极进行市场推动和调动公众参与;通过立法明确长江上游流域综合管理的应急机制、法律责任等,明确区域内和区域间的相关部门交流沟通制度,明确信息面向公众的公布制度。

（四）协同治理机制

长江上游流域的环境治理难题，主要表现为成本集中、收益分摊，流域内环境治理成本与收益的不对称，游流域环境治理各方之间信息不对称的问题，容易产生"免费搭车"现象和陷入"囚徒困境"。建立上下游联动、流域一体化、政府、市场、社会及公众多元主体参与的协同治理机制、协商协调平台是长江上游流域的环境治理难题的关键。

1. 多元主体协同治理

构建长江上游流域政府、市场、社会的多元主体协同治理的综合体系。中央政府要依据长江上游流域环境现状制定流域内环境治理的顶层设计，发挥其统筹规划、协调组织等宏观作用，为流域内地方政府进一步开展政策提供依据；政府要正确引导长江上游流域多元主体的协同治理，给予法律和制度上的客观保障与支持，充分发挥其组织、协调、管理的主导作用；市场充分发挥其资源定价与交易机制的作用，在广泛筹集长江上游流域环境治理资金的同时，实现流域内资源的合理配置；社会积极参与长江上游流域环境治理，考虑到社会公众的利益，建立政府面向社会公众的利益协调平台，对利益受损的企业或公民以补贴的形式给予经济补偿，对利益受益的企业或公众以环境税的形式收取一定的费用，协调政府在治理长江上游流域环境过程中与其直接或间接相关的企业或公众利益，使各方利益达到平衡；并建立公众舆论监督机制，通过舆论监督机制促进政策的落实与改进。

2. 长江上游流域内各区域政府、部门间协同

构建长江上游流域内各区域政府各部门间协同治理机制。要求各区域各部门从长江上游流域环境治理整体性出发，通过"集权—分权"管理体制发挥协同作用，统一规划、统一监管、统一评估，通过政府直接管控模式，结合常态化的监测机制等，制定统一目标，再依据不同情况在不同流域实行不同的对策，对不同流域间以及同一流域上中下游水域进行统一管理，从而制定合理的长江上游流域环境治理综合规划，完善考核制度与补偿制度，实现流域内环境治理与经济协调发展。同一流域的环境治理工作涉及多个不同的部门和企业，这就要求各部门、各企业在制定整体目标的基础上，根据自己的情况进行协调、管理，在实现各

自利益的同时使整体利益最大化。由上至下的层层落实,由点辐射及面的完全覆盖,以及外界的时刻监督,使得长江上游流域政府在流域治理中发挥最大作用。

3. 长江上游流域内跨区域政府间协同

构建长江上游流域内跨区域政府间的协同治理协调机制。长江上游流域环境治理的整体性和复杂性使得流域内各区域环境治理超出靠单一政府治理的能力,因此,跨区域政府间必须进行合作,通过统一决策、统一管理、统一协调,建立起长江上游流域跨区域政府间协同治理协调机制。在流域间设置政府沟通协商的平台,以便进一步规范长江上游流域资源保护和环境污染防治的相关法律法规,制定统一的流域内环境保护与治理政策。流域内横向政府间需要相互沟通协商,各区域协同治理长江上游流域环境,公平公正地对待各区域的利益,保证各流域利益的平衡,从而实现整体利益和长远利益,以最低的成本费用达到最大的收益。首先,成立独立的跨区域环境治理机构,直接对中央政府负责及同时管辖的整个区域的环境进行治理;其次,跨区域环境治理机构要接受中央政府和社会公众的监督,从而保持治理决策的独立性、科学性、有效性。

(五)利益平衡机制

现代社会是一个利益共同体,自经济社会出现以来,一直呈现出利益多元化及利益需求无限化的特征,从而使得利益冲突远远超过社会能够自发调节的范围。在长江上游流域环境综合治理过程中,为了解决利益冲突,需要协调和平衡各方利益以促进社会共同体的共存和发展。

1. 中央政府适度干预权利与义务的分配

在国家缺乏生态环境补偿交易意识和交易安排的情况下,政府角色的混淆和行政运作的惯性会导致生态环境补偿的利益失衡。中央政府应适度介入长江上游流域环境治理,干预长江上游流域环境治理过程中权利与义务的分配,使得流域内的地方政府、市场、社会公众在水环境治理的过程中拥有对等的权利与义务,这是实现利益平衡的必要条件,是实现环境公平正义的保障。

2. 环保组织监督和制约

市民社会作为法治国家的社会基础,形成环保组织,监督和制约国家在长江上游流域环境治理中的权利。一方面,环保组织承担一部分公共社会事务管理职能,参与长江上游流域环境治理,成为连接政府与社会公众的枢纽;另一方面,环保组织培育着多元利益群体,在协调内部利益和外部矛盾的基础上,制约了国家权力的滥用。

第四节 长江上游流域生态环境保护与污染治理的模式构造

不同发展阶段、不同社会系统条件需要不同的生态环境保护与污染治理模式,本节系统分析了长江上游流域生态环境保护与污染治理的主要模式,并对不同模式进行对比研究,探索长江上游流域生态环境保护与污染治理模式的创新路子。

一 长江上游流域生态环境保护与污染治理的主要模式

长江上游流域环境综合治理需要从流域自然、社会、经济复合系统的内在联系出发,分析并认识流域内部各组成要素、组成区域之间的联系,如上、中、下游的联系,流域河流网络与集水区的联系,自然过程、社会过程与经济发展过程的联系,从而进行全面规划和治理。长江上游流域环境综合治理必须结合流域内各要素、各部门、各地方政府(各国)的具体情况,总结出具有可行性的综合治理模式。从实际情况来看,一般分为单一模式和多元模式。在单一主体治理模式中,流域内政府、市场和企业通过不同的机制发挥作用,从而实现长江上游流域环境治理的目的;而在多元主体治理模式中,要求流域内政府、市场和企业相互结合,相互协调配合,共同在长江上游流域环境综合治理过程中发挥作用,从而实现长江上游流域环境综合治理效果最佳的目标(见图6.5)。

(一) 单一主体治理模式

1. 政府直接管控模式

政府直接管控模式是指个人、农户、社会团体和企业等对生态环境资源进行开发利用,政府利用行政手段直接对其相关活动和相应后果进行干预,直接对企业排污权限和资源用度进行干预,对其使用、交易权限制定

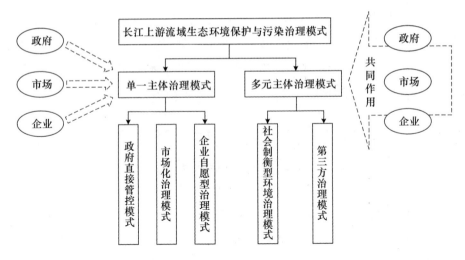

图6.5 长江上游流域生态环境保护与污染治理的主要模式

标准。此种模式以政府为管理主体,自上而下合理制定并实施长江上游流域生态环境保护与污染治理的各项政策制度。在该模式下,中央政府总领全局实施集权化管理,长江上游流域内政府多部门合作治理,领导长江上游流域地方各级政府对流域内环境进行分析、管治;同时,依据流域治理一体化的环境管理的法制体系,长江上游流域各级政府相关部门依法治理流域内环境,对相关活动进行严肃执法和有效监管。通常来说,政府直接管控模式一般包括层级治理模式、整合模式和辖区合作模式三种。

(1)层级治理模式。所谓层级治理,指的是根据组织的分级体制,事权由层层节制的各层次单位行使与处理,这样其管辖的事权在性质上是完整的,而在领域上又是分块的。从词源上说,"层级制"一般指领导系统垂直分为若干级别且每一级别的职权性质相同,而领导范畴随层级的降低而减少,且实行各级别对上一级别负责制。这一复杂系统的领导者和下属之间有统一的直线关系,这是它最大的特点,即指挥和命令根据垂直方向从系统的最高层到最低层并得到贯彻执行,由此形成了若干各不相同的层次,表现出一种"金字塔"形的阶梯等级。层级制意味着社会治理由这样一个权力系统所主导,即这个系统单一旦强大,且是依据垂直层级排列的,而每个层级的领导者在所领导范围内有决定性的权力。层级治理模式应用于长江上游流域环境综合治理意味着跨界环境问题要么由跨各行政区之上的高层政府负责全权处理,要么是长江上游流域跨各行政区自行解决。比如跨省域的环境治理问题,要么是跨界各省行政区独自处理,不然就是中央一级政府全权解决。

（2）整合模式。整合指的是由于自身需要,或中央政府的主导,或内外环境的需求等原因,跨界各行政区通过组织合并或事务归并的方式整合各方行动、协调各方意见,合作处理地方事务。整合模式应用到长江上游流域环境综合治理中,主要包括传统的区域整合模式和新的区域整合模式两种。前者以单一有力的、普及性强、功能性强的整体政府取而代之。比较典型的是新西兰的流域治理,新西兰设置了14个区域辖区,且辖区的区界与流域界限相吻合,根据相关法规规定,各辖区政府以流域的河界为限各自管理辖区内河流,不仅如此,各辖区政府还拥有多数区域环境决策权。后者则是专门设立一个流域管理机构,对流域管理问题全权负责,由此各行政部门的职能被弱化。

（3）辖区合作模式。所谓"辖区"之间,就长江上游流域来看,指各行政区政府之间;就国际流域来看,则指国家之间。流域的辖区合作模式,指的是基于达成的利益共识,跨界污染涉及的各行政区（各国）政府通过组织和制度自愿建立伙伴关系,协作处理跨界公共问题,从而共享治理成果与塑造整体优势。辖区合作模式以解决问题为出发点,以行动为导向,主要分为正式的合作和非正式的合作。前者通常有相关的协议和组织;而后者则主要是地方官员和公务员之间因公务或私人所形成的对政府间合作有影响的个人或团体关系。正式的合作是辖区合作的主要形式,往往包括以下两种情形:①以协议达成的合作关系。它是各地区政府利用协议的方式协调双方在某一领域上的矛盾或处理共同面临的难题。②以中央政府的组织策划达成的合作关系。中央政府将地方政府组织起来,利用地方政府间的合作以及地方政府与中央政府的合作来解决一些比较大的、跨地区的问题。这种因为中央政府的组织策划而形成的合作关系常常体现在一些中央集权国家。

2. 市场化治理模式

所谓市场化治理模式,指的是打破政府建设并运营的传统模式,积极调动社会资本,实现投资主体多元化、建设与运营的市场化和产业化,从而制定相应的政策制度,以补偿长江上游流域环境基础设施建设资金缺口,提高运营效率。在该模式中,政府依然作为主体,与企业订立合同或协议,将部分环境治理责任委托给企业,或通过与私营部门合资或招标、投标的方式共同承担建立环境治理的基础设施的权利和义务,以达到政府主导治理长江上游流域环境的目的。长江上游流域环境市场化治理模式包括管理合同模式、合资模式等。

(1)管理合同模式。由于长江上游流域环境基础设施的提供是公有公营模式,所以政府利用签订合同,把基础设施运营的管理责任委托给民营企业,以增加企业对基础设施管理的自主性,减少政府对长江上游流域环境基础设施日常管理的干预,从而提高了长江上游流域环境治理的效率。

(2)合资模式。长江上游流域的环境基础设施由政府和私营部门按照一定比例出资建设并维持运营,双方不仅共同拥有所建设施,同时共同分担为社会提供服务的责任和义务。在该模式下,政府作为项目的股东,有利于提高投资者信心,从而降低投资风险。

在市场化模式下,政府通过影响涉及长江上游流域环境的企业及其他相关的部门行为,控制其排污及治理等市场行为,从而实现长江上游流域环境的有效治理。市场化治理模式相对弱化了政府职能,政府与企业通过利益平衡机制、激励机制、市场化机制等作用,可充分发挥市场治理模式的优势,从而提高长江上游流域环境的治理效率。

3. 企业自愿型治理模式

长江上游流域环境问题的直接引起者是排污企业,因此治理长江上游流域环境问题的最简单直接的方式就是控制企业的行为。面对日益严重的长江上游流域环境污染问题,在政府主导控制企业行为以外,企业还应积极地、自愿地参与到流域内环境治理中来。在该模式中,要求长江上游流域内的排污企业自觉自愿地控制污染物排放量或增加治污资金投入,合理使用自然资源和社会资源,同时还采取相应的措施使其在生产过程中产生的负面影响降至最低。采用企业自愿性治理模式,有利于企业在利益相关者中提高威望、建立良好声誉,使其支持企业发展,从而增加企业利润,提高生产力;有利于减小因政府与排污方信息不对称而带来的风险,降低监督执法带来的制度成本以及因政府监测、修订统一标准造成的交易费用,提高了企业的灵活性,填补环保相关立法滞后的空白。

（二）多元主体治理模式

在长江上游流域环境治理过程中,多元主体治理是一种对政府直接管控模式、市场化治理模式、企业自愿性治理模式等单一化治理模式的综合和补充。该模式主张培育长江上游流域内社会公众对环境治理的主体意识,建立政府与社会公众的互动,从而促进长江上游流域环境治理的社会化,降低政府治理环境的成本。在该治理模式中,政府通过政策措施进行直接管控、市场通过交易辅助政府、企业对排放的污染自觉进行治理、社会公众积极参与等,各主体应充分发挥其各自优势,各部分分工合作、共同协商,解决长江上游流域环境问题。多元化的长江上游流域环境治理模式为公民提供了多个选择机会、获得更多权利,大大减少了搭便车行为,同时还有效利用地方性的具体信息做出合理的决策,使得长江上游流域环境治理决策更为合理。

1. 社会制衡型环境治理模式

在社会制衡型环境治理模式下,扩展社会环境权益以及适当简化政府管制是最主要的两个方面。

（1）扩展社会环境权益,即赋予公众更多的法律授权。加快扩大社会公众享有的环境权益,敦促公众监督并制约相关环境损害行为,以弥补我国环境保护相关立法的缺陷。具体而言,主要是以下权利:一是索赔权。作为环境权益的核心部分,关键是制定有利于公众实际采取行动的法规,这是环境政策创新最重要且最难突破的地方。二是监督权。通过相关法律规定,给予公众对损害环境行为的监督权利,一定程度上制约损害环境现象的发生。三是知情权。开辟多种方式公布空气质量、环境质量等公共信息以及企业的环境信息,使公众及时、真实、完整地掌握相关环境信息。四是议事权。通过相关法律规定,给予公众参与环境决策部分过程的权利,增强公众推进环境保护工作的参与感。

（2）适当简化政府管制,即适当减少政府直接操作的环境管理手段。通过深化行政管理体制改革,进一步改变政府职能,继续简政放权、放管结合,优化政府服务效能,进而激活社会创造力、激发市场活力。这种途径强调适当摒弃一些环境管理制度和耗费较多政府力量的行政措施,强化社会制衡,但并不是否定政府对于环境治理的作用,相反,政府在环境治理中发挥了宏观调控和在微观上的公正裁决的重要作用,从另一个角度强调了政府在环境治理中的主导作用,这种作用是独一无二的。

2. 第三方治理模式

第三方治理模式通过开放部分公共领域让其他主体参与进来,使公共服务提供具有一定程度的多样性和竞争性,从而有助于提高效率、减少成本。我国过去实行"谁污染,谁治理"的政策,但是在实践中很难落实。国务院发布的《关于推行环境污染第三方治理的意见》中提出"污染者付费,第三方治理",即排污者将污染治理工作委托给一些环境服务公司,而排污者需要按合同约定支付一定费用。

有些企业产生的废弃物由于量小,如果其选择自行处理,将会面临处理成本高的困难,而选择"污染者付费,第三方治理"这种模式,其只需要支付必要的费用,用于治理其造成的长江上游流域环境污染,既节省了成本,又达到了治理流域内环境污染的目的。对市场化能力高的领域或项目,如流域垃圾的分类服务、收运和物质利用等,可采用完全市场化的合同业务管理模式,排污者向环保公司购买服务,环保公司承担全部或大部分投资风险和业务管理工作,政府只需加强规范与监督;对市场化能力一般的领域或项目,如流域垃圾的资源化利用,可采用承包、租赁、特许管理和 BOT 特许管理等委托模式,排污者将连带完成业务所需要的设施委托给环保公司经营,这需要在政府引导下进行市场化运作,政府主要利用经济手段加以引导;市场化能力低的领域或项目,如流域垃圾填埋处置、应急项目、排污权交易等,则应由政府主导并通过公私合营 PPP 方式进行企业化运作。

二 长江上游流域生态环境保护与污染治理模式的比较分析

长江上游流域环境治理模式都是通过治理手段的选择,激励人们合理对待流域内环境,但在措施选择过程中会产生一定的成本,在措施执行过程中不仅产生一定成本,还需要相应的监督。因此,"激励手段是否有效""信息是否对称""交易成本""执行成本是否达到最低""监督是否有效"均会对这些模式的治理成效产生直接影响。涉及上述两大类流域治理模式的比较分析(见表6.1)。

表6.1　　　　　流域生态环境保护与污染治理三大模式比较分析

比较内容＼模式		政府直接管控模式	市场化治理模式	企业自愿治理模式	社会制衡型治理模式	第三方治理模式
激励	手段	强制手段	利益平衡	企业管理	权益诉求	企业成本
	效果	较弱	强	较强	强	较强
信息完全性		不完全	较完全	较完全	较全面	不全面
交易成本		较小	若人数多,则大;反之,则小	较小	较小	涉及项目越多,成本越高
执行成本	来源	治理机构与监督机构运行的成本	不同比例出资	技术创新与建设投入	机构设立运行与监督管制	合同中治理项目约定
	大小	大	根据协定变化	大	大	大
监督	部门	专门政府监督部门	无(市场机制)	内部管理部门	公众及政府监督部门	政府部门及第三方自身
	效力	差	无	较好	好	较差
优点		治理成效快;资金集中治理重视社会公平	减轻财政压力;激励作用;有利于创新	突出企业责任主体地位;较强的自发性	强调公众参与;具有较强的主动性与监督动力	减轻财政负担;提高治污效率
缺点		信息不完全;财政压力大;缺乏监督;政府官员寻租	条件严格(市场完备、交易成本高);破坏社会公平	约束有限;适用范围小;交易成本高	执行成本高;不适合微观环境管理	第三方治理缺乏治理动力;监管负担加重

资料来源:根据相关资料,经比较分析,综合整理而得。

1. 激励手段

政府直接管控模式的激励手段主要是利用强制手段惩罚违反规定的企业,由于政府不能精确掌握企业具体超标的数额,企业也可能为了逃避处罚而隐瞒真实情况,所以这种激励手段的效果是比较薄弱的。企业自愿型治理模式由企业自身作为治理行为的全部主体,考虑到企业的长期创新发展战略中,该治理模式有着比较强的激励,但部分企业的技术改革资金投入、生产链的变革、污染治理的费用均会成为激励企业自愿治理的制约因素。市场化治理模式通过划分不同责任主体工作内容,弱化了政府职能同时为企业承担了部分治理压力与风险,双方的利益诉求均能得到满足,有着较强的激励性质。社会制衡型环境治理模式通过授予公众更多的法律授权的方式,扩大了公众享有的环境权益,大大激励了公众对企业、政府在流域环境治理方面的监督。第三方治理模式对某些企业而言,投入费用可能较高,导致这部分企业有可能隐瞒逃避,出现偷偷排放等行为,但第三方治理模式由于其污染物处理的专业性解决了部分企业自行处理的成本过高问题和浪费过多时间的问题,具有一定的激励作用。

2. 信息完全性

由于内在或外在的因素,政府在制定政策时,掌握的信息是不完全的,因而无法真实掌握资源的用度和流域的真实情况,政府与资源使用者之间存在信息不对称现象。所以,政府直接管控模式所依据的信息是不完全的。在市场化治理模式下,人们可以在交易过程中通过讨价还价来把握对方信息,即使大多数情况下这个过程时间比较短暂,但获得的信息算是比较完全的。企业自愿型治理模式中,企业自身对自己的情况具有全面的掌握,但对资源环境的情况,如承载力等外部条件信息获得的信息不完全,总体而言是减少了排污方与政府信息不对称带来的风险。社会制衡型环境治理模式通过公众的参与增加了政府和公众在环境治理中的信息范围,但就企业的相关信息而言,仍然有不全面性。第三方治理模式在信息获取中具有被动性,故信息获取较为不完全。

3. 交易成本

在政府直接管控模式中,交易成本主要指政策制定过程中的信息收集成本，且这部分成本在政府治理总成本中所占的比重是比较小的。在市场化治理模式中，交易成本主要指人们在交易过程中进行的信息的搜索、讨价还价以及合约的履行等。同时使用者数量的差别将导致交易成本会有很大区别：如果使用者数量不多，那么交易成本就相对较少；反之，多番交易的成本将很大，如太湖这样的大流域。在企业自愿型治理模式中，交易成本包括企业信息搜集及决策的成本，且这个成本在企业自愿治理的全过程中占比较小。社会制衡型环境治理模式交易成本包括公众信息获取、公众参与过程中、政策制定中的成本，占比小。第三方治理模式的交易成本包括交易双方配对、讨价还价、合约签订等。项目内容越多，污染处理容量越大，采用的模式越复杂，交易成本越多。

4. 执行成本

政府直接管控模式的执行成本在总成本中占比较大，主要是指相关机构治理污染时的成本和监督机构实施监督工作时的成本。市场化治理模式的执行成本在合资模式下主要是一定比例的建设资金投入，根据不同项目、政府与企业合同协定变化。在企业自愿型治理模式中，执行成本包括建设相关设备、技术创新投入等，且这部分成本较大。在社会制衡型环境治理模式中，执行成本主要指设立相关部门的成本、进行监督工作的成本以及政府管制的成本等，且这部分成本较大。第三方治理成本由污染主体负责，或者通过 PPP 等资金筹集的方式，通过专业化的第三方公司的引导，通常与单一主体相比，执行成本更低。

5. 监督方式

政府直接管控模式由专门设置的监督部门来实行，由于监督工作完全有可能被监督者操作，加之信息主要是被监督者自己提供的，所以这种模式下的监督方式效率较低。市场化治理模式通过相应的协议进行约束，同时通过利益平衡机制、激励机制、市场化机制等的作用，依赖市场的作用来完成，过程中不讨论监督的效力问题。企业自愿型治理模式需要建立在企业自愿治理承诺的有效性上，此时的监督通过企业内部进行。社会制衡型环境治理模式虽然需要适当简化政府管制，但政府仍然发挥着监督的职能，同时突出了公众的参与，有着良好的监督效力。

第三方治理模式主要通过政府发挥监督作用,但部分项目中第三方治理效果存在监管漏洞,监督存在较弱的部分,加重了政府监管范围与负担。

三 长江上游流域生态环境保护与污染治理模式创新发展的思考

治理模式的分类更多是出于学理上的考虑,现实的治理过程则会表现为各种治理模式的综合运用。由于各国以及各地区的治理生态的不同,治理模式的使用程度与使用效能均会出现较大差异。选择什么样的治理模式,才能在长江上游流域环境治理过程中实现经济效益与环境效益、上游与下游行政区之间的双赢,要具体问题具体分析。

1. 适应形势变化不断创新发展现有治理模式。目前,长江上游流域环境治理仍是沿袭传统的模式,必须构建新型的流域内环境综合治理模式。由于各种主客观因素的制约,我国长江上游流域环境综合治理不适宜采取自组织治理模式和私有化治理模式,应更多采取政府引导、公众参与的治理模式。在确保长江上游流域环境不断改善的前提下,改变流域内治理的主体、模式以及利益分配方式,力争实现长江上游流域环境综合治理的高效和长效。

2. 注重发挥多种模式的综合效应。从目前各国治理模式变化趋势来看,正在由集中治理向分散治理转变,由单一治理向复合治理转变。因此,我国长江上游流域环境综合治理应切合实际,以某一种模式为主导,综合运用以上各种模式,从而发挥总体上的叠加效应。具体地说,解决长江上游流域环境综合治理难题,应该摆脱地方政府"画地为牢"的治理体制和政府单一治理思维的束缚,推动政府层级间和横向间合作治理,实现政府、市场、社会共同治理的新途径。

3. 尽快构建跨区域联动协同治理模式。具体来说,要切实完善生态补偿机制,实现长江上游流域环境治理成本与收益的对称性,通过分段包干和整体治理的协调并进,推动流域内环境合作治理,探索建立跨区域联动共治模式。推动长江上游流域环境合作治理,落实好河长制、江段长制,实行分段包干和整体治理相结合,建立流域环境跨区域联动共治模式。江段长制通过属地负责的方式,使得各行政单位成为资源公共产权的现实主体，有助于形成"上游污染上游治，下游污染下游治"的良好局面，使"谁污染，谁治理"的政策真正落到实处。积极推进全流域河长统筹、江段长对接制度，建立长江上游流域生态环境保护和污染治理联动一体化、联防责任化、联治高效化和联合协商常态化的流域治理新模式。

第 七 章

流域治理:流域发展的绿色化转型

　　绿色是永续发展的必要条件和人民对美好生活追求的重要体现,必须实现经济社会发展和生态环境保护协同共进,为人民群众创造良好生产生活环境。绿色发展这一新型生产方式要求人们提升生产技能、由衷敬畏与呵护自然生态系统,在生产生活过程中自觉而负责任地降低资源消耗量、减少废弃物排放量,最终消除对生态环境的人为污染,使人类的生产、生活方式都控制在自然资源、生态环境可承受范围内,真正实现新发展理念要达到的人民美好生活境界。本书界定的流域发展的绿色化转型主要体现在两方面:一是生产方式的绿色化,即用更绿色的方式进行生产。比如,将目前可以市场化的大量成熟绿色技术充分应用,就会产生大量的投资需求。二是生活方式的绿色化,即生产和消费更绿色的内容。这在很大程度上意味着基于良好生态环境资产的新兴绿色供给和需求,也即将"绿水青山"转化为"金山银山"。

第一节　长江上游流域发展绿色化
转型的思路构想

　　新时代推进长江上游流域发展绿色化转型需要紧密结合国家"一带一路"倡议、长江经济带战略和成渝双城经济圈总体战略部署,围绕带动和形成长江上游地区经济社会持续发展,实现高质量发展和高品质生活制定具体的行动指南和战略举措。

一　强化成渝双城经济圈的引领作用，建设长江上游流域经济增长极

2019 年 4 月 8 日国家发改委网站公布《2019 年新型城镇化建设重点任务》指出：扎实开展成渝城市群发展规划实施情况跟踪评估，研究提出支持成渝城市群高质量发展的政策举措，培育形成新的重要增长极，由此预示着成渝城市群很有可能成为继京津冀、长江三角洲、粤港澳大湾区城市群后崛起的国家战略级的城市群。2020 年 1 月 3 日召开的中央财经委员会第六次会议决定，大力推动成渝地区双城经济圈建设，强调推动双城经济圈建设，形成中国西部高质量发展的重要增长极；强化重庆和成都的中心城市带动作用，使成渝地区成为具有全国影响力的重要经济中心、科技创新中心、改革开放新高地、高品质生活宜居地，助推高质量发展。从"成渝经济区"到"成渝城市群"，再到"成渝双城经济圈"，成渝双城经济圈作为长江上游流域经济基础最好、发展潜力最大的区域，是国家西部大开发和主体功能区规划的重点区域，且同为国家统筹城乡综合改革配套试验区、国家城乡融合发展试验区，增强其辐射和带动功能，对于推动长江上游流域治理至关重要。强化成渝双城经济圈的辐射带动作用，关键是要加强成渝城市群的市场集散中心功能、产业技术传递中心功能、现代经济管理中心功能、综合服务中心功能以及制度创新示范基地功能等功能建设，充分发挥成渝城市群通道间资源富集、工业基础雄厚的优势，推动长江上游流域众多节点城市发展主动融入成渝城市群增长极，增强长江上游流域经济发展整体实力。

二　协同衔接长江经济带战略和"一带一路"倡议，促进长江上游流域开发开放

长江经济带横跨中国东中西三大区域，强化长江经济带战略，有利于推动长江上游流域走生态优先、绿色发展之路，并且挖掘出长江上游流域广阔腹地蕴含的巨大内需潜力和推动流域内经济要素有序自由流动、资源高效配置、市场统一融合，同时有利于优化长江上游流域产业结构和城镇化布局，促进其流域经济提质增效升级。而"一带一路"倡议强调经济建设、政治建设、文化建设、社会建设、生态文明建设"五位一体"的理念,其承担了对外开放的任务。强化"一带一路"倡议,加快长江上游流域走出去的步伐,有利于促进流域的产能对外释放以及在国际上的资源配置。

因此,从强化长江经济带战略来说,可以合理规划长江上游流域城市群功能,推进流域内城镇化建设;以跨省合作机制为抓手,促进长江上游流域协调发展;以贸易协定为抓手,提升长江上游流域开放水平;以基础设施建设为抓手,深化流域互动融合。从"一带一路"来讲,应当全面开展流域内局势风险评估,加强上游流域战略预置,推动流域积极应对国际政治风险。同时,加强流域顶层设计的沟通协调,开展积极的经济外交,加强长江上游流域与沿线国家和地区的发展战略对接,谨慎推进长江上游流域内制造业的海外转移,促进流域对内对外协同发展。

三 围绕打造西部陆海新通道,促进长江上游流域经济高质量发展

西部陆海新通道位于我国西部地区腹地,北接丝绸之路经济带,南连21世纪海上丝绸之路,协同衔接长江经济带,在区域协调发展格局中具有重要战略地位。加快西部陆海新通道建设,对于充分发挥西部地区连接"一带"和"一路"的纽带作用,深化陆海双向开放,强化措施推进西部大开发形成新格局,推动长江上游流域经济高质量发展,具有重大现实意义和深远历史意义。

按照国家发展改革委关于印发《西部陆海新通道总体规划》的通知要求,发挥毗邻东南亚的区位优势,统筹国际国内两个市场两种资源,协同衔接长江经济带,以全方位开放引领西部内陆、沿海、沿江、沿边高质量开发开放。着力打造国际性综合交通枢纽,充分发挥重庆位于"一带一路"和长江经济带交汇点的区位优势,建设通道物流和运营组织中心;发挥成都国家重要商贸物流中心作用,增强对通道发展的引领带动作用。支持和促进中新(重庆)战略性互联互通示范项目合作,带动东盟及相关国家和地区协商共建发展通道,共享通道资源,提升互利互惠水平,探索开拓第三方市场合作模式,深化国际经贸关系,使西部陆海新通道成为构建开放型经济体系的重要支撑。发挥交通支撑引领作用,以"全链条、大平台、新业态"为指引,打造通道化、枢纽化物流网络,

大力发展多式联运，汇聚物流、商流、信息流、资金流等，创新"物流＋贸易＋产业"运行模式，使西部陆海新通道成为交通、物流与经济深度融合的重要平台。通过通道建设密切西北与西南地区的联系，促进长江上游流域产业合理布局和转型升级，使西部陆海新通道成为推动长江上游流域和西部地区高质量发展的重要动力。

四 发挥中心城市带动作用，健全流域沿江城镇体系

要实现长江上游流域经济的崛起，必须把流域各中心城市的发展放在更加突出的地位，增强中心城市的经济实力，使之成为流域的经济"增长极"。中心城市的发展方向是外向型、多功能、产业结构合理的现代化大都市，大大增强其辐射和带动功能。

随着"内陆开放"战略的进一步实施，要促进长江上游流域中心城市扩大对外开放，首先，走开放型发展道路，在加快经济发展速度、提高效率和强化质量的基础上，率先在经济政策、运行机制、市场体系、管理模式等方面与沿海经济带和国际市场接轨。其次，要以经济结构调整为契机，实现城市经济功能的转换和多元化，优先发展金融保险、商品流通、房地产、旅游、交通邮电等第三产业，促进中心城市从以生产功能为主向以经济、金融、贸易中心城市功能为主转换。最后，作为长江上游唯一直辖市的重庆要逐步向国际性金融、信息、贸易和国际航运中心的方向发展，南京、武汉、重庆要充分发挥在长江上、中、下游地区三大协作区内综合性中心城市的作用，其他中心城市则要利用自身地位和经济辐射力，与流域内沿江城镇合理分工，相互配合，形成以沿江中心城市为依托，将流域各城镇经济体串在一起的城镇发展格局。

五 统筹协调流域资源开发利用，促进流域可持续发展

（一）把土地资源和水资源的利用摆在流域绿色发展的基础地位

2016 年 1 月和 2019 年 4 月，习近平总书记在重庆视察时指出，"保护好长江母亲河和三峡库区，事关重庆长远发展，事关国家发展全局"①。

───────────

① 习近平总书记 2016 年 1 月和 2019 年 4 月视察重庆讲话内容。

三峡库区是全国最大的淡水资源战略储备库,维系全国35%淡水资源涵养和长江中下游3亿多人的饮水安全。因此,作为淡水资源战略储备库的三峡库区建设具有重要意义。考虑长江上游流域丰富的水能资源和特殊的区段位置,合理开发利用水资源和保护水环境,不仅是保障长江上游流域可持续发展的关键,更是关系着整个长江流域、甚至国家的发展战略。在长江上游流域经济的生产与再生产中,土地作为一切生产所必需的物质条件是不可代替的,从土地与人口、土地与生产、土地与环境这些社会经济发展的基本关系来看,土地都具有基础作用。而水源的基础作用就更为明显,流域内的生产生活都离不开水,水资源的开发已成为长江上游流域综合开发的难题,这一难题能否获得理想的解决将全面关系着流域内社会经济发展的各个方面。

土地与水资源这些自然资源在流域经济发展中的基础地位,决定了长江上游流域的综合开发必须把土地资源与水资源摆在优先位置。同时,由于长江上游流域的生成是特定地质构造运动等多种自然条件作用的结果,因而流域内形成了通洋达海、江、湖、连通干支交汇等四通八达的完整水系,从而给社会经济要素的加速流动、优化组合提供了良好的条件。存在于流域内的土地与水源的这些优势形成了流域经济发展特有的效益,因而在长江上游流域绿色发展时应高度重视流域内的农田水利建设,大力组织防洪除涝,运用各种工程与非工程措施,促进流域综合开发与治理,并且强调水资源的开发实行多目标协调,统一规划,防止片面性。特别是流域内不同地区的开发,必须坚持山水林田湖草的系统维护和综合整治。

水资源的合理开发利用,一方面,要加快长江上游航道和港口码头建设,重视船型开发,改造已建的净空过低的长江大桥,发展江海直达运输,大大提高内河航运能力。进而与铁路、公路、航空、管道等运输方式结合,形成以水运为主体的综合运输体系,以加快资金、技术、人才、设备、物资和信息的交流,带动流域综合开发。另一方面,水资源开发利用要与流域产业发展布局结合起来。大力发展水利、水电、水产、高耗水、大运量工业等产业,处理好水利、水运、水能和水土保持的关系,做到"水尽其用,一水多用"。在开发利用水资源过程中,必须加强水环境的保护，继续建设长江防护林体系，提高沿江森林覆盖率，开展水土流失的综合治理，支持上游水源林区的恢复与保护，改善自然生态环境；治理长江水系的水污染，保护水资源，重点治理上游水源地以及三峡至重庆段的水污染，实现沿江流域城市污水集中处理。

（二）促进水域资源与陆域资源开发的有机结合

长江上游流域的资源存在场所，可分为两个部分，一部分是江河干支流水域中的水资源，包括水运、水电、供水、水产养殖等资源；另一部分是干支流水域以外陆域的地上与地下资源，如工农业资源、矿产资源、旅游资源等。由于资源本身是一个整体系统，在长江上游流域综合开发中，对于这两部分资源的开发客观上都不可能是孤立进行的，比如要实现对流域中任何一条河流的水运资源的开发，都需要江河两岸的陆域资源有相当充分的利用，才能保证有充足的货源、客源去支撑航运事业的发展。同样，要想把长江上游流域任何一种陆域资源开发出来，往往又需要借助流域内长江与大河可能提供的廉价电力能源和方便的水运交通等作为它的基本条件。因此，在长江上游流域综合开发中，必须把水域资源开发与陆域资源开发结合起来，使它们互相促进，从而实现流域内资源的全面合理开发。

对长江上游流域水域与陆域资源开发的有机结合，可供选择的有以下三种方式：第一种是互馈式。它是指在流域经济的非均衡发展中，根据优势区域陆域优势资源开发效应所引起的对水域资源开发的需求而进行结合的方式。这种方式的结合开发是按流域经济发展的自然要求组织开发的，一般都符合自然与经济的规律，大都有一定的经济效益，但是由于缺乏全局和长远的周密规划，常常易于产生种种片面性，造成资源的浪费和对环境的破坏。第二种是衔接式。它是指根据流域经济发展的需要，有目的地选择陆域资源进行超前的重点开发，随后便根据这些资源开发状况相应地开发水域资源。这种结合方式中，虽然水域与陆域资源在开发时序上有先有后，甚至其先后间隔还比较长，但由于它是着眼于水陆资源的内在联系，一般都是按中长期规划或战略规划组织实施的，因而经济效益和社会效益都比较明显。水资源的开发与其他资源开发结合比较紧密，可避免相互脱节及资源浪费。第三种是同步式，即在开发水域资源的同时也进行陆域资源开发的方式。这种开发需要两者同时规划,同时组织,同时实施。它是从流域经济的整体性出发进行开发的,易于把资源开发与经济开发协调起来,从比较利益方面进行资源的优化选择,正确处理资源开发与生活环境的关系,把目前与长远、局部与全局等多种经济、社会效益相兼顾,而这种是目前其他流域使用较多的开发方式。当然,也可以以水域为主体,进而考虑其与陆域有机结合的开发方式。

六　发挥国家宏观调控职能,建立流域绿色发展的综合协调机制

国家宏观管理部门组织长江上游流域内各地方政府制定统一的流域治理规划,对流域重大基础设施建设、产业结构调整和重点产业发展、各地区的合理分工、对外开放政策等进行科学规划,在重点项目建设和投资安排上要与规划衔接,并制定相应的政策、法规,引导流域社会投资,规范各类经济主体行为,促进长江上游流域绿色发展。

长江上游流域内各级地方政府要以 2035 年远景目标纲要为指导,强化绿色发展指引,对一些事关绿色发展总体发展战略与方向、跨省市重大基础设施建设以及重点产业发展等重大问题,加强磋商,并与规划衔接。对规划衔接中已经明确并经共同商定的重大事项,流域各省市要纳入本地发展规划,兑现各自作出的承诺。

积极采取有效组织形式,加强长江上游流域地方政府间的对话和契约保障。建立和进一步完善以重庆和成都为中心的成渝双城经济圈经济合作和行业网络组织。支持流域主要城市在自愿互利的基础上,建立行政首长联席会议制度,加强高层次对话和磋商。制定经济合作和区域性的法规和条例,约束和规范各类经济主体的行为,解决经济纠纷,协调合作各方的利益,推进长江上游流域经济带共同繁荣发展。

第二节　长江上游流域发展绿色化
转型的基本路径

绿色化发展既包括生产方式绿色化,又包括生活方式的绿色化,本

节从生产方式绿色化、生活方式绿色化两个方面对长江上游流域发展绿色化转型的基本路径进行探究。

一　生产方式绿色化

（一）优化生态、农业、城镇"三区"空间布局，划定资源利用上线

科学规划生态、农业、城镇空间布局，根据生态空间、农业空间、城镇空间划定的生态保护红线、永久基本农田和城镇开发边界，以主体功能区规划为基础，统筹各类空间性规划，进一步优化生产空间、美化生活空间、净化生态空间，构建生产空间集约高效、生活空间宜居和谐、生态空间山清水秀的空间格局。严格控制一味开发、无序利用资源的行为，从绿色可持续发展的角度科学划定流域区域水资源、土地资源等生态资源利用上线。在水总量控制目标基础上，建立不同行政等级区域用水总量控制指标体系，完善分配方案，严格取水许可管理，建立重点用水单位监控名录；严格管理土地开发行为，严格审批土地开发项目，惩戒违法开发行为。

（二）优化调整流域产业结构布局，建立现代产业体系

涉及人类生存的资源状况，它不是静止不动的，而是在逐步扩展和补充，而资源的扩展和补充不是凭空发生的，它必然与各个时代经济、社会的进步水平相一致。这完全符合长江上游流域治理的实际。无论是水域还是陆域资源，由于它们都是直接或间接地用来满足流域内人们生存与发展的需要，所以流域内资源开发种类都会不断扩大，但是长江上游流域持续开发最直接的动力还在于流域内产业结构的演替。产业结构演替是产业本身按照经济发展的自然逻辑序列的发展，它体现了不同时期社会生产力发展的水平和要求，也表征社会需求的满足状况，为资源开发提出了具体的目标和可能的方式与途径。因而长江上游流域的资源能否广泛、迅速地转化为生产力，便主要依赖于流域内产业结构的调整与更新。

长江上游流域环境问题产生的一个重要原因是产业结构不合理。因此，在长江上游流域治理过程中，要结合流域特点，控制重点行业的污染物排放，加快流域产业结构调整。推动有限资源向具有一定优势或潜在优势的产业和企业配置。大力发展高技术、高效益、低消耗、低污染的"两高两低产业",重点发展高新技术产业和现代服务业,加快形成节约、环保、高效的现代产业体系。

1. 加快工业产业转型升级。长江上游地区以劳动密集型、能源密集型产业为主,在产业结构优化升级过程中应积极融入产业发展新趋势,做好产业转移承接工作,规范产业承接过程中对生态环境影响的考察,要大力发展可持续产业和污染替代产业,促进深加工和精细化工产品的衍生发展,实现产业整体升级。依托长江上游流域环境优势,以调整工业结构为起点,带动江河流域种植业和农副产品加工业的发展。

2. 优化农业种植结构。在主要作物规模化种植的基础上,实行多元化种植和合理轮作;积极发展养殖业和农产品加工业,建立"整体、协调、循环、再生"的生态农业模式,推广有机肥和沼气能源,增强农业生态系统的自我调节能力,建立资源高效利用与生态保护型的农业生产综合体系,建立有机食品和绿色食品生产基地。加快实施大中型灌区节水改造和节水减排区域规模化高效节水灌溉行动,推广和普及田间节水技术,开辟抗旱水源,科学调度抗旱用水进一步优化农业种植结构。

3. 积极探索经济发展新模式,从源头上减轻对生态环境的压力。在农村建立生态农业园区,推进沿江产业、临江企业退江入园,合理调整经济增长方式、产业结构和产业城乡空间布局,进一步增强生态环境对可持续发展的支撑能力。

(三)积极推进绿色产业发展,推广清洁生产方式

推行产业绿色化、清洁生产是实现区域环境与经济协调发展的重要方式和途径,将成为全流域实施可持续发展战略的主导方向和战略举措。应该采取适当措施,积极推进长江上游流域清洁生产,保护整个流域生态环境和可持续发展战略的落实。

1. 努力在第一、三产业推行清洁生产。在反思第二产业进行清洁生产的同时,应该将目光转向第一、三产业。长江上游地区由于大量使用农药、化肥、地膜,以及大力发展养殖业,导致土壤肥力下降,对农作物、水体、大气均造成了严重污染。第三产业在服务过程中,也出现了一系列生态环境问题,如旅游区生态环境污染等,积极推广"互联网

+",加快发展电子商务、现代旅游等现代服务业,推动消费模式更加集约高效。应将清洁生产的推行方向延伸至第一、三产业,彻底变革生产方式,实现环境与经济协调发展。

2. 坚决淘汰落后产能和化解过剩产能,发展清洁能源。用清洁生产技术改造能耗高、污染重的传统产业,重点关注水泥、火力发电、造纸、制砖、化肥、炼焦等高耗能、高排放行业,淘汰、关闭浪费资源、污染环境的落后工艺、设备和企业。支持企业采用先进设备和工艺,推进资源综合利用,推动传统产业实现绿色循环改造,加快推进绿色改造项目建设。依托国家级经开区、国家高新区等重点园区,开展园区循环化改造,加快发展页岩气开发、节能环保等产业。重点抓好沿江化工、冶金、轻工、纺织、建材等行业,制定清洁生产评价指标体系,开展清洁生产审计,推行环境管理体系标准。发展清洁能源与可再生能源的开发利用。发展新能源、再生能源等清洁技术,加快发展天然气、风能、太阳能等能源。对超标或超总量控制指标或使用有毒有害原料进行生产或者在生产中排放有毒有害物质的企业,强制实施清洁生产审核。

3. 加强制度建设,为清洁生产的推行提供激励约束机制。国家应尽快完善有关清洁生产的相关法律,并对原有的相关环境法规进行适当修改,形成完备的法律法规体系,倡导、鼓励经济主体从事清洁生产,强制经济主体淘汰或更新某些落后的技术、设备,激励经济主体加快技术改造和创新步伐,加大清洁生产的投入力度。

4. 加强宣传教育和重视推广。通过此种方式,使清洁生产从书本走入现实生活,从概念走向社会实践,逐步实现清洁生产概念"大众化",从而为清洁生产的推行奠定坚实的社会基础。在国家已有试点城市的基础上,长江上游各地应确立不同行业、不同性质、不同规模的试点示范基地,积极探索推行清洁生产的相关技术指标、规程和模式,以便大范围推广清洁生产。

（四）提高科技创新水平,提高资源开发利用效率

迄今为止,人类社会资源开发的整个进程充分表明它由简单到复杂、由低级到高级、由表面到深层的开发过程。社会对资源这种由浅入深的开发从根本上来说是科学技术生产力发展的结果。在过去,是一系列科

学技术的发展和发明,才使我们由刀耕火种进入了机器大工业生产时代,有了飞机、火车、轮船的行驶,能够兴建巨大的水利水电工程和其他建设工程,使巨大经济流域的水陆资源得到持续开发;今天,又是因为有了人工智能学、网络理论、信息理论、电子学、遗传学、量子理论等新的理论科学的诞生,才出现了宇航技术、激光技术以及智能传感技术等高新技术的应用,也才能寻找到一系列新的能源和原材料资源。

在长江上游流域治理中需要重视对于科学技术生产力的利用,只有充分利用科学技术生产力,达到对长江上游流域进行有效控制的水平,才能首先对流域内水患实行避害兴利,为流域的综合开发创造前提;也只有大力发挥科学技术生产力的作用,才能解决种种技术与管理上的难题,实现长江上游流域的多目标综合开发与综合利用,实现流域的综合高效开发。针对长江上游流域整体性保护不足、累积性风险加剧、碎片化管理乏力等突出问题,加快推进科技领域的关键环节体制改革,形成科技支撑长江生态环境保护共抓、共管、共享的体制机制。大力推进生态环保科技创新体系建设,有效支撑生态环境保护与修复重点工作。

一方面依靠科技进步节约集约利用资源,在经济发展方式中,全面加强全过程节约管理,促进生产、流通、消费过程的减量化、再利用、资源化;把资源节约、环境建设同经济发展、社会进步有机地结合起来,大幅降低能源、水、土地的消耗强度。另一方面依靠科技进步改善生态环境,建立一种螺旋式发展的自然动态平衡,形成生态系统的良性循环。鼓励企业加大投入科技研发投入,引进先进的开发生产技术、工艺,提高企业资源利用效率。引进高水平的研究型机构、企业技术研发中心、新型研发组织等,推进科技创新资源开放共享,推动产学研深度协同联动。鼓励吸引社会资本兴办各类技术研发创新支撑平台,营造良好科学技术研发创新环境。构建提高资源利用效率的政策体系,通过激励与约束双重政策机制,引导资源开发利用主体提高利用效率。

二 生活方式绿色化

全面推进绿色化生活方式已成为我国社会发展的方向和目标,在长江上游流域绿色发展的建设中要以负责任的态度建立行之有效的绿色化生活宣传教育机制、奖惩机制,制定生活方式绿色化相关政策和法律,实现生产、生活方式绿色化协同发展,推动公众形成绿色化生活方式。

（一）建立行之有效的绿色化生活宣传教育机制

生活方式并非与生俱来,公众需要引导和教育,在日常生活中运用。当前,虽然生活方式以绿色化为发展方向,但是公众的思想意识和执行力仍然不够,没有形成统一性。这与我们宣传教育机制的缺乏不无关系。因此,要将生活方式绿色化宣传形成长效机制,应从启蒙教育开始进行思想教育,通过各种实践体验和环保志愿者活动,让各年龄段学生体会生活与自然相融的感觉,从小培养环保意识,让学生对自然产生尊重敬畏之心。在宣传手段上要多利用网络、报刊、电视等现代传媒,以多种视听的形式开展生动立体的宣传教育。广泛开展绿色企业、绿色校园等创建活动,用公众喜闻乐见的形式和易于接受的语言将生活方式绿色化意识灌输到公众内心,将思想意识转化为动力,使之重新审视生活并以此为行为准则,自觉践行绿色化生活方式,鼓励绿色消费、绿色出行、绿色居住、绿色饮食、绿色休闲,不断提高全民节约意识、环保意识、生态意识。

（二）建立有效的奖惩机制

一种生活方式要想获得大众的认可和践行仅仅靠宣传教育远远不够,还需要完善的奖惩机制、严格有效的执行机制。例如鼓励长途出行使用公共交通工具,短途出行宜步行或骑行以减少碳排放,在生活中注重节电、节水、节约能源,循环利用环保用品减少垃圾等,对优秀个人和企业给予一定的物质和精神奖励。在惩戒措施上通过对非绿色生活方式采取曝光、通告和经济制裁等,对有不良生活习惯的消费者进行一定的惩罚。实行这一机制,可以宣传绿色化生活理念,激发人们自觉践行绿色化生活方式。

（三）完善绿色化生活方式的配套设施

当前,绿色化生活方式配套设施的不完善,是绿色化生活方式得不到全面实行的原因。在现代化城市建设中,虽然倡导公众低碳出行,但在城建过程中并没有明确标识低碳出行路线,在公共交通满足不了人们出行需求的时候,人们不得不乘坐出租车、私家车。因此,长江上游流域的相关城市可以考虑增加基础设施投入，建立完善的绿色生活配套设施。同时将绿色生活方式升级为法律法规，强调公民环保意识和应尽的法律义务，推动绿色生活方式的普及。

（四）培养绿色消费理念，实现生产、生活方式绿色化协同发展

绿色高质量的生活要求在绿色生产过程中建立完善的绿色产品检验认证机制，使产品从生产源头到销售环节形成统一的绿色认证标准，同时要强化绿色产品检测监督销售机制，坚决打击假冒伪劣绿色产品，让公众形成绿色产品消费习惯。推行绿色化生活方式，我们可以从日常生活做起，如节水节电、废物可循环利用、再生废品回收等。同时政府鼓励发动社会组织的力量拒绝非绿色企业产品销售，监督企业污水、废气排放，促使企业整改，达到绿色排放标准。

第三节　长江上游流域发展绿色化转型的机制重构

本节详细对水能、矿产、国土等资源开发利用机制，产业联动机制，约束、立法、追责等保障机制等长江上游流域发展绿色化转型机制进行研究。

一　资源开发利用机制

长江上游流域是我国水能资源的主要聚集区，也是我国最大的水电开发基地和西电东送基地的重要组成部分。同时该流域是我国重要的能源、矿产资源富集地区，拥有大力发展旅游业的自然资源。长江上游流域治理应在整治和保护生态环境的前提下，有效利用和开发各种资源。通过加快长江上游流域优势资源的适度开发与利用，将资源优势转化为经济优势。

（一）水能资源开发利用机制

水资源是长江上游流域的优势资源，随着国民经济的不断发展，以煤炭、石油和天然气为主的传统能源利用方式的问题日益凸显，在长江上游流域治理过程中，应充分重视上游地区水能资源的优化配置和合理利用，把水能资源的合理利用摆在突出位置。针对长江上游水能资源开

发过程中出现的管理体制不健全、政府职能定位不完善等问题，加快实行最严格的水资源管理制度，不断完善并全面贯彻落实水资源管理的各项法律、法规和政策措施。

推进长江上游大型水资源工程建设，把水安全作为长江上游水资源工程建设的主要目标。对上游大型水资源工程统一管理和整体优化调度。优化西线调水工程布局，按最大限度减少影响、增加效益的原则研究南水北调西线工程线路的合理布局。坚持综合治理、综合利用的原则，因地制宜地修建一批调节性能较好的控制性工程，提高水资源利用率。加大长江上游干支流治理开发力度，开发水能资源，防治污染。

在开发方式上，要加快从过度开发、无序开发向合理开发、有序开发转变；加快水能资源管理的立法工作，从流域综合统一管理角度出发，强调水资源的多功能属性，以在"保护中开发、开发中保护"为立法原则，以建立水库联合调度机制为手段，理顺水能资源开发管理体制，明确水行政主管部门职能，强化规划的指导作用，妥善处理水能资源开发与生态保护之间的关系，保障流域水能资源开发走上规范化的道路。

另外，要采取行政、法律、经济、技术等综合措施对水资源进行保护与科学管理，防治水污染和合理利用水资源。由于长江上游的自然地理、生态环境、经济社会状况和水资源分布等诸要素均存在明显的地域分异性，水资源保护必须遵循地带性规律，以分区理论为指导，因地制宜。同时，还须将生态环境保护一并纳入水资源保护规划中。保护过程中，加强对水资源保护措施的针对性和目的性，加快推进水资源保护工作。建立对水资源保护的动态规划，拓宽水资源保护视野。提高城市生活污水和工业废水的处理能力，依法查处污染水域的违法行为；对已污染的水域采用人工治理和生物治理相结合的方法，进一步对水域环境进行治理，确保长江上游流域水资源的水质得以恢复，以满足水能资源开发、居民生活饮用和社会经济发展的需要。

（二）矿产资源开发利用机制

矿业及其相关的能源、原材料工业历来是对环境影响较大的产业。长江上游地区矿产资源丰富，矿产资源的合理开发利用是实现全流域可持续发展的基础。长江上游地区又是我国人口密集、生态环境保护极为重要的地区,随着社会经济的发展,过去多年处于以能源、原材料工业为主的基础产业加速发展、规模扩张的发展阶段,资源开发造成的生态环境破坏现象较为严重。

为此,必须从全流域生态环境保护的长远目标出发,以长江开放和西部大开发为契机,融入长江经济带,努力使长江上游地区矿产资源开发与环境保护之间协调一致,进一步强化资源合理利用和矿山环境保护的监督管理,通过促进矿产资源的节约使用、综合利用和高效增值,减少资源开发造成的环境破坏。提高矿业的集约化水平、资源的回收利用和综合利用水平,减少"三废"排放量。严格按照资源开发与环境治理同时设计、施工和投产的"三同时"原则,将矿产资源开发的环境污染减少到最低限度。同时,做好矿山的复垦、植树及其他生态环境治理,以期在加快矿产资源开发,推进区域工业化、城市化和现代化,发展地区经济的进程中,努力实现经济效益、资源效益与环境效益相协调的可持续发展。

同时应积极参加长江流域经济合作,积极响应"长江经济带"战略、"一带一路"倡议等,制定切实的优惠政策(如风险勘探投资方面),鼓励企业在长江上游地区建立原材料基地和矿产品基地。在市场开发方面,建立健全矿业权市场,充分发挥市场在优化资源配置中的基础性作用,以产权为核心,以资本为纽带,通过矿业政策引导矿产资源开发利用和矿产品结构的调整,发展规模经营,在矿业领域建立一批具有国际竞争实力的骨干企业,提高长江上游流域的经济实力。

(三)生物资源开发利用机制

为遏制长江上游生物资源日益衰退、流域生态不断恶化的局面,必须采取切实有效的对策措施保护长江上游流域生物资源,维护长江流域生态安全。

1. 大力宣传生态文明、绿色发展的理念,建设生态长江、健康长江。长江是中华民族的生命之河,保护好长江生态环境,长江上游首当其冲。树立生态文明理念,并且将这一理念广泛深入地宣传到上游流域各地广大群众和各开发利用群体中。坚持不懈地利用各种机会向社会宣传长江生命之河的理念，使建设生态文明、践行绿色发展理念的思想在建设生态长江中得到贯彻。

2. 全面开展长江上游流域生物资源状况调查。查明典型生态系统及其生物资源特点，以便进行有效的保护和合理开发利用。因此，有必要对长江上游流域的生态环境和生物资源状况进行系统调查，建立长江上游生态环境和生物资源监测保护技术体系，全面系统了解和掌握长江上游流域的生态环境状况，为科学管理提供决策依据。

3. 加强对长江上游流域生态环境的综合治理，尤其要加强对重大水利工程设施建设的科学论证和环境评价，并切实采取措施，尽可能减少工程建设对生态环境影响，确保长江流域国民经济的可持续发展和生物资源的永续利用。保持长江上游流域江湖畅通，修复上游流域生态环境。将业已建成的堤坝、水闸进行合理调配和运行，从而使得江、湖畅通，保持长江上游湖泊江湖复合生态系统的结构和功能的完整性。

（四）旅游资源开发利用机制

长江上游流域具有丰富的自然旅游资源、人文旅游资源、生态旅游资源、民族民俗旅游资源以及观光农业旅游资源等。长江上游流域旅游资源开发应选择旅游资源富集地带，并围绕某一个或某几个主体进行集约开发和资源的整合提升，实现板块化的整合包装，作为开发的推进重点，以发挥区域资源优势并带动区域社会经济演进。

选择以历史文化为中心的成都旅游经济圈；以自然生态、民族风情旅游为中心的川西北旅游经济圈；以自然风光、历史文化、民族风情、革命遗迹为中心的重庆旅游经济圈三大重点区域推进旅游资源开发和产业发展，构建整合的旅游经济圈。依托长江水道、渝万高铁、沿江高铁、渝西高铁等重要交通干线，加快城镇群内外的旅游资源整合和区域协作，积极拓展"旅游+"，构建横跨秦巴、穿越三峡、贯通平原与盆地、串联黄河与长江的多自然风貌多人文风情的世界级旅游经济廊道。推动长江三峡自然景观带与秦巴生态人文景观带融合联动发展。以"奉节—巫山—巫溪"长江三峡旅游金三角为重点区域，携手四川、湖北长江沿线城市，高品质共建长江三峡黄金旅游经济带。充分挖掘秦巴山区优美的生态资源、丰富的秦汉人文历史资源，与四川、陕西邻近地区共建秦巴山生态人文旅游长廊，重点发展山景生态观光、文化体验、休闲康养、自然人文科考等业态。

加强旅游交通网络、通信网络、能源供给网络等基础设施建设，建立资源共享机制，发挥资源整合效应，缓解旅游资源在区域空间上相对分散的问题（特别是川西北地区、川西南地区），提高其可进入性，增强对旅游者的心理拉力。摒弃陈旧的本位主义观念，实现川渝两地资源整合联动、优势互补，对旅游资源进行跨省区、跨部门的整体规划、联合营销，加强长江上游流域内部、长江上游流域与区外的旅游快速通道及配套设施的建设，带动周边地区及相关产业发展。

（五）国土资源开发利用机制

在信息处理上，建立长江上游流域国土资源与生态环境信息系统数据库，及时动态地对区域国土资源与生态环境的多种信息进行数据收集、存储、处理、运算和综合分析，为综合整治长江上游国土资源和区域经济可持续发展提供科学依据。

在资金投入上，需要坚持政府投入和社会投入相配套的模式，将水土保持与农业开发相结合，落实目标责任制，多层次、多渠道筹集资金，完善承包、租赁、股份合作等新机制，大力发展生态农业，使农民在保护生态环境过程中得到实惠。

在制度设计上，应实现利益诱导和典型示范的有效结合，通过投入保障机制、利益补偿机制和放活经营权制度等制度创新形式，引导农民参与水土保持工程。

在具体细节上，应以小流域综合治理为中心，在保持水土过程中处理好治山、治江、治湖和兴林的关系，积极融合治水与治土、治水与兴林、治水与治穷，实现山、江、湖、草齐治，山水田林路统一规划，全面治理，争取早日杜绝"边治理，边破坏，一方治理，多方破坏"现象。

二 产业联动机制

为促进长江上游流域经济发展，提升区域经济竞争力，加快区域经济一体化，各地区之间要有相对独立的产业分工和产业关联，同时建立由政府推动、市场运作的支柱产业配套、新兴产业共建、一般产业互补的产业联动机制，在发挥比较优势和利用原有产业基础的前提下，根据国家产业政策，对各地产业发展规划进行必要的协调，以实现区域产业要素的空间流动、优化组合及产业合理分工，从而可以提高产业竞争能力，避免盲目竞争和排斥。

首先，充分利用与"长三角"作为长江经济带首尾联动的战略地位，在科学发展观指导下，政府引导，注重市场配置资源的功能，立足自身产业发展优势，结合产业结构升级的需要，培育合理优化的产业集群，主动引导、吸引"长三角"地区产业向长江上游经济带转移，带动长江上游地区产业升级，把潜在资源优势转化为竞争优势和经济优势，与长江中下游地区共同支撑起长江经济带的经济腾飞。

其次，分区域、分步骤、有侧重地承接中下游产业转移。区域内省市之间要加强沟通，相互理解，达成共识，避免盲目引进、无序竞争，从而避免造成低层次的产业同构、重复建设和资源浪费。积极承接转移的同时，还必须努力培养涉及这些产业的配套企业，逐步培育起围绕转移来的产业能够短距离提供上游原材料供应下游市场需求的产业集群。产业集群一旦形成，就能降低生产成本和交易费用，带来规模效应，从而提高企业竞争力，强化区域竞争优势。

另外，通过加强与创新区域内部政府之间的合作，以加速资源、技术、资本、人才等生产要素在区域内的流动，形成良性互动的经济格局和资源配置优化、市场共享、相互补充的产业体系。通过制定和实施产业联动政策，使长江上游各区域所具有的不同优势生产要素实现无障碍流动、重组和优化，加快促进区域内外产业竞争力的提升，从而推动整个长江上游流域的经济发展。

三　流域发展绿色化转型保障机制

（一）规划和论证机制

流域治理是一个多目标的体系，必须强调其综合性、科学性、战略性和有效性。在空间上，需要协调好各产业之间、生产与生活、整体与局部、干支流、上下游、水资源与土地和生物、植物资源以及流域内各行政区的利益等方面的关系;在时间上,既要有短期目标,又要有长远战略目标。未来一段时期内,长江上游流域的综合开发治理要改变重经济轻生态环境、重河湖本身的治理轻流域的综合治理开发、先污染后治理等观念,在对长江上游流域进行一般规划的基础上,重点对一些重要的河湖、干流、支流进行全流域的综合规划,为流域治理提供指导性和建设性的意见。

(二) 流域发展绿色化转型的多向度约束机制

对长江上游流域的综合开发治理既是流域内经济生产发展的迫切需要,也是人类与自然界之间必然出现的物质变换方式。任何一种物质资源开发的同时总是会伴随着另一种物质或产品的加工生产,最终还会以生产、消费的完成及排泄废物的形式返归自然。在长江上游流域绿色化转型中之所以要实行多向度的约束,这是由长江上游流域河流水体的流动性所决定的。长江上游流域治理的结果自然会产生两种情况;一种是通过长江上游流域的开发所实行的物质变换有利于流域内各种资源的重新组合、生长、更新;另一种是纯粹破坏了流域内自然物质固有的生长机制。适应绿色发展需要,资源开发利用过程中应尽可能减少长江上游流域的综合开发所产生的消极后果,由此对长江上游流域的绿色化转型要实行不同向度不同方面的调节与控制。应该实行全方位的控制和约束,既要从污染源的上游也要从污染源的下游,既要从空中也要从地下等方面去控制它的危害。

(三) 长效责任追究与监督管理机制

长江上游流域绿色发展涉及生态资源的开发、城乡空间布局调整等多个环节,其长期适应性的过程往往导致整体规划布局、监督管理缺乏激励约束作用。建立和落实责任追究制度,要针对决策、执行、监管中的责任,明确各级领导干部责任追究情形,对造成生态环境损害负有责任的领导干部,不论是否已调离、提拔或者退休,都必须严肃追责。健全自然资源资产管理体制,并与目前的自然资源资产负债表、党政领导干部自然资源资产离任审计、绿色 GDP 核算、生态文明建设目标评价考核等结合起来,实现改革的系统化和连贯化;成立专门的自然资源资产管理机构,建立对资源利用、生态保护方面的自然资源资产统计标准和方法;自然资源部对国有自然资源资产的开发、利用、保护进行监管,成立类似于国有企业的国有自然资源资产管理机构,代表国家行使国有自然资源资产的所有权,允许社会各方通过开放式的竞争方式进行特许经营,可以保证国有自然资源资产的结构优化和保值增值,促进自然资源的可持续利用。

(四) 立法机制

完善流域资源开发相关法律,建立明晰流域与属地权力(利)关系的制度,科学地进行权责划分,妥善处理自然资源资产管理职责和生态环境保护党政同责的关系,重构环境保护税、资源税和国有自然资源资产使用费的关系。为了保证国有自然资源资产管理的法治化,要对代表国家行使国有自然资源资产所有权的机构予以明确,为国有自然资源资产管理体制改革奠定宪法基础,对自然资源资产管理的原则、体制、制度、责任等基本问题作出全面的规定,对资源法、生态保护法、环境污染防治法、灾害防治法一般性法律作出调适性的修改,建立自然资源资产清单和权力(利)清单,建立包括特许经营管理信息在内的自然资源资产管理信息平台,厘清所有者和监管者的权力(利)边界,厘清区域和流域所有者的权利边界,厘清区域和流域专业监管机构的监管边界,厘清区域之间的所有权边界,厘清区域之间的专业监管机构的监管边界。为了进一步释放各方活力,建议增加激励和约束机制,如区域和流域自然资源资产的评价考核机制、奖励机制、责任追究机制等。

第四节　长江上游流域发展绿色化转型的模式构造

长江上游流域发展绿色化转型需要从流域自然、社会、经济复合系统的内在联系出发,分析并认识流域内部各组成要素、组成区域之间的联系,如上、中、下游的联系,流域河流网络与集水区的联系,自然过程、社会过程与经济发展过程的联系,进行全面规划和治理。为了实现流域自然、社会和经济目标的高度统一,需要协调好各个部门之间的关系。由于长江上游流域内的各地方政府所处的流域位置不同,公众需求不同、政策及制度不同、发展理念和程度不同、关注的问题不同,地方政府间也会产生冲突。因此，流域治理必须结合各要素、各部门、各地方政府具体情况，构造有效的绿色发展模式。

一 一体化绿色转型模式

流域绿色发展是在空间上实现生态系统、产业布局、城乡布局协调发展的有机体。流域经济的发展依赖于生态系统要素资源，如水资源、森林资源、土地资源、矿产资源等，要实现流域经济的绿色可持续发展，需要生态系统要素。一体化绿色发展模式指在流域开发发展中，将水、路、港、岸、产、城等诸多要素作为有机整体，全面把握，统筹谋划，实现空间上的一体化，同时按照山水林田湖草生命共同体的理念，遵循流域生态的整体性、系统性及其内在规律，对全流域山水林田湖草等重大问题进行统筹规划和一体化系统管理的发展模式。

该模式要求在流域经济开发中，贯彻落实山水林田湖草是生命共同体的理念，在资源利用过程中对山水林田湖草进行合理利用、统一保护、统一修复；把空间布局、城市建设、产业发展、水资源合理利用、生态保护、环境治理、港口岸线建设、沿水景观打造等融为一体，统筹推进，协同发展。同时在管理机构上，按照区域和流域设立相应的自然资源资产管理机构，对流域和区域内的国有山水林田湖草，实现一体化管理，克服以往多头监管和"碎片化"监管问题。流域绿色发展过程中，不能"厚此薄彼"，不能只关注某一项资源的开发而忽视生态系统的一体化、整体性、完整性、关联性问题，要统筹兼顾、整体施策、多措并举，全方位、全地域、全过程开展流域绿色发展，对流域生态资源进行系统整治、科学开发和价值转化，使绿水青山产生巨大生态效益、经济效益、社会效益，使流域经济永葆生机活力。

自习近平总书记从生态文明建设的宏观视野提出山水林田湖草是一个生命共同体的理念以来，一体化绿色发展模式得到广泛关注，在重大生态保护修复工程中实施运用。例如密云水库跨越北京市和河北省，因为首都安全运行的极端重要性，因此密云水库的水被称为"政治水"，对其保护工作应当予以足够的重视。北京市采取了一定的综合监管措施，如密云区整合了环保、水利、国土资源等部门的执法监管力量，成立了密云水库综合保水大队,开展综合监管执法,这个体制改革的措施很新颖,管理措施的综合性契合了生态环境保护的系统性,形成了山水林田湖草的综合管理和系统管理,得到社会各界好评。

涉及长江上游流域一体化绿色转型模式,以重庆璧山区为例进行分析。璧山区境内主要河流有璧南河、璧北河和梅江河等。璧南河为长江左岸支流,发源于大路街道大竹村一带,由江津区油溪镇注入长江,流域面积1058.9平方公里,河流总长91公里,年总径流量1.63亿立方米。璧山区曾获得全国水土保持生态环境建设示范县、中国人居环境范例奖、国家水利风景区、国家低碳工业园区试点、国家水生态文明城市建设试点、第二批节水型社会建设达标县(区)、2019年全国村庄清洁行动先进县等荣誉称号。璧南河、璧北河过去污染尤为严重,璧山区通过山水林田湖草生态保护修复工程作为流域治理的总抓手,结合"多规合一",与各部门、各行业相关规划有机衔接、系统整合,构建重点项目储备库,明确工程目标、建设任务和配套政策措施,明确流域治理各分片区空间范围、主导生态功能、主要问题和保护修复任务,分区、分片、分年度滚动实施。同时充分考虑当地自然条件、本土物种、适用技术等,宜林则林,宜草则草,宜农则农。充分挖掘良好的生态资源,统筹山水林田湖草保护修复与当地生态产业发展,既将流域生态系统保护的要求作为生态产业发展的前提,又将生态旅游、生态农业等生态产业发展的需求融入流域生态修复治理工程,同步规划、同步设计、同步实施,实现经济效益、社会效益与生态效益的共赢。境内枫香湖公园是个占地800多亩的湿地公园,其主体枫香湖是璧山区实施河湖水系连通工程的典型代表,有12个水体与之相连。正是因为在枯水期实现了生态补水,枫香湖公园才得以成为重庆水生态游乐场所。璧山持续巩固生态环境优势,在道法自然中纵深推进秀美绿城、活力水城、文化古城的建设,不断提升生态+文化的城市宜居品质,建设重庆"最佳人居环境城市"。持续推进"三城"建设:"秀美绿城"构筑"城市底色";"活力水城"连通"城市血脉";"文化古城"提升"城市品质",让城市更有特质。遵循"美丽中国"顶层设计,牢固树立和践行绿水青山就是金山银山的理念,以"低碳、便利、宜居、舒适"为城市建设价值取向,加快贯彻落实"生态优先绿色发展战略行动计划"和"基础设施提升战略行动计划",坚定走生产发展、生活富裕、生态良好的文明发展道路。像对待生命一样对待生态环境,努力形成绿色发展方式和生活方式,让青山常在、绿水长流、空气常新,成为璧山区发展的"底色",努力建成重庆的"生态宜居区"。

二 "生态产业化、产业生态化"模式

生态保护和产业发展是密切相关的,没有生态资源作为依托,产业发展就是无本之木;没有产业发展作为支撑,生态保护也难以持续。产业生态化和生态产业化互动互促互融,就是生态优先、绿色发展的新路子。在长江上游流域加快推进"生态产业化、产业生态化"模式,能够有效降低资源消耗和环境污染,提供更具竞争力的生态产品和服务,满足人民群众日益增长的美好生活需要,实现环境保护与经济发展双赢的目标。

产业生态化就是让产业更绿,让绿色的产业更多。主要是指以生态优先指导和规划产业发展,统筹打造绿色产业链,实施产业准入负面清单制度,优化调整不符合生态环境功能定位的产业布局,加快促进产业绿色转型,持续拓展产业发展新空间。基于此,需要克服不顾环境污染、不考虑资源承载能力的盲目招商的产业发展模式。加快从过去高耗能、高耗水、高污染的产业转变到发展与生态环境相适宜的产业上来,根据资源环境承载能力,培养壮大有资源依托、环境治理能力强的特色优势产业。从"特"字上下功夫,着力培育壮大特色优势产业,加强生态农业与旅游业、特色农业与农副产品加工、特色资源与深加工、产品与市场的互动融合发展,着力延伸产业链条,培育打造有特色的产业集群。

生态产业化注重运用产业规律推动生态建设,把生态资源优势转变为产业优势。主要是指将独特的资源禀赋和生态环境作为特殊的生态资本来运营,合理有序开发建设,加快探索生态产品的价值实现路径,促进生态要素向生产要素、生态财富向物质财富转变,通过产业化方式实现生态资源的保值增值。按照社会化大生产、市场化经营方式提供生态服务,建立起生态建设投入与效益良性循环机制。通过促进生态环境资源扩大再生产的自我循环,为生态建设弥补资金;通过生态环境资源开

发和利用创造更多的就业和收益。丰富生态经济发展模式,打响特色生态经济品牌,探索生态经济持续升级。坚持统筹兼顾,在绿水青山和金山银山之间架起了一座桥梁,打开资源—资产—资本的转化通道,实现经济效益、社会效益、生态效益的有机统一。

涉及实践探索,国家重点生态功能区——三峡库区水土保持生态功能区相关区县,近年来严格按照"共抓大保护,不搞大开发"的总体指导思想,依据重点生态功能区自身特点和功能定位,科学探索"生态产业化、产业生态化"模式。在经济社会发展过程中,尽量避免和减少产业发展对重点生态功能区的生态环境影响。持续巩固三峡库区移民成果,开展植树造林、恢复植被、涵养水源以及保护生物多样性等重大生态保护行动,有效加强对重点生态功能区的整体保护,促进生态保护与产业发展的良性互动。三峡库区的万州区过去工业以传统制造业为主,劳动密集型、资源消耗型产业占比较大,战略性新兴产业占比低,智能产业发展相对滞后。近年来万州区自觉担当保护长江母亲河的责任,坚定不移走"生态优先、绿色发展"之路,认真贯彻习近平总书记视察重庆重要讲话精神,全面落实习近平总书记关于长江经济带"共抓大保护、不搞大开发"的要求,践行"绿水青山就是金山银山"的理念,走深走实"产业生态化、生态产业化"路,开启了建设长江上游"产业生态化、生态产业化"先行示范区的生动实践,持续探索在长江经济带绿色发展中发挥示范作用的现实路径。万州区坚持以保护好长江母亲河、提升全域水质为中心,大力推动循环智能型工业、山地高效型农业、集散服务型旅游业、绿色智慧型物流业、特色融合型文创产业、休闲养生型康养业六大产业发展。加快建设"产业生态化、生态产业化"先行示范区,从而建立起以产业生态化和生态产业化为主体的生态经济体系,走出了一条生态优先、绿色发展之路。在"产业生态化、生态产业化"互动融合之中,库区的山水颜值更高、村庄气质更佳、人民生活更富。"产业生态化、生态产业化"的模式在实践中不断深化、不断完善,持续推动经济高质量发展,让人民生活更加美好。

三 协同式绿色转型模式

流域有上中下游之分,河流流经不同区段,城市和产业沿河流布局,形成了带状的经济空间布局,各种不同区段之间既相互联系又相互区别。长江流域是我国生物多样性资源高度丰富的流域,上中下游区段存在诸多的相异之处,一方面地理条件、资源禀赋差距较大,上游地区各类水资源、矿产资源丰富,下游相对匮乏,另一方面上中下游经济发展水平差异较大,长三角属于发达地区,但是上游和中游属于发展相对落后的区域。如何在流域发展过程中利用上中下游各自优势促进流域绿色发展极为重要。而协同式绿色发展模式是指在流域开发发展过程中,上游向下游输送高质量的生态环境资源,下游通过多元化的财政支持、技术投入等方式给予上游生态环境保护、生态环境资产增值、环境质量改善等生态环境建设投入的补偿,通过上下游之间的良性互动,让受益者付费、保护者得到合理补偿,可以有效激励上下游以可持续发展理念进行资源利用与生态保护,逐步实现长江经济带上下游公平、科学、合理、高效的协同式绿色发展模式。

该模式需要清晰生态环境建设受益主体,对于上游水源地保护、生态涵养等具有显著公共效益的建设,对进行水利开发、矿产资源开发单位等进行上下游地区间的横向补偿,通过相互的协同协助解决流域上下游发展权不平等、生态经济利益不平衡、生态资产配置不合理等问题。协同式绿色发展模式强调发展过程中上中下游的相互作用,综合考虑上下游各地经济发展阶段的差异性和生态环境公共服务供给的不均衡性,充分创新运用多种补偿方式,既要输血加大生态环境建设投入,又要大力营造环境并采取有效措施,扶助上游地区增强造血功能,合理弥补环境保护较好区域和企业为保护流域环境而损失的机会成本,有效增加了生态产品和服务,有助于实现金山银山和绿水青山的有机统一。

在实践运用中,安徽省从 2012 年开始,在财政部和原环境保护部的指导下,与浙江省一起开展了新安江流域上下游横向生态补偿两轮试点,取得了明显成效,多元化补偿机制初步建立,基本形成了符合安徽省省情的生态保护补偿制度体系,促进形成了绿色生产方式和生活方式。涉及长江上游流域,以嘉陵江流域为例探讨流域协同式绿色转型模式。该流域是长江上游重要的水源涵养区、森林蓄积区、重点生态功能区、动植物资源富集区和饮用水源,是长江流域生态安全的重要屏障,加强流域治理具有重要战略意义。嘉陵江各支流及重点小流域受农业面源污染、生活污染等影响,环境承载力和自净能力较低。围绕构筑长江上游生态屏障的总体要求,坚持问题导向,不断强化嘉陵江流域协同治理的顶层设计,制定实施路线图和时间表,建立跨区域的生态保护修复和流域治理协调机制。加快贯彻落实河长制在嘉陵江流域落地生根、取得实效;通过政府间联席会议、生态保护修复发展论坛等,开展流域治理技术交流对话,增强流域治理的协同性;构建长江流域上下游合理的生态补偿机制,加大对保护修复区域的资金支持、技术援助、人员培训等力度,逐步提高自身"造血功能"。落实嘉陵江流域保护任务清单,严格按照问题、责任、目标、任务"四张清单"要求,强化协作配合,完善流域共治、环境共享机制,对涉及上下游、左右岸、不同行政区域和行业的问题,多地区联动,多部门配合,整体协同推进,努力构建政府主导、部门协调、市场运作、社会参与的流域治理新模式。在条件成熟的情况下,在长江上游流域尽快全面推广区域生态补偿,完善流域治理的体制机制,建立可具操作性的协同式绿色转型实施路径,加快构筑长江上游生态屏障。

第八章

流域治理：三峡库区流域
治理行动实践

　　三峡库区是我国生态环境保护的重点地区，也是确保我国生态安全的关键地区、全国水资源战略储备库，更是长江上游生态屏障的最后一道关口，对长江中下游地区生态安全承担着不可替代的作用，以三峡库区的生态环境状况为镜鉴，具有典型性和代表性。本章采取实地考察、书面调研、访谈等方式收集材料，同时结合相关研究文献，以此为基础，研究分析三峡库区经济社会发展和自然环境现状；深入剖析三峡库区流域治理现状；总结分析当前三峡库区流域治理存在的问题和面临的障碍，并对流域治理举措进行总结与思考。

第一节　三峡库区基本概况

一　三峡库区自然环境概况

（一）三峡库区自然区位及生态环境概况

　　三峡库区面积较广，包括东起湖北宜昌，西至重庆江津区约600公里的水域面积。具体为湖北省的秭少县、巴东县、宜昌县和兴山县，重庆市的云阳县、巫溪县、丰都县、奉节县、石柱县、开州区、巫山县、长寿县、忠县、武隆区、江津区、万州区、涪陵区、巴南区及重庆核心城区，共20个区、（市）县，占地面积约10000平方公里，其中三峡库区重庆段的面积约占整个三峡库区的85.6%。

三峡库区及其上游流域规划的范围包括重庆市（直辖市）、湖北省、四川省、贵州省、云南省所辖 39 地市、315 个区县陆域与相关水域。库区地处四川盆地与长江中下游平原的结合部，跨越鄂中山区峡谷及川东岭谷地带，北屏大巴山、南依川鄂高原，具有巨大的防洪、发电、航运、供水等综合效益，其生态功能尤为关键，在我国国民经济发展中具有重要战略地位。

三峡库区因其良好的生态环境和自然景观，是我国著名的森林资源蕴藏区，库区属于亚热带湿润季风气候，气暖湿润，无霜期长，水热资源充沛。库区生物、动物资源种类繁多，拥有 520 多种动物资源、4000 多种植物资源、6000 多种植被种类，有其得天独厚的生态资源。三峡库区地质独特，地貌呈现山高坡陡，沟壑纵横，以山地为主，兼有丘陵台地和平坝地势，尤其是三峡库区重庆段被大面积山地覆盖，凸显了库区地势立体化，适宜种植多种植被资源，是发展立体和多元化农业的宝地。

（二）三峡库区流域生态安全现状

三峡库区的污染物诸多，既包括生活和工业废水，又包括船舶石油、生活垃圾和农业种植等各种污染，因此对污染物的及时处理事关库区的流域治理效果。

1. 库区水污染形势依然严峻

2016 年，三峡库区工业污染废水排放量达到 1.36 亿吨，其中重庆库区为 1.15 亿吨，占比 84.6%。同年库区城镇生活污水排放量达 12.12 亿吨，重庆库区占比 96.7%。近年来，三峡库区工业废水污染物排放量、生活污水排放量、船舶油污水产生量等总量依然很大，库区生产污染、生活污染及交通污染等排放仍未得到有效控制，库区水污染问题持续严峻（见表 8.1）。且随着三峡库区农业、养殖业的发展，农业面源污染加剧。大量使用的农药与化肥形成农业污染源随泥沙混入河道中，严重污染了库区水体。

表8.1 　　　　　　　　　　　三峡库区污染物排放情况

年份	工业废水（亿吨）	生活污水（亿吨）	生活垃圾散排（亿吨）	船舶油污水（亿吨）
2012	1.73	7.31	41.01	51.02
2013	1.90	7.87	44.11	50.00
2014	2.12	7.94	45.59	43.90
2015	2.12	8.15	41.18	39.40
2016	1.36	12.12	16.35	30.21

资料来源:环境保护部公布的《长江三峡工程生态与环境监测公报》(2013—2017),由于该报告只更新到2017年,此处数据更新到2016年。

2. 库区水质局部地区不容乐观

《2018中国环境状况公报》显示,2018年长江干流水质总体为优,支流水质良好,但局部地区不容乐观,局部水域污染排放物存在超标现象。2018年三峡库区长江38条主要支流77个水质断面中,Ⅰ—Ⅲ类占96.1%,Ⅳ类占3.9%,无Ⅴ类和劣Ⅴ类。总磷、化学需氧量和氨氮出现超标,断面超标率分别为2.6%、2.6%和1.3%。77个断面综合营养状态指数范围为29.5—62.9,富营养状态的断面占监测断面总数的18.2%,中营养状态的占76.6%,贫营养状态的占5.2%。

其中重庆市长江三峡库区监测的115条河流211个断面中,水质为Ⅰ—Ⅲ类的断面比例为82.5%,满足水域功能要求的断面比例为87.7%;42个国控考核断面中,水质为Ⅰ—Ⅲ类的断面比例为90.5%;库区30条支流60个断面中,水质为Ⅰ—Ⅲ类的断面比例为95.0%,水质呈富营养的断面比例为23.3%;104座大中型水库中,水质为Ⅰ—Ⅲ类的比例为81.7%,水质呈富营养的比例为14.4%。从总体上来看,2018年长江干流重庆段水质总体为优,纳入国家考核的42个断面水质达到或优于Ⅲ类水质的比例为88.1%,达到国家年度考核目标。2018年,库区30条支流年均值出现超标的项目有化学需氧量、总磷和氨氮3项,超标断面比例分别为3.3%、3.3%和1.6%;库区30条支流60个断面水质总体稳定,各月水质为Ⅰ—Ⅲ类断面的比例均等于或高于90%;水质呈贫营养及中营养断面的比例在5—8月略低,其余月份均高于70%。在空间分布上,库区支流水质较好的断面分布在巫山县、奉节县、忠县、丰都县等地,水质较差的断面分布在万州区、长寿区等地;营养状况较差的断面分布在万州区、长寿区、涪陵区等地。

具体表现在以下方面:

(1)传统的产业发展模式污染严重。重庆作为长江上游最大的经济中心,工业门类齐全,拥有发达的制造业和亚洲最大的铝加工厂,是全国摩托车、汽车、仪器仪表、精细化工等重要产业生产基地。传统的工业经济发展模式给三峡库区带来了严重的工业污染。在农业污染方面,主要体现在种植业与畜禽养殖业上。三峡库区以传统农业为主。在种植业发展过程中,大量施用化肥和农药,残留于农作物表面和土壤中的化肥和农药对库区水体造成严重污染。此外,三峡库区农户普遍采取分散养殖,难以实现集中经营管理,导致大量畜禽粪便被任意堆放。这些散落的畜禽粪便未经净化处理,会直接渗入土壤中,通过地表径流进入库区水体,造成库区水体污染。一直以来农耕污染并未引起重视,并缺乏有效的技术手段,导致养殖污染、农产品加工废水污染等对库区水质造成影响。

(2)垃圾污染严重。随着三峡库区人口日益膨胀,垃圾问题一直得不到改善,目前对于库区生活垃圾仅是简单统一处理,未形成分类清理,且垃圾时常堆积,处理不及时、不到位,处理率低,垃圾处理机制不健全。堆积的生活垃圾和工业污染物对库区环境造成威胁。生态环境部公布的《长江三峡工程生态与环境监测公报》(2008—2017)显示,在2007—2016年,三峡库区城镇居民生活垃圾年产生量呈增加趋势,从2.278×10^6吨增加到4.013×10^6吨,年平均增加8.5%;生活垃圾产生量在2008—2013年增加相对较快,年平均增加13.15%。目前的垃圾处理能力难以负荷,持续增加的垃圾量使得垃圾污染成为破坏三峡库区自然环境的重要源头之一。同时,三峡库区船舶产生大量的固体垃圾及油废水等,加上部分船舶洗舱废水不经处理便排入库区,加剧了三峡库区水体污染。

(3)生物多样性保护和生物安全问题日益凸显。生态系统退化,自然生态系统趋于萎缩,海拔1000米以下天然植被大多消失,结构与功能衰退;河流径流量减少,季节性加剧,各种水利设施导致河流减脱水,使水生环境衰退,河流生物多样性降低。物种濒危,大型兽类个体数量减少,生存能力退化,鸟类和鱼类种类与种群数量急剧减少,低海拔稀有植物物种种群数量减少。种植结构的单一化导致乡土农业遗传资源大量损失。过度采集(野生观赏植物、野生中药材)、渔猎(江河鱼类过度捕捞、偷猎)导致对生物资源的非理性索取,使得大量生物物种丧失。保护工作存在误区,重视山地生物多样性保护,轻视河流生物多样性保护;重视可见的地表生物多样性保护,轻视不可见的处于黑暗界面的地下生物多样性的保护。

(4)三峡库区是国家级水土流失重点监督和治理区。库区土地类型多样、结构复杂、垂直差异明显,丘陵、山地面积大,坡耕地所占的比例高,易风化的软弱岩层出露面积广,是水土流失问题的重要自然因素。加上库区气候降水集中,多以暴雨形式出现,导致洪水、崩塌、滑坡、泥石流等地质灾害时有发生,水土流失严重。

二　三峡库区经济社会发展概况

从整体规模来看,近年来三峡库区经济保持了良好发展势头,不断迈向新台阶,截至2018年年底,三峡库区实现国内生产总值9014.36亿元,近年来保持持续增长,其中第一产业785.04亿元,第二产业4114.36亿元,第三产业4144.96亿元(见图8.1)。其中三峡库区重庆段实现国内生产总值8137.54亿元,第一产业678.13亿元,第二产业3668.45亿元,第三产业3790.96亿元。从产业结构来看,2018年三峡库区第一产业占比为8.71%,呈下降趋势;第二产业占比为45.6%,近年来占经济总量的比重逐渐下降;第三产业占比为46%,近年来占经济总量的比重逐渐上升,促进了产业结构的不断优化和升级(见图8.2)。三峡库区产业非农化和人口向城镇集聚进程进一步加快,2018年三峡库区常住人口1503.54万人,城镇化率达到56.52%。三峡库区基础设施和社会事业蓬勃发展,公路里程数达到102045.65公里,拥有600所普通中学和8.34万名卫生技术人员,人民生活水平显著提高。

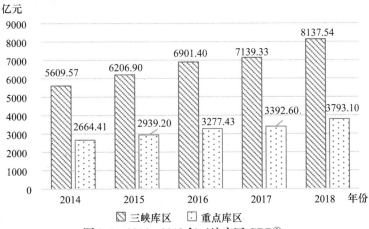

图8.1　2014—2018年三峡库区 GDP①

资料来源：根据2015—2019年《重庆统计年鉴》资料整理而得。

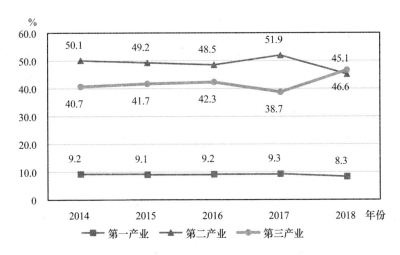

图8.2　2014—2018年三峡库区三次产业占比

资料来源：根据2015—2019年《重庆统计年鉴》资料整理而得。

---

①　研究统计的数据主要指三峡重庆库区范围的相关区县。重点库区指8个重点移民区县，包括万州区、涪陵区、丰都县、忠县、开州区、云阳县、奉节县、巫山县。

总体来看,三峡库区的发展机遇与挑战并存。发展机遇主要体现在:一是随着三峡后续工作开展和集中连片特殊困难地区扶贫政策的实施,国家将进一步加大对三峡库区的支持力度,为库区经济社会发展带来新的机遇;二是经济新常态下我国东中部加快调整优化产业结构,积极承接产业转移和加快培育优势特色产业为库区产业发展带来新机遇;三是全国人力资源供需的变化,为库区发挥人力资源优势、深化同发达地区的劳务合作带来新的机遇。同时,三峡库区发展也面临着挑战,主要体现在:一是三峡库区自然生态环境现状与国家对其主体功能区规划的要求尚有差距,库区人多地少、环境承载压力大的基础性矛盾没有改变;二是经济社会发展基础与全面建成小康社会的目标尚有较大差距,贫困面广、城乡居民收入水平相对较低、产业发展基础薄弱、公共服务能力低的现状亟待改善。

三 三峡库区流域治理体制现状

目前,湖北与重庆就三峡库区流域管理共同创立了协同治理机制,包括多级联席联动机制、上层组织垂直管理、跨区域应急机制等。多级联席联动机制以会议的形式为治理主体提供交流的平台,各级政府与组织通过会议沟通意见、方案等。三峡库区上层组织的垂直管理不仅包含中央相关职能部门的垂直管理,也包含了上下层级的地方政府。三峡库区由于地跨湖北省和重庆市,两地的环境保护督查中心为生态环境部派出的执法监督机构,受生态环境部委托,负责环境执法监督和跨界污染等纠纷处置工作。同时,重庆市与湖北省共同签署了《三峡库区流域跨界环境污染事件应急联动工作方案》,为三峡库区流域范围内各市地区共同应对处置跨省市应急环境污染事件奠定了基础。

此外,湖北省、重庆市全面实施河长制,以河长制为抓手,保护三峡库区生态环境安全。以重庆为例,重庆市境内无大型天然湖泊,且地处三峡库区、水库众多,故将水库全部纳入河长制实施范围,称谓也改为河库。此制度是按流域与区域结合的模式,全面建立市、区县、乡镇(街道)、村(社区)四级河长体系。重庆市政府市长担任总河长,为重庆市河长制第一责任人。责任人实行纵向到底,将河长延伸到了村(社区) 一级。

尽管三峡库区流域治理体制机制持续完善,但仍然存在许多问题。流域治理涉及生态环境、水利、自然资源、工业、农业农村、林业草原等多部门,同时三峡库区分跨不同行政区域,而各部门、各区域间未达成协调一致,缺乏有效的统筹和规划,无法形成统一有效的管理。在部分地方河段,河长制落实不到位,治理责任划分不明确,实际情况较为复杂,考核与问责过程困难。同时,流域环境保护成本高,而三峡库区地方经济基础薄弱、财政紧张,生态补偿机制也不健全,导致流域治理整体投入不足。

第二节　三峡库区流域治理的战略需求

习近平总书记指出:"长江拥有独特的生态系统,是我国重要的生态宝库。当前和今后相当长一个时期,要把修复长江生态环境摆在压倒性位置,共抓大保护,不搞大开发。"① 党的十九大报告指出:"以共抓大保护、不搞大开发为导向推动长江经济带发展。"在生态变革的新常态下,推进三峡库区守护好"一江碧水、两岸青山"面临新的机遇和挑战。加强三峡库区流域综合治理,具有重要的战略意义。

一　维系淡水资源库与生态文明建设的需要

2019 年 4 月,习近平总书记在重庆视察中指出:"三峡库区是全国最大的淡水资源战略储备库,维系全国 35% 淡水资源涵养和长江中下游 3 亿多人饮水安全。"② "保护好长江母亲河和三峡库区,事关重庆长远发展,事关国家发展全局。"中国淡水资源总量占全球水资源的比例为 6%,但人均水资源量只有 2300 立方米,仅为世界平均水平的 1/4。而经济社会年度用水量为 6213.2 亿立方米,其中:居民生活用水 473.6 亿立方米,

---

① 引自 2016 年 1 月 5 日习近平总书记在重庆召开的推动长江经济带发展座谈会上讲话内容。

② 引自 2019 年 4 月习近平总书记视察重庆讲话内容。

农业用水 4168.2 亿立方米，工业用水 1203.0 亿立方米，建筑业用水19.9 亿立方米，第三产业用水 242.1 亿立方米，生态环境用水 106.4 亿立方米①。由此可见，我国的水资源人均占有量不足，且年度用水量，整体形势比较严峻。而长江三峡库区在淡水资源储备、生态安全实现等方面具有极其特殊的地位。三峡水库是中国面积最大、库容最大的水库，面积达 1000 多平方公里，全长近 700 公里，总库容近 400 亿立方米，是我国最大的战略性淡水资源宝库，是长江经济带的重要组成部分，是长江生态安全的特殊屏障，具有极端重要的战略作用。三峡库区作为全国最大人工水库，也是南水北调中线工程重要的补充水源地，为超过全国一半人口和近四分之一幅员范围提供用水。

习近平总书记就生态文明建设与生态环境保护作出一系列重要指示②，强调要大力增强水忧患意识、水危机意识，从全面建成小康社会、实现中华民族永续发展的战略高度，重视解决好水安全问题。党的十八大、十九大将生态文明建设放在突出地位，明确大力推进生态文明建设的总体要求和重点任务，而生态文明建设是三峡后续工作规划的重要目标。同时保护好长江母亲河，全面建设"排放减少、岸线优化、水质改善、生态修复、物种多样、公众满意"的健康长江，既是政治任务、历史责任，也是确保"一江碧水、两岸青山"的时代需求。因此，加强三峡库区的生态安全与综合治理是保障库区和长江中下游地区居民饮水安全、实现国家水资源优化配置与打造流域生态系统、推进生态文明建设的需要。

二 保障国家生态安全的重要内容

长江流域每个流域阶段的生态环境状况及战略地位是有所不同的，相比于长江流域其他区段，三峡库区是我国最重要的生态敏感区之一，也是中国乃至世界最为特殊的生态功能区。三峡库区地处四川盆地与长

---

① 数据来源：中华人民共和国水利部，中华人民共和国统计局：《第一次全国水利普查公报》，中国水利水电出版社 2013 年版。

② 引自党的十八大、十九大报告内容，以及 2018 年习近平总书记在全国生态环境保护大会上讲话内容等。

江中下游平原的结合部、北屏秦岭大巴山、南依川鄂高原，涉及三峡库区水土保持重点生态功能区、秦巴生物多样性生态功能区、武陵山生物多样性与水土保持重点生态功能区等国家重点生态功能区，是三峡水库重要的生态屏障，对维系三峡水库、长江流域乃至更大范围生态安全具有至关重要的作用。

研究表明，2001—2010 年，三峡库区（重庆段）生态脆弱性综合指数最小值为 2002 年的 2.37，最大值为 2008 年的 2.99，三峡库区重庆段生态脆弱性呈现两极化趋势，高度脆弱地区的脆弱性显著增加，低度脆弱地区脆弱性明显降低，生态脆弱性呈增加趋势。2019 年年初发布的《长江保护修复攻坚战行动计划》则对水质提出了要求：到 2020 年年底，长江流域水质优良（达到或优于 Ⅲ 类）的国控断面比例达到 85% 以上，丧失使用功能（劣于 Ⅴ 类）的国控断面比例低于 2%。此外，三峡库区肩负着我国经济发展与社会安定以及实现经济和社会可持续发展的历史使命，是西部大开发与长江经济带战略的核心，也是长江流域经济发展由东向西推进的关键节点，在此意义上保障长江三峡库区的生态安全，加强对三峡库区的生态环境保护与污染治理，就显得尤为重要。

2019 年 4 月，习近平总书记在重庆视察中指出："重庆是长江上游生态屏障的最后一道关口，对长江中下游地区生态安全承担着不可替代的作用。"① 习近平总书记权威地阐释了三峡库区在长江保护中的重要性和特殊性。近年来党中央国务院将生态保护与环境治理放在战略性位置，大力落实长江经济带大保护工作。三峡库区作为长江流域重点水利工程，面对国内艰巨的改革任务，统筹推进"五位一体"总体布局与协调推进"四个全面"战略布局，坚持稳中求进，力求库区生态经济平稳向好，是构建库区生态安全，确保长江流域乃至全国生态环境安全的着力点。

三 实现人与自然和谐共生的要求

三峡库区生态环境比较脆弱，是水环境敏感区、气象灾害多发区和水土流失重点防治区。近年来，三峡库区生态涵养能力建设取得一定成

---

① 引自习近平总书记 2019 年 4 月视察重庆讲话内容。

效,然而受人为和自然因素影响、库区水体生态系统的巨大变化及移民迁建和经济发展的生态压力叠加,库区仍然呈现生态退化趋势。一是水土流失仍旧严重。因人口快速增长与土地过度开发,三峡库区中度及以上水土流失面积占土地总面积达到42.7%,而全国平均水平与长江流域平均水平分别为37%和31.2%,三峡库区水土流失问题严峻。二是水环境质量呈现恶化态势。农业面源污染已成为三峡库区水环境安全的首要威胁,占入库污染负荷的60%,成为引发水质爆发性恶化的重大隐患。

2016年1月5日,中共中央总书记习近平在推动长江经济带发展座谈会上指出:"推动长江经济带发展必须从中华民族长远利益考虑,要把修复长江生态环境摆在压倒性位置,共抓大保护、不搞大开发……探索出一条生态优先、绿色发展之路。"① 习近平总书记指出,要坚定推进绿色发展,推动自然资本大量增值,让良好生态环境成为人民生活的增长点,让老百姓呼吸上新鲜的空气、喝上干净的水、吃上放心的食物、生活在宜居的环境之中。因此,加强三峡库区流域治理,对于探索经济与生态协同发展,实现人与自然和谐共生具有重大意义。

第三节　三峡库区流域治理的问题反思

《三峡库区及其上游流域水污染防治"十二五"规划编制大纲》实施以来,库区及其上游的水污染防治工作取得了明显成效。"十二五""十三五"期间,三峡库区及其上游流域水环境质量稳中趋好。2010年,水质总体为优,库区6个国控断面中,2个断面水质为Ⅰ类,其余均为Ⅱ类;2011年,4个国控断面均为Ⅲ类水质;2012年,水质良好,3个国控断面均为Ⅲ类水质;2013年,长江干流水质良好,3个国控断面均为Ⅲ类水质。2014年,水质良好,3个国控断面均为Ⅲ类水质。长江一级支流水体综合营养状态指数范围为50.1—72.1,富营养的断面占监测断面总数的29.4%。到2018年,库区支流60个断面中,48个断面水质无明显变化,10个断面水质好转,2个断面水质下降;水质总体呈改善趋势。

① 引自习近平总书记2016年1月视察重庆讲话内容。

其中：芒溪河关塘口断面水质由Ⅴ类上升为Ⅳ类，水质有所好转；桃花溪李家湾断面水质由Ⅲ类下降为Ⅳ类，水质有所下降。与上年相比，53个断面营养状态无明显变化，5个断面营养状态好转，2个断面营养状态下降，营养状态总体稳定。其中：碧溪河百汇和溪家阁2个断面营养状态由轻度富营养上升为中营养，有所好转；壤渡河逍遥庄、五桥河沱口养老院2个断面营养状态由中营养下降为轻度富营养，有所下降。

另外，三峡库区及其上游流域重金属污染、农药残留、垃圾填埋场等重污染场地等的历史遗留水污染隐患依然存在，化工产业、矿山开采业等水污染高风险行业布局仍在调整，环境风险评估—预警—管理体系尚未形成，潜在的新污染不断出现，水环境风险不确定性增强，环境风险防范的压力增大。风险来源主要包括：产能落后及高耗重污染企业；对流域环境与生态具有影响的特征污染源；水源地和珍稀生物栖息地等敏感水域内的风险源。

一　三峡库区经济发展与环境保护的矛盾较为突出

三峡库区及其上游的湖北、重庆、四川、贵州、云南五省市，是我国中西部欠发达地区，人口增长快，但是环境容纳量有限，典型的人多地少。这些地方未来一段时期经济社会的发展，必然给生态环境带来很大的压力。三峡库区及其上游大多数区域是人口密集区和重要的农作区，平均人口密度高于全国平均水平的1.5—3倍，由于采取传统的经营手段，土地回报率低，承载能力弱。暴雨、滑坡、泥石流、干旱等恶性自然灾害时常发生，生态环境保护与经济发展严重对立，传统的工业结构也给三峡水库水环境带来极大压力，产业结构急需生态化调整。

统计资料显示，以2015年为例，三峡库区重庆段重庆市合计投资460378.38万元，其中用于经济发展290435.96万元，用于环境保护122245.27万元，用于地质灾害防治46697.14万元。在环境保护上的投资仅占合计投资的26.55%，不到经济发展投资的一半。由此可见，相对于现实需求而言，用于环境保护的专项资金在三峡库区重庆段的后续工程开展投入中占比较小，三峡库区环境保护财政投入仍显不足。

产业布局与生态安全不相适应。三峡库区工业仍以传统制造业为主，因此高尖新的工业企业很难落户。已有的企业在工业污染控制中存在诸多问题，现有工业绿色化转型升级任务重，未来培育绿色产业挑战大。区域开放水平不高，保税交易、跨境电商、服务贸易、国际旅游等开放型产业发展滞后，全方位、宽领域、广覆盖的开放体系远未形成。三峡库区既是中国重要的生态功能区，也是生态脆弱区。长江经济带"共抓大保护、不搞大开发"发展导向要求三峡库区经济发展过程中加快探索"生态产业化、产业生态化"的路径，对产业的选择提出了更为严苛的条件。三峡库区多为山地，交通比较滞后，人地矛盾尖锐、生态脆弱、灾害频发，对产业的选择提出了很大挑战。

二　三峡库区流域管理机构职能重叠，缺乏环境保护协调机制

我国中央和地方的环境管制权限和职责在部分领域存在职责重叠，地方在流域治理过程中存在"越位""同位""错位"等现象。同时，我国环境管制权的分配日益突出了地方政府的地位，规定地方政府在法定范围内对当地的环境负有全权责任，各地方政府可就区域环境的特殊性制定自身的环境规章制度，地方分治的结果使得地方因发展经济而牺牲环境资源，加上地方环保机构归地方政府管辖，若地方政府干涉地方环保机构的执法，易出现环境执法的"缺位"现象。就三峡库区而言，机构改革后的水利部三峡工程管理司负责对三峡工程进行宏观管理，涉及三峡工程运行调度、水库蓄退水、三峡新通道建设、三峡后续工作管理以及相关资金使用管理和绩效管理等；三峡集团作为国有独资公司，全面负责三峡工程的建设与运营。重庆市、湖北省主要承担流域治理的相关责任。由此可见，三峡库区在流域开发治理中的责任权属不一，缺乏权威管理部门对各机构的工作进行协调，未能形成统一有效的协调机制，从而使三峡库区的流域治理机构在应对库区环境问题时出现政令差异、行动不统一和协作困难等现象。

此外，三峡库区流域治理的责任主要在地方政府，并且缺乏统一的管理协调机制和规划体制。从纵向上讲，上下级规划主体之间指导关系不明确。目前我国有关三峡库区流域治理的规划未能成体系，规划主体之间的指导和控制作用不明确，尤其是中央对地方规划的实施缺乏有效

控制。从横向上看，相关规划之间内容不衔接，导致信息无法充分共享，行动不能及时协调，对规划的实施制造了障碍。水资源管理与水污染控制的分离及有关国家与地方部门的条块分割，特别是行政上的划分将一个完整的流域人为分开，使得责权交叉过多，难以统一规划和协调，降低了流域治理的成效。

三 三峡库区流域治理中预警和处理机制不健全

三峡库区的水质是关乎民众健康、物种存活和环境改善的关键，因此水环境预警机制对于实时监测三峡库区水资源水质非常重要，切实可行并具有针对性的预案体系可以从各方面保障三峡库区实现良好的水环境质量。但目前三峡库区的环境预警机制依旧不健全，对排污企业的监督仍然主要借助人力，大数据信息化手段监测不够，部分企业未设置水质自动监测的在线系统，难以做到企业自身排污的预警。同时，三峡库区部分河段没有进行全面水质预警和监测，不仅不能有效满足预警需要，更不利于事故发生后的取证和处理。

以水环境为例，三峡库区及其上游流域范围广，地形复杂，因而监管任务繁重。三峡库区水质变化、排污量变化等各种指标需长期进行跟踪；基层环保部门环境监测能力不足，采样手段、仪器设备等明显落后；此外，环境应急工作基础薄弱，应对环境突发事件的能力低，不能适应库区水环境保护的现实要求。

四 三峡库区流域环境的立法、执法机制存在缺陷

首先，尽管我国政府已经出台了涉及三峡库区环境保护的多项法律法规，包括《中华人民共和国河道管理条例》《重庆市饮用水源保护区污染防治管理办法》《湖北省水库管理办法》《重庆市水利局办公室关于印发长江经济带重庆市重要河道岸线保护和开发利用总体规划的通知》《长江三峡库区重庆突发水环境污染事件应急预案》等，环境保护的法规法律体系已初具规模，但依旧没有针对三峡库区环境治理和政府管制方面的领导性法规和特殊性立法，并且在各种污染排放的说明、流域管理机构和区域行政环境保护部门的权责配置、排污收费管理等诸多方面还存

在模糊缺失的规定。其次,三峡库区环境保护立法缺陷还包括对三峡库区管理机构的问责制和民众对执法单位监督举报的细则制定,在三峡库区周边修建水上娱乐、餐饮、休闲等设施项目并未有法律法规对其进行限制。最后,水环境治理缺乏法制约束。三峡库区水环境保护范围大,水库环保问题涉及区域广,不能依靠某一个部门或者某一区域单独解决。比如工业污染排放问题、城市污水的处理问题、生活垃圾的处理问题、水上漂浮物的处理问题、库内船舶流动污染问题等,还有退耕还林、封山育林,水库水产养殖、旅游管理等,目前缺乏由全国最高权力机构或国务院颁布的涵盖整个区域的水环境保护法律法规。

　　另外,执法也存在着不到位的情况。据调研反馈,现行法律规范下的环境执法法律手段,包括处罚、按日计罚、查封扣押等,虽然基本上能够较为有效地解决法律中规定的环境问题,尤其是按日连续处罚和查封扣押较有威慑力,在一定程度上能够防止企业再次产生违法排污行为,但是仍然存在环境行政执法人员数量偏少、环境刑侦执法体系不健全、队伍建设缺乏完善的保障机制等问题。生态环境领域立法节奏快,执法专业性相对较强,工作要求高,乡镇一级绝大多数没有专职队伍,且兼职人员又缺乏稳定性、持续性,难以适应基层生态环境执法需要。如《三峡库区及其上游水污染防治规划》,规划中虽然详细制定了城市污水和垃圾处理、次级河流治理、危险性资源放置、船舶石油污染防治等细则,实践却证明,只有污水和垃圾处理的项目进程稳定,其他多数项目效果尚不理想,特别是危险性资源的处置和三峡水库漂浮物的治理,可见政策法规的执行力度仍存在欠缺。

第四节　三峡库区流域治理的举措与思考

一　三峡库区流域治理的主要举措

　　以污染减排为重要抓手,实施流域水污染综合防治战略。根据流域及区域特征,科学确定污染物总量控制方案,依托区域环境综合治理、工业污染治理、城镇污水处理及配套设施建设、农业源污染防治示范等骨干工程削减污染物排放总量,保障三峡库区流域水环境安全。

1. 突出流域层面的核心水体保护需求。将全流域划分为库区、影响区、上游区三大控制区，库区是水库保护的核心区与缓冲区，影响区是水库保护的外围防护区，上游区是水库保护的涵养区，对不同控制区的规划定位和任务设置进行合理统筹，对河流流域、水库库区的水体保护目标进行合理统筹。

2. 突出区域层面的发展与水污染防治需求。将重庆市重点控制片区、四川省重点控制片区、湖北省重点控制片区、云贵赤水河生态保护片区、云贵高原矿业发展片区确定为重点控制片区，在服务于流域规划总体目标的前提下，按照"一区一策"的思想，对重点控制片区、优先控制单元的规划任务予以合理设置，着力控制重点片区经济发展的污染物增量影响，重点突破各区域的一批主要环境问题。

3. 关注水污染防治七项转变。涉及重点水域、重点区域、重点污染源、重点控制指标、重点监管断面、规划任务考核、规划防治技术等，即从库区向影响区、上游区，从点源到部分非点源，从传统有机物至局地特殊污染物，从单一考核断面向多个敏感区监控断面的适度拓展；从单纯工程项目实施考核向水环境质量改善综合考核的转变；从通用规范型防治技术向实用型技术的延伸。

4. 重点实施八类治理工程。结合三峡库区的现实基础和流域治理的基础状态，重点实施以下八类治理工程，主要包括：敏感水域水质保障、污染支流综合治理、特征性污染区域综合治理、工业污染治理、城镇污水处理及配套设施建设、农业源污染防治、消落区与水上污染源治理、环境能力建设等。

5. 跟踪目标与效果的关系。强调规划任务实施效果分析、流域水质目标可行性分析，强调建立优先控制单元规划措施与水质目标改善的响应关系。根据不同地区的社会经济状况、流域治理的现实需求，科学规划流域治理的主要方向和目标，妥善处理流域治理目标与经济社会发展目标的协调统一。

6. 全面落实生物多样性保护工作。构建以"三峡库区"为主体的生态空间格局，构筑山体、水域、农田与湿地相连的生态空间格局，控制水土流失、减少河流泥沙，维系库区水体安全，维护生物多样性，实现人与自然和谐相处。科学规划重点生态功能区,包括山区森林生物多样性生态功能区、各类自然保护区域、森林公园、地质公园、重要湿地公园和重要水源地。对重点生态功能区实施严格保护,加强重点生态功能区的水源涵养和水土保持,维护重点生态功能区的生物多样性,科学布局重点生态功能区的基础设施建设,在重点生态功能区合理发展适宜产业,引导重点生态功能区人口合理有序转移。

7. 合理进行农业产业布局、资源开发。从区域来看,三峡库区上游地区农业发展以技术创新为先导,走高品质发展路线,通过“生产—加工—销售”的产业链,注重提升特色效益农产品附加值。三峡库区中游地区围绕农产品特色经济板块,坚持合理开发山区和库区独特资源,重点以柑橘、榨菜、草食性牲畜、生态渔业、茶叶、中药材种植为主导产业,构建了现代特色效益农业产业基地。

8. 优化产业结构。近年来,三峡库区各区县通过出台特色工业园区、招商引资等系列优惠政策,极大促进了三峡库区的工业化进程和工业绿色发展。三峡库区各区县依托长江流域的风景名胜古迹着力发展旅游业,促进了区域文化、现代农业、特色城镇、自然资源的融合,形成了文旅融合、农旅融合、城旅融合等多种有效的模式。

二　三峡库区流域治理的思考

1. 针对跨越多个城市的三峡库区流域,跨行政区域对流域进行综合管理,可以借鉴田纳西河流域及莱茵河流域的管理模式,成立一个统一的流域管理机构。在资源整合过程中,要强调经济自由与国家干预相协调的竞争机制,从地区和企业整体利益出发,实现联合与协作的一体化机制。应以一级政府为引导,达成各行政单位和行业部门相结合的综合治理共识,完善沟通与协作制度建设。

2. 通过媒体等途径宣传环保,树立群众的环境意识,让群众自觉主动地加入三峡库区流域治理活动中,为库区流域治理争取坚实的群众基础。在三峡库区流域的治理中,应建设公众信息交流平台,保证政策透明度,以多种形式和渠道向公众提供流域信息,鼓励公众积极参与流域的综合治理,充分发挥社会舆论的监督作用。通过媒体、学校等途径宣传环保知识，树立群众的环境意识，让群众自觉主动加入流域环境保护中。

3. 完善立法、执法体系。在三峡库区的流域治理中要完善相关法律法规，如结合《长江保护法（草案）》中的立法内容来看，其对长江三峡库区消落区带来的环境污染几乎未予谈及；同时三峡库区生活垃圾的体量较大，污水管网运行成本较高，与生活垃圾、生活污水的处理能力不相匹配，有必要在立法层面上对三峡库区生活垃圾、生活污水的处理和管网运营问题做出更为详细的规定；另外基于三峡库区农业种植业发达，以及使用化肥、农药增加的客观现实，有必要针对这一问题提出相应的应对措施，阻止雨水季节残留的化肥、农药等排入长江流域，造成突发性水质变化。同时提高环境执法人员的专业性，增强执法队伍保障机制，全面落实"尽职照单免责、失职照单问责"。

4. 推行绿色发展，调整城镇开发布局、人口空间布局。第一产业突出"特色化、有机化"，挖掘、引进地域特色产品，利用丰富的当地资源优势，培育发展特色农产品、优势畜禽产业、特色养殖业等；第二产业突出"集约化、无害化"，第二产业要向节水、节地、节能的集约化方向发展，向无害化方向发展，向劳动密集、精细制作的轻型化方向发展；第三产业突出"生态化、融合化"，重点发展旅游业，重点打造各具特色的旅游景点，发展生态旅游、农业旅游、休闲运动游、养生产业游等，促进旅游与扶贫深度融合，助推三峡库区的生态绿色发展。发挥渝东北城镇群现有产业基础优势，按照梯度分工、优势互补的原则，强化区域集聚效应，构建多点支撑、错位发展、相互支撑的产业空间格局。坚持优化模式、集约空间、有扩有敛，分三级打造库区城镇群，科学编制库区新的城乡规划。科学把握三峡库区的特殊性，坚持"多中心、组团式"的发展形态，充分发挥大都市的辐射带动作用，将重要交通通道作为城镇联系的轴带，通过发展轴带放大中心城区辐射带动功能，提升三峡库区整体发展质量和水平，促进人口结构优化。

第 九 章

长江上游流域治理的政策制度设计

积极借鉴国内外流域开发治理的先进经验，秉承并贯彻"健康长江"理念，结合当前长江上游流域治理状况及其功能性定位，从自身综合开发治理的目标和要求出发，研究架构长江上游流域治理的政策制度，对顺利推进长江上游流域治理工作，实现经济社会持续发展意义重大。

第一节　长江上游流域治理的制度建构

为实现长江上游流域治理目标，以流域经济社会发展和生态环境保护协调共进的指导思路与行动方略为依据，结合我国长江上游流域资源开发与环境治理具体情况，从绿色发展要求出发，探索提出在市场机制决定性作用与政府监管作用结合中，设计长江上游流域治理的综合政策体系，构建适合中国国情的长江上游流域治理的系列规范制度和分类分阶段推进的对策措施，推动长江上游流域经济绿色发展和可持续发展。从长江上游流域实际出发，以实现环境和经济协调发展为准绳，正确处理环境与经济发展失衡问题，坚持积极稳妥、因地制宜等原则，分阶段、有重点地稳步推进流域治理，实现经济、社会、环境效益的不断提高。具体而言，长江上游流域治理政策主要从"市场运营，政府管控，协调统筹"三方面制度建设着手（见图9.1）。

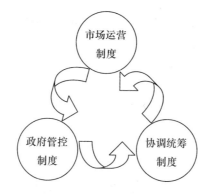

图9.1　长江上游流域治理的政策制度架构

一　建立健全市场运营制度

（一）水资源市场配置制度

我国对水资源制度进行了多方探索，为了充分发挥市场在长江上游流域治理中的作用，提高水资源利用效率与效益，有必要建立健全水资源市场配置制度，使其进一步优化水资源配置、促进节约用水、支撑区域经济社会发展。建立健全水权交易制度，利用市场机制对水资源进行合理高效配置。在建立水权制度的过程中，可参考现有交易模式，组建水权市场进行交易。

1. 清楚界定水权交易的范围，如使用权、收益权、交易主体及交易规则等；明确政府的职责，规范水权价格制定准则、规范相关工程及设备招投标准则。推进水权监管和水权交易平台建设，逐步开展水权流转、工程招投标、水权评估、水权金融等衍生服务。

2. 行政主管部门在控制水价、制定水权交易运作规程、水权登记等具体事项的同时，应从公共利益出发，合理管理公共用水，以避免水权交易脱离环保与经济目标。资源使用权的免费获取和水价过低，是造成水资源浪费的根本原因。水价是流域水资源优化配置和提高水资源利用率最有活力的经济因素。政府应当秉承公平性、平等性原则、可持续发展原则以及高效配置原则等理念对水资源实行资产化、商品化的管理，用经济杠杆调控的方法为水资源定价。具体方法如征收水资源税，利用价格杠杆以使水价达到合理水平。水价的征收方式也可以根据各地水质、水资源稀缺状况、水的使用方向等进行具体分析,可采用计量水价制度、固定水价制度、限量供水且超量提价制度、浮动价格制、基本水价制等方式。将水资源的使用权置于市场之下,接受价值规律的调节,从而提高水资源利用效率。

(二) 环境污染第三方治理制度

吸引社会资本投入生态环境保护,在长江流域加快推行污染第三方治理。将"谁污染,谁治理"转变为"谁污染,谁付费,第三方治理"的新模式;推进政府与科研院所合作,政府与企业合作,企业间合作等多种治理形式;开展环境绩效合同服务,采取"排污者付费,第三方治理"的新机制。

1. 通过环境绩效合同引入第三方治理。针对一些跨区域或较大行政区范围的污染治理,需结合实际情况列出项目清单,以保证各污染治理项目由匹配的第三方承接。在合理规范治理对象、治理目标的同时,为保证实施效果,需引入项目考核评估制度验收第三方治理绩效。

2. 建立健全环保链条上的各工程招投标管理制度,确定严格的技术实施标准。在确保企业稳定达标排放的同时,防止不公平竞争,引导环保市场健康良性发展。支持环保服务业的发展,倡导环境服务公司为生产企业提供工艺设计、工程建设、生产管理及资源综合回收利用的全过程服务。

3. 坚持强化约束机制与完善政策引导相结合。完善价格和收费政策,加大财税支持力度,创新金融服务模式,发展环保资本市场;完善风险分担、履约保障等机制,保障项目顺利实施;拓展投融资渠道,设立国家环保基金,支持环境服务公司的优先、低息贷款。

(三) 绿色信贷制度

加快存量融资结构优化调整,积极通过金融手段化解产能过剩、排污企业资金短缺等问题,全面推行绿色信贷,将环保信息纳入银行信用评价体系。在长江上游流域治理实践过程中,重点关注绿色信贷的可执行性,积极引入第三方评估机构,推动生态金融的发展。

1. 明确金融机构应承担污染连带责任。对不符合产业政策和环境违法的企业和项目进行信贷控制,金融机构要将企业环保守法情况作为审批贷款的必备条件之一。当银行等金融机构违规对排污企业借款，致使流域环境造成破坏性污染，相关金融机构应承担连带责任，需支付流域环境治理的部分费用。

2. 完善绿色信贷业务准入标准体系。在实行绿色信贷业务的过程中，金融机构应积极履行调查义务，从业务领域准入标准、目标客户准入标准两方面完善绿色信贷业务准入标准体系。定期访察预警企业环保治理进度，履行贷后监管工作，及时发出信贷预警信号；定期与政府、行业协会进行沟通，了解借款企业绿色信贷资金使用情况，打造全方位、多层次的环保信息沟通机制。

3. 建立健全绿色信贷管理和信息披露机制。建立绿色信贷信息数据库，将散乱分布在各处的绿色信贷信息集中加以整理，提供全面快捷高效的信息共享渠道。明确信息通报内容，提高信贷环保准入门槛，完善信贷退出机制，为环保型企业开设贷款绿色通道。

4. 实施财政与税收优惠政策。综合运用财政贴息、费用补贴、税收优惠等多种政策方式，合理分散金融机构对环境保护项目融资支持的信贷风险，同时提升商业银行促进绿色发展的资金保障能力，引导和撬动大量社会资金进入绿色投资与绿色产业领域。建立绿色信贷担保制度，通过财政资金担保杠杆，放大商业银行环保信贷的投入规模。

（四）生产者责任延伸制度

生产者责任延伸制度指生产者应承担的责任，不仅在产品的生产过程之中，还要延伸到产品的整个生命周期，特别是废弃后的回收和处置。从环境和节约资源的角度，针对不同领域、不同类型和生产不同产品的企业制定专项法律法规，以适当方式处理废弃产品，严格规定生产者在整个生产周期各个阶段的一般延伸责任，建立生产者责任延伸制度是落实长江上游流域水污染防治和环境综合整治的重要内容。

1. 完善生产者责任延伸相关法律。对企业绿色设计、信息披露责任、回收责任做出框架性规定，确定回收产品种类、承担回收责任的具体对象及各个回收主体之间的经济责任、信息责任。建立国家强制回收名录，完善地方立法，出台各地方实施条例。

2. 建立严格的产品市场准入标准。从生产源头到产品生命终结全程控制产品对水环境的影响,以达到资源循环利用,经济和环境和谐发展的目的。生产者在设计产品时就应考虑采用符合环保要求的材料和设计方案,建议强制要求企业公布产品拆解流程图,坚持谁生产谁回收。

3. 明确生产者产品环境信息披露责任。为产业链条实现更好循环发展,保护生态环境,生产者需要进行信息披露,告知公众包括产品对环境的影响信息、实现废弃产品回收的必要信息等,方便消费者将产品提交到指定的回收地点,调动消费者的积极性。

4. 研发和推广先进环保技术,实现科技成果无障碍共享。搭建国家环保科技成果共享平台,推动企业与科研院所产学研技术战略联盟;加强国际交流合作,跟踪最新环保技术;支持前沿高端技术的开发,借助国家级科技计划(专项、基金等),加快核心技术的研发和突破。

二 创新调整政府管控制度

(一) 国家环境监察专员制度

在长江上游流域探索建立国家环境监察专员制度,利用国家强化监察的能力,实现督促地方政府落实对环境质量负责的根本要求,使环保法得到更好的实施。建立严格的污染物排放环境管理制度,实行环境监管网格化管理。

1. 调动各部门积极性,解决环保监督不力的问题。明确环境监察专员监督范围和监督手段,严格落实执法、监测等人员持证上岗制度,加强基层环保执法力量,针对具备条件的乡镇(街道)及工业园区需要配备必要的环境监管力量。

2. 创新执法模式、管理机制及配套制度。通过实施"分块管理、网格划分、责任到人"的网格化执法模式和"职责明确、精抓细管、严格考核"的精细化管理机制,严格执行相应的监管内容、监管流程、工作程序等配套制度,建立标准明确、责任细化、考核公平、奖罚分明的管理体系。

3. 建立全方位环境监督网络,实行分级监管。逐步构建覆盖全流域、以环境监察支队、乡镇环保机构等基层执法力量为主体的环境监管网络,按照"联动式执法、全方位覆盖、网格化定位"要求,将长江上游流域相关干支流划分为网格，定区域、定人员、定职责、定任务，将环境监管基本工作任务全面落实到具体人员，使网格内各重点排污单位、主要环境问题得到有效监管，实施分级监管模式。

（二）环境综合执法制度

进一步健全完善长江上游流域环境综合执法制度体系，全面提高执法管理水平，确保深化综合执法规范化建设，充分发挥环境监管的执法权。以解决环境治理突出问题为着力点，实现执法管理的流程化、常态化、信息化，切实增强监督管理的针对性、实效性。

1. 对环境污染"零容忍"。针对违规企业实行"红黄牌"管理，责令整改、限制生产或停产、停业，严惩环境违法行为，对违法排放实行零容忍。加大暗查暗访抽查力度，联合社会力量监督环境违法行为，严惩涉及违法犯罪的企业及相关责任人，落实赔偿制度，依法追究刑事责任。

2. 提高监督执法业务水平。完善国家督察、省级巡查、地市检查的环境监督执法机制，强化生态环境、公安、监察等部门和单位协作，健全行政执法与刑事司法衔接配合机制，完善案件移送、受理、立案、通报等规定；提升监管能力，组织开展环境监测、环境监察、环境应急等专业技术培训，加强基层环境监管执法力量。

3. 加强环境违法行为惩治力度。深化生态环境、水利、自然资源、公安等联动执法机制，切实加大涉嫌环境违法犯罪行为的打击力度，对违法行为严厉打击，公开处理，追究其责任人。实行行政、民事、刑事三法并举，对于造成严重后果的环境违法行为，要加大行政处罚力度，根据污染情况及时采取限期治理，甚至勒令其关、停、并、转等行政处罚措施。对造成生态环境损害的责任者实行终身责任追究制，严格实行赔偿制度，依法追究刑事责任。

（三）生态环境监测监察执法机构垂直管理制度

建立长江上游流域省以下生态环境监测监察执法机构垂直管理制度，即省级生态环境部门直接管理市（地）县的监测监察机构，并承担相应的经费；市（地）级生态环境局实行以省级生态环境厅（局）为主的双重管理；县级生态环境局仅作为市（地）级生态环境局的派出机构。

1. 明确垂直管理制度的各级机构职责。市（地）县流域环境监测机构实行省级统管，推进地方监测和监察执法的体制改革，打破地方行政干预；市（地）县环境监测站由省级环境监测中心站统一管理，由省级财政予以经费保障，解决环境监测部门人员编制、分配问题；逐步推进涉及国家重大环境质量监测的由国家专门监测队伍实施监测，其他末端监测向市场开放，实行"谁考核、谁出钱、谁监测"。

2. 完善法律法规，权责分明。为保证环保垂直管理的确实执行，应完善相关立法，明确各生态环境部门的法律地位和权责关系；落实《党政领导干部生态环境损害责任追究办法（试行）》等一系列法律法规，完善官员环境考核和问责机制，地方党政同责。

三　加快建立协调统筹制度

（一）监督举报制度

为鼓励公众参与长江上游流域治理，建立健全监督举报制度，环境公益诉讼机制。主要包括：第一，建立健全监督举报制度，构建全民行动格局。联合新闻媒体、公益组织，鼓励公众参与流域治理，加强公众监督、舆论监督与司法监督相结合。第二，搭建"政府—企业—群众"三方沟通平台，及时公布饮用水、工业用水水质信息，违规企业整改进展情况，水质优劣城市名单及相关治理措施等。第三，加快完善我国环境公益诉讼机制，积极推行环境公益诉讼；完善公民环境公益诉讼立法，将公民环境诉讼合法化；建立环境损害评价体系，落实政府监管责任，严格执法；借助新环保法加快推进环境公益诉讼法律法规建设。另外，环境执法收益中提取资金，由政府负责设立专门的环境公益诉讼基金，支持民间环保公益诉讼，明确环保组织的地位；建立公益律师参与制度，给予资金、技术等方面支持。

（二）污染事故应急制度

制定长江上游流域污染事故应急预案，明确事故发生后的响应程序，应急处置措施、保障措施，及时公布事故发生及处理信息。主要包括：第一，建立长江上游流域污染事故处理协调机制。成立各级管理部门应对突发事件应急处理的专门议事协调机构，明确相关部门的职责；通过立法赋予应急小组特别权力，整合政府职能，使应急系统能够发挥整体作用并协调一致。第二，建立应急监测响应系统。明确流域污染事故的评估原则和指标体系，并对事故进行分级、分类；追踪事故对流域污染长期影响的监控、评估等，做好应急监测技术储备、完善应急监测长效机制。第三，完善环境污染损害赔偿法律，建立环境污染事故责任保险制度。第四，完善信息沟通与公开制度。掌握突发性污染事件情况，及时、准确、客观、全面发布突发环境污染事故的信息，正确引导社会舆论，做好突发性污染事件统计分析和应对工作。第五，组建应急处理专业队伍，配备相应的监测仪器、设备，积极开展技能培训工作，提高应对环境突发事件的能力。

（三）信息沟通、协商机制与利益分享制度

建立长江流域政府间长期合作的有效延续机制，保障公共政策、规定等的规范性和持续有效性。建立良好的地方政府间信息沟通和协商机制，高度重视合作治理中的前期准备工作，反复论证项目建设，通过开展论坛等方式，为信息互通提供交流平台。建立中央与地方双重负责的长江上游流域开发体制，保证中央的调控能力与地方政府适度分权有机结合，从而既维护了中央的权威性，又捍卫了地方的自主权。强调在市场经济背景下，通过中央政府的政策协调，建立新型的地区间利益分配关系。中央政府通过调整宏观政策，尤其是产业政策及区域发展政策，实现国家产业政策与区域发展政策的最优配合。在保护长江上游流域资源可持续发展的基础上发展流域产业带经济，通过制定严肃的政策法规，规范长江流域经济带地方政府间、地方政府与中央政府间的利益协调关系。

第二节　长江上游流域治理的主要举措

围绕长江上游流域治理的突出问题，研究制定与长江上游流域治理政策制度体系相匹配的保障措施，对全方位推动长江上游流域生态平衡，促进长江上游流域绿色发展意义重大。

一 转变经济发展方式,实现环境与经济协调发展

从长江上游流域实际出发,以实现环境和经济协调发展为准绳,正确处理环境与经济发展失衡问题,坚持积极稳妥、因地制宜等原则。在转变经济发展方式过程中分阶段、有重点地稳步推进,正确看待环境与发展的关系,实现经济、社会、环境效益的不断提高。具体而言,主要从经济体制转变、科技进步推进、产业结构调整三个方面着手,转变经济发展方式,实现环境与经济协调发展。

1. 抓住关键领域和主体,积极转变经济体制。把握政府、市场、企业三个主体,促使"政府调控市场,市场引导企业"良好局面的形成。抓住企业改革、市场规范、政府调控等三大关键领域,积极转变经济体制。逐步深化企业改革,建立现代企业制度,形成有利于节约资源、降低消耗、增加效益的企业制度,为经济增长方式的转变提供微观基础。进一步培育和完善商品要素市场,加强市场经济法制建设,打破地区封锁和部门割据,反对垄断与不正当竞争,打击假冒伪劣等不法行为,保护消费者的合法权益,形成一个与全国对接、与国际融合的统一的、开放的、竞争有序的大市场。继续转变政府职能,规范政府行为,使政府逐步退出微观经营领域,真正成为市场经济的管理者和调控者。

2. 把握重点原则和方向,坚持走集约式发展道路。长江上游地区是我国欠发达地区,面对长江经济带战略、"一带一路"倡议、西部陆海新通道战略成渝双城经济圈总体部署及持续深入推进西部大开发带来的机遇与挑战,肩负着发展经济和恢复重建生态环境的双重使命。应该走资本节约型和资源节约型技术进步之路,坚持引进吸收与自主创新并重的原则。实现教育跨越式发展,增强区域对科学技术的吸纳和创新能力。同时加强科技创新力度,包括自主创新和对科学技术内化过程中的二次创新。

3. 明确总体思路和比较优势,调整优化产业结构。调整优化产业结构,是解决长江上游流域产业结构水平低下、比例失调和区域布局不合理等问题的重要手段。围绕实现长江上游地区环境与经济协调发展这一核心目标,加快基础设施和基础工业建设步伐,以市场为导向、以比较

优势为基础，实现产业结构的特色化和绿色化发展。

二　建立统一管理机构，注重协同配合

我国目前中央直属的流域管理机构有两大类：水利部所属的流域水行政管理机构及国家生态环境保护部水生态环境司。水生态环境司负责全国地表水生态环境监管工作。拟订和组织实施水生态环境政策、规划、法律、行政法规、部门规章、标准及规范。拟订和监督实施国家重点流域、饮用水水源地生态环境规划和水功能区划。建立和组织实施跨省（国）界水体断面水质考核制度。统筹协调长江经济带治理修复等重点流域生态环境保护工作。监督管理饮用水水源地、国家重大工程水生态环境保护和水污染源排放管控工作，指导入河排污口设置。参与指导农业面源水污染防治。承担河湖长制相关工作。从性质和法律地位来看，现有的七个流域水资源管理机构是水利部的派出机构，虽然拥有一定的行政职能，但其实并不属于行政机构，而属于事业单位，地位较低，缺少独立的自主管理权，很难直接介入地方水资源开发活动利用与保护的管理。流域管理机构在人员管理上政事企不分，人员编制混用，这就使得其具有缺乏活力、人员结构不合理、负担沉重等问题，使得流域机构各级机关不能很好地承担起水行政管理和水资源统一管理的职责。流域管理机构与地方政府所属的水利、生态环境等部门在水行政管理方面的职权存在一定程度的重合和交叉。

1. 在长江流域现有统一管理机构——"长江水利委员会"的基础上，建议提升流域统一管理机构的规格，建立流域统一管理机构体系，可以通过成立"长江流域管理局"的方式，明确该管理机构的法律地位和职责权利。对长江流域水资源、重要河段和控制性枢纽等实施直接管理；联合国家发改委、生态环境、林业草原、自然资源管理部门对流域生态环境的保护与建设实施协同管理；依法协调部门之间、各行政区域间以及部门与行政区域间的各种矛盾和冲突，并且对其日常工作实施监督；成立专家组、"智囊团"，并与科研机构合作，实时对流域开发和工程项目的开展进行科学论证和规划，保证项目的顺利进行和实施效果。

2. 明确分支机构权责。在长江流域的上游、中下游设立"长江流域

管理分局"，对流域主要支流分设"长江流域管理支局"，分别从事所辖流域的管理与协调工作。通过法律文件，明确各自的职能分工，实施追究责任和逐级汇报制度。通过法律授权，明确流域统一管理机构、分设管理机构、中央部门管理机构和流域各地方政府职能部门的权责利关系，明确流域统一管理与条管理、块管理之间的关系。

3. 注重协同配合。加强统筹协调，对涉及多部门职能职责的工作，包括水资源开发利用与水污染防治管理、排污许可证制度和排污口管理规范、土地用途管理、非牧场草地开发利用的生态监管、退耕退牧的推行、天然林保护工程实施、物种多样性保护、矿产资源开发规划等实行联防联控，进一步明确部门职责，使各部门各司其职、密切配合，做到资金合理配置，监督手段共用，信息资源共享，保证监管到位，有效调动各方资源，形成合力。

三　强化科技支撑，提高长江上游流域治理水平

流域是一种复合的水文、生态和经济系统，通过加强水文水资源科学、社会经济学、生态学、环境科学、地质学、数学和化学等多学科之间的交叉运用和融合，进而制定科学有效的治理方案，并据此组织有针对性的科学攻关与技术研发工作，支撑相关规划、制度和行动的科学决策。

1. 加强长江上游流域治理的科技研发投入。通过开展流域层面的多学科与跨学科综合研究，梳理资源开发、环境治理与流域其他问题的关联，确定长江上游流域治理的根本性举措。科学技术的发展，需要国家给予大力的鼓励和支持。在研发阶段，国家可直接向科研机构划拨资金，保证科研基金的充足，重视科技投入。同时，对于取得研究成果的团队给予表彰和媒体宣传，并可给予适当奖励。在技术推广适用阶段，国家可推行适用新技术优惠政策，对自觉使用新技术的企业给予一定的税收优惠和政策优惠，并在新技术的使用方面派专家进行讲解和指导。

2. 重视科技手段在长江上游流域治理中的应用。在流域治理中，管理技术也起着关键作用。有序、合理、科学的管理技术势必能使管理工作更为高效地开展，也能使治理技术更好地被推广和应用。许多国家的

流域机构都聘用了大量的管理技术人员，他们在流域治理中发挥了不可替代的作用。在管理技术层面，各国都采用了先进的现代化管理手段。美国联邦林务局、水保局、环保局和田纳西流域管理局等一些欧美亚发达国家的流域管理部门在工程管理中广泛地应用了许多现代化手段，这些手段主要有地理信息系统（GIS）、全球定位系统（GPS）、遥感技术（RS）和计算机的普及应用，不仅提高了工程管理水平，也大大提高了工作效率，而且使得流域管理机构能够更好地发挥指导、审核和监督的作用。

3. 引导企业开展流域治理相关的自主创新。为切实提高科学管理长江上游流域资源开发与环境治理的能力，提高资源开发与环境治理科技自主创新能力，为长江上游流域治理提供有力的科技支撑，政府应该鼓励扶持资源开发企业、环保企业、重点工业企业等自主创新，提高资源开发与环境治理中的科学规划管理与科技应用水平，如旅游资源开发利用过程中科学确定旅游区的旅客容量，旅游区污水、烟尘和生活垃圾处理进行科学处置；矿产资源等开发中鼓励引进先进的开发技术；加大对先进治污技术的研发、推广力度，比如河口生态保护、船舶污染控制、氮磷污染物控制等技术的研发推广。政府应集结各大研究机构、高校、政府机构、各个行业技术的相关专家，组成技术攻关团队，定期组织交流与研究，各自发挥所长、综合考量，切实提升长江上游流域治理现代化水平。

四　注重财税政策引导激励，强化资金归集

1. 强化政府投入的政策引导作用。建立长江上游流域治理投入保障长效机制，多层面、多角度实现投入保障，逐步建立"政府引导、企业为主、社会参与"的长效投入机制。从资金来源方面来看，增加政府投资是长江上游流域综合管理的关键环节。如合理控制地下水开采，做到采补平衡，加大清理不合理抽水设施的工作投入；加大实施天然林保护工程投入，最大限度地保护和发挥好森林的生态效益；加大环境污染治理基础设施建设投入，对欠发达地区、重点地区环境保护项目给予税收优惠倾斜；制定以产业为导向的税收优惠政策，重点扶持对地区产业有引导作用并带动当地经济的环保项目,实现经济与环境效益的双赢;运用税收优惠等措施鼓励优化环保产业链上设计、施工、安装等环节,限制在生产经营过程中耗能高、污染重的产品出口;建立长江上游流域环境污染治理专项转移支付机制,采取"以奖代补""以奖促治"的激励制度以实现资金的有效投入。

2. 依靠财税政策积极建立政府引导、企业为主、社会参与的污染治理投入机制,形成多元化的投资格局。充分运用市场机制,积极拓宽环保投融资途径,利用财税、金融信贷、投资、价格等经济手段,鼓励各种所有制企业积极进行污染治理和环保建设,带动环保产业的发展。金融机构尤其是政策性银行,可以制定和实施倾斜性的货币政策,适度减少环保企业取得金融贷款的条件,积极扶持有益于自然环境保护的信贷融资和投资工程。企业应遵循"谁污染,谁治理"的方针,增加污染防治,环境保护的资金投入。政府、企业各方积极动员,切实促进长江上游流域水环境治理投融资机制的发展和完善。完善民间资本市场,克服资本市场准入机制与市场信息不对称等造成民间资本进入长江上游流域综合资源开发与环境治理领域等障碍,激活和吸引更多的社会资金,使得各方资金得到充分利用。积极引入外来资本,大力吸收用于环保事业的国际金融组织提供的资本、社会资本以及国内外政府机构贷款,形成以政府机构为主导、市场化改革为推动力和多样化投资模式为特征的格局。同时,还要提高资金投入的运作效率,完善治理项目运作过程中的约束机制和监督机制,明确投资人的各项权利义务,保障投资安全。

3. 创新投融资体制,建立长江上游流域治理专项基金。改变以往完全依靠国家的状况,逐步形成国家、地方、企业,以及国内投资和国外投资联合开发的格局,尤其要发挥大型企业和企业集团的主体作用。建立长江上游流域治理专项基金,基金主要来源于三部分:一是国家财政拨款,加大国家财政倾斜力度,并在信贷等方面给予必要支持。二是资本市场融资,采用多种组织形式(如股份制、合作制及股份合作制等),灵活运用债券、股票等形式,以弥补资金投入的不足。三是社会资本,积极利用国际合作和国际援助资金,充分挖掘国际资金市场的巨大潜力,同时注重将国内巨额的居民储蓄引导到长江流域开发治理投资领域,以支持长江流域综合工作的顺利开展。建议目前条件下，鼓励 11 个省市人民政府共同出资建立长江流域环境保护治理基金、长江湿地保护基金，发挥政府资金撬动作用，吸引社会资本投入，实现市场化运作、滚动增值。采取债权和股权相结合的方式，重点支持环境污染治理、退田还湖、疏浚清淤、水域和植被恢复、湿地建设和保护、水土流失治理等项目融资，降低融资成本与融资难度。

五　健全流域管理责任体系，推动流域间政府部门合作

1. 健全长江上游流域管理责任体系，实行问责制。按照地方政府对环境质量负责的总体要求，建立健全流域跨界断面水质考核机制、污染物总量减排工作考核机制、污染防治专项规划实施情况考核机制，以及资源开发利用考核机制，严格落实地方政府综合开发治理责任。在立足完善现有机构体系基础上，加强部门协调协作。特别是要厘清各部门在流域治理方面的职责，包括水质管理与监测、功能区划、资源开发、流域水资源保护管理机构的关系等。生态环境部门作为水污染防治的行政主管部门，应进一步加强监督执法职能。以相关部门牵头，其他部门积极参与流域治理，各部门加强沟通、协调和配合。具体实施途径可以通过在机构改革中调整"三定"方案来解决。与中央确立的大部制改革相适应，提升环境监管的部门职能。将流域治理作为贯彻落实习近平新时代生态文明思想和树立正确政绩观的重要方面，建立健全地方政府官员问责制。将临时性的检查上升为制度化的监测评价，建立常态化、规范化的制度；建立科学的问责指标体系，层层落实流域治理责任。

2. 推动长江上游流域间政府部门合作，缓解职能矛盾。一是积极引导部门沟通合作。建立长江上游流域政府间长期合作的有效延续机制，保障公共政策、规定等的规范性和持续有效性。建立良好的地方政府间信息沟通和协商机制，高度重视合作治理中的前期准备工作，反复论证项目建设，通过开展论坛等方式，为信息互通提供交流平台。建立中央与地方双重负责的长江上游开发体制，保证中央的调控能力与地方政府适度分权有机结合，从而既维护了中央的权威性，又捍卫了地方的自主权。二是健全保障利益分享机制。强调在市场经济背景下，通过中央政

府的政策协调,建立新型的地区间利益分配关系。中央政府通过调整宏观政策,尤其是产业政策及区域发展政策,实现国家产业政策与区域发展政策的最优配合。在保护长江上游流域资源可持续发展的基础上发展流域产业带经济,通过制定严肃的政策法规,规范长江流域产业带地方政府间、地方政府与中央政府间的利益协调关系。三是保障新型利益补偿机制运行。对资源保护和可持续发展进行基于利益补偿的横向转移支付,通过调整地区间利益格局来实现地区间公共服务水平均衡。建立规范的财政转移支付制度,发挥中央政府的核心地位优势,通过规范制度来实现利益转移和补偿。在当前体制转型的新时期,长江流域地方政府间利益关系应该在以市场调节为主的基础上,通过中央政府有效的宏观调控,实现地区间利益补偿和平衡,使长江上游流域在分享中下游地区带来的经济利益的同时,获得利益补偿横向转移支付权益。

六 完善法规标准,强化环境执法

目前我国没有针对有关流域资源与环境综合管理及保护的法律、法规,特别是缺乏流域管理机构设立的组织法。一些相关法律的规定相互重叠及冲突,造成责任交叉,流域管理委员会的稳定性、职能、职责和任务没有法律保障。因此要通过相关法规的完善,切实加强对水、土地、森林、草原、海洋、矿产等重要自然资源的环境管理,严格资源开发利用中的生态环境保护工作,严格长江上游流域环境治理的标准体系,以法律保障长江上游流域治理的顺利推进。

1. 建立长江上游流域治理一体化的管理法律体系框架。现有的流域自然资源及生态环境保护的立法以行政管制为主,在不能很好地实现既定的立法目的情况下,寻找新的行政管制手段或者强化已有的行政管制手段只会使法律越来越多、越来越杂。故在完善行政赋权的同时,立法应更多地向行政问责调整,在完善相对人的义务的同时,立法应更多地向明确法律关系各方权利义务关系的方向调整;不应是仅简单地告诉规制对象应该或者不应该做什么,应该把资源开发、环境保护治理相关的法律关系责任主体的权利和义务界定清楚,将流域资源资产核算、环境污染程度加入各地各级政府年度经济社会发展实绩考核,健全政府绩效考核体系，并将考核结果向社会公布。同时对相关法律规定中重复的部分进行整理，对授权不明确的部分，加以明确，对矛盾和冲突的部分进行修正；地方性的配套立法应该着重于程序性的操作性规范，不能为了创新而超越立法权限。重视区域内相互联系的多项目总体环境影响，而不能只关注眼前单一的具体项目。放眼长远，并根据长江上游流域经济发展规划，确定适宜的规划和方针。

2. 提升监管能力，切实强化执法。监督管理对于长江上游流域治理具有重要意义。新中国成立以来，我国制定出台了一系列流域资源开发与生态环境保护治理的法律法规，主要包括：资源法系列，涉及《中华人民共和国水法》《中华人民共和国矿产资源法》《中华人民共和国渔业法》《中华人民共和国草原法》《中华人民共和国森林法》；生态环境保护法系列，涉及《中华人民共和国防沙治沙法》《中华人民共和国野生动物保护法》《中华人民共和国水土保持法》；污染防治法系列，涉及《中华人民共和国放射性污染防治法》《中华人民共和国环境噪声污染防治法》《中华人民共和国固体废弃物防治法》《中华人民共和国水污染防治法》《中华人民共和国空气污染防治法》《中华人民共和国土壤污染防治法》等；环境保护法系列，涉及《中华人民共和国环境保护法》《中华人民共和国海洋环境保护法》《中华人民共和国清洁生产促进法》《中华人民共和国环境影响评价法》等。由于流域治理具有综合性、复杂性等特征，因此有必要赋予各流域管理机构以相应的权利，而不仅仅作为"具有行政职能的事业单位"存在。同时，设立专门的流域综合管理行政执法机构，切实加强已有法律规定在长江上游流域过程中的执法监督。配备专门的执法人员及其必要的执法设备，从人员上和物质上为执法的顺利进行提供保障。各流域管理部门构建数字流域、流域模型和流域综合管理决策支持系统等，综合运用遥感、地理信息系统、全球地位系统、虚拟现实、网络等现代高新技术，对全流域的地理环境、基础设施、自然资源、人文景观、生态环境等信息进行数字化采集与储存、动态监测与处理等，从技术上提升监管能力。

3. 强化流域治理的相关立法工作。我国目前建立了以宪法为核心，以综合和单项法律、法规、规章和国际公约等为重要组成的较为完整的环境与资源保护法规体系。正在开展以下立法和法律修订完善工作:《长江保护法》《生物安全法》已完成阶段性目标;修改修订固体废物污染环境防治法、环境噪声污染防治法、环境影响评价法、矿产资源法、草原法、森林法、渔业法等多部法律;研究制定国土空间开发保护法、湿地保护法、空间规划法等;研究起草以国家公园体制为核心的自然保护地法,以乡村振兴战略为指导的乡村振兴促进法,以资源节约与合理利用为主体的资源综合利用法等。注重保护流域生态系统的同时,以构筑可持续发展型社会为目标,积极推进国际环境保护等,促进立法的生态化,构建以流域生态环境安全为核心的法律法规体系。

七 规范公众参与方式,丰富参与、监督途径

推进公众参与长江上游流域治理,需要从各层面、各领域入手,循序渐进开展工作。

1. 规范公众参与方式。从国家层面来看,完善相关的法律制度非常关键。建议国家在立法中应加强对社团组织、公民等非政府主体参与流域治理的权益规定,出台具体的公众参与的程序性规定;大力推行环境公益诉讼制度,即任何公民、社会团体、国家机关为了维护公共环境和公民环境权益等社会公共利益,依据法律的特别规定,针对有关民事主体或行政机关而向法院提起诉讼的制度。从流域层面来看,宜积极推动长江上游流域机构改革,组建利益相关方参与综合性流域管理机构,举办具有广泛参与性质的长江上游流域论坛。在各个政府部门,信息披露和意见征求均应进一步加强。

2. 丰富公众参与监督方式。在长江上游流域搭建公众参与、专家咨询的环境综合治理平台,增加信息、决策的透明度,定期发布流域环境质量监测数据信息,及时公布流域内环境管治的工作进程,保障公众的知情权,推动建立行政审批的流域公告和听证制度,开展利益相关方参与长江上游流域管理的能力建设;保持流域环境保护建议和污染举报渠道畅通,全方位、全过程地监督长江上游流域环境治理问题,推行奖惩机制,保障公众的监督权。积极发展环保非政府组织,通过环保非政府组织向公众普及和宣传环境意识、推动和促进环保领域的公众参与活动、

资助环保活动、开展有关自然资源和环境保护的项目活动、研究环境保护的科学和技术、生产和推广有关环境保护的产品、援助环境污染受害者、进行环境保护的国际交流活动等。

3. 提升公众参与意识。应提高流域内民众的环境公益保护意识，培养公民参与精神，加强长江上游流域环境保护教育，开展环保实践活动，以学校、社区、民间公益组织为基层组织动员学生、家庭参与流域内环境治理，同时推行长江上游流域环境素质教育，建立长江上游流域文化、环保历史博物馆等，开展环保文化交流流动展览。

附 录 一

国内外典型流域综合开发
治理比较与借鉴

　　可持续发展议题长期以来都是备受关注的热点话题。流域综合开发与治理是保障水资源安全、生态安全和经济社会可持续发展的重要举措，世界各国为此不断努力探索流域综合开发治理新模式，形成了自身相对完善的流域管理模式和成熟的管理经验。为积极探索符合我国国情的流域综合管理路径，形成有效的流域开发治理模式，有必要对国外典型流域的开发管理进行比较和分析，以期能给国内流域开发管理实践提供有益借鉴。本章在总结欧洲莱茵河、美国田纳西河、泰晤士河等流域开发治理成功经验的基础上，结合我国长江上游流域的实际情况，归纳出一些可供借鉴的政策措施。

第一节　国外典型流域综合开发治理比较与借鉴

一　欧洲莱茵河流域的国际协调与治理

　　莱茵河发源于瑞士阿尔卑斯山脉的沃德和亨特莱茵，莱茵河是具有历史意义和文化传统的欧洲大河之一，同时也是世界上最重要的工业运输大动脉之一，源头海拔最高 4275 米，干流全长 1320 公里，流域面积 18.5 万平方公里。按流量统计，该流域是欧洲继伏尔加河和多瑙河之后的第三大河流。流域覆盖瑞士、法国、德国、卢森堡、荷兰等 9 个国家，全流域人口约 5000 万人，其中约 2000 万人以莱茵河作为直接饮水来源。

莱茵河还是世界上内河航运最发达的河流之一，从巴塞尔到入海口鹿特丹均可通航，可承纳最大吨位 3000 吨的船只。流域沿岸形成了许多著名的城市（如康斯坦茨、巴塞尔、法兰克福、鹿特丹等），并积聚了化工、钢铁机械制造、旅游、金融保险等产业带。详见表 F.1。

表 F.1　　　　莱茵河和长江主要水文特征、航运情况比较

河流	年径流总量（亿立方米）	年平均流量（立方米/秒）	年输沙量（万吨）	干流梯级电站（个）	干流通航里程（公里）
莱茵河	800	2150	300	12	885
长江	9755	29200	53000	4	3639.5

资料来源：根据网络及相关公报资料等整理得到。

1. 莱茵河流域面临的问题

莱茵河自 1817 年著名的"图拉整治"后，大力发展航运，沿江修建码头、铁路和公路等基础设施，使莱茵河流域成为重要的交通枢纽。随着工业革命兴起和沿岸大规模开发，该流域面临日益严峻的生态环境问题。第二次世界大战后，莱茵河流域工业化进程再度加速，导致污染进一步加重。1971 年秋季低水时期，耗氧污水和有毒物质污染尤为严重。科布伦茨市附近河水中的溶解氧（DO）几乎为零，几乎所有水生生物均从被污染的德荷边界附近河段绝迹。直到 20 世纪 80 年代初，莱茵河一直被称为"欧洲下水道"。另外，由于流域内土地开发利用、水利和航运基础设施建设的发展，天然洪泛区域不断减少，洪水最高水位、时段洪峰流量一涨再涨，洪水问题十分突出，沿河堤防和其他防洪工程并不能提供百分之百的安全保证，沿洪泛区受堤防保护的居民区和工业区的危险性加大，潜在的洪灾损失普遍增大。在 1993 年和 1995 年的洪水中，沿莱茵河许多城市被洪水淹没。经过对莱茵河流域的综合统一管理，如今的莱茵河又重现了生命之河的景象，成为跨国河流综合管理的成功典范，为我国流域治理提供了经验参考。

2. 莱茵河流域的国际协调与治理

莱茵河流域管理始于 19 世纪中叶，当时主要针对航运而设立的航运

管理机构。第二次世界大战结束后，荷兰、法国和德国等在瑞士巴塞尔成立了旨在全面处理莱茵河流域保护问题并寻求解决方案的"莱茵河保护国际委员会"。该委员会的主要职责在于，一是根据预定的目标准备国际上的对策计划和组织莱茵河生态系统研究，对每个对策或计划提出建议，协调各签约方的预警计划，评估各签约方的行动效果等；二是根据规定及时做出决策；三是每年向各签约方提出年度报告；四是向公众通报莱茵河的情况和治理成果。

除了跨国委员会外，在德国科布伦茨还设立了对莱茵河水环境综合监测和洪水预报的德国水文研究所以及在各国内部设立的跨州协调委员会。同时还设有由政府间组织（如河流委员会、航运委员会等）和非政府间组织（如自然保护和环境保护组织、饮用水公司等）组成的观察员机构，监督各国工作计划的实施。

根据 1999 年签署的新莱茵河公约，莱茵河流域保护国际委员会的目标是寻求莱茵河流域的可持续发展，以清洁泥沙、防洪、生态保护以及改善北海水环境来保障莱茵河作为饮用水水源。莱茵河流域保护国际委员会的工作领域涉及莱茵河流域、与莱茵河有关的地下水、水生和陆生生态系统、污染和防洪工程等。其工作的基本原则是预防、源头治理优先、污染者付费和补偿、可持续发展、新技术的应用和发展、污染不转移等。

经过多方不懈努力，莱茵河流域保护国际委员会在国际合作共同治理莱茵河流域环境污染和洪水方面达成了一系列水环境管理协议，主要包括：一是控制化学污染公约，规定某些化学物质的排放标准使化学污染物达标排放；二是莱茵河 2000 年行动计划（RAP），该计划从河流整体生态系统出发，全面改善莱茵河及沿岸湿地动植物的生存环境，减少河流淤泥污染物含量，全面控制和减少工业、农业、交通和城市的污染；三是洪水行动管理计划，该计划是通过水管理、城镇规划、自然保护、农业和林业、预防和控制等综合措施解决洪水问题。具体内容包括：通过合理建设工程和非工程措施来减少洪水危险区内极端大洪水下带来的损失；沿河洪水风险区内的工商企业应有相应的洪水预防措施和设备；工业企业内部管理应包括洪水应急预案，避免在洪灾时造成水污染；还应将洪水灾害保险作为一项特别保护手段，以增强自我保护意识。

先进的管理体制、一系列约束性公约以及强调河流生态系统的管理模式，使得莱茵河流域管理取得了良好成效。2002年莱茵河的水质已有极大改善，河水已基本变清，排入莱茵河的水也基本达到国家标准，大马哈鱼也重返莱茵河。

3. 莱茵河流域开发的成功经验

莱茵河流域在近两个世纪的不断开发建设中，取得了举世瞩目的社会、经济、环境发展效益，成为世界上江河开发的成功典范，积累了许多宝贵经验。

（1）注重规划先行与城市空间结构发展。莱茵河沿岸的开发，总体上是有序进行、与时俱进的。作为一条国际河流，各国在开发过程中也曾一度缺乏统一规划，纷纷各自为政，但总体上未曾出现过以邻为壑的情况，这一定程度上为荷兰莱茵河"三角洲工程"成为该流域经济规划世界杰作创造了条件。市场机制是资源配置的决定性力量。但其也导致了沿河各工业带和工业中心之间，由低水平重复建设、结构雷同的竞争转向发展特色产业和相互利用、错位竞争。由于共同利益的驱动，进一步增强了沿江各国流域经济荣损与共的共同体意识，使各国认真搞好不同历史阶段全流域发展规划的协调合作，并切实贯彻落实。发展港口及节点城市，仅在莱茵河干流上就建成近50座中等规模以上的城市，并具有各自的主导及特色职能和定位，如法兰克福、阿姆斯特丹等为金融中心，斯特拉斯堡、海牙、伯恩为行政中心，科隆为媒体业中心、香水之都和化工中心，埃森、多特蒙德、康斯坦茨为教育中心。各城市功能之间合作互补，城市化率急速提高，并使德国成为没有"大城市"的经济大国和全球城市化率最高的国家之一。

（2）重视基础设施建设。欧洲各国非常重视水电等洁净能源的开发与水电设施的建设，并通过现代科技对水电站进行自动化管理。一是大力发展能源工业，大规模建设莱茵河电厂；二是先期建设码头、机场、沿岸的公路、铁路，发展水陆交通，形成立体式综合交通运输网络，为产业集聚、企业集群奠定重要基础。

（3）综合开发水资源。荷兰制定的"三角洲计划"，就是全面开发，综合利用，体现多层次、全方位的效益兼顾，包括航运、防洪、供水、旅游、发电、灌溉、渔业等，还要有利于环境保护和自然生态平衡。流域各国能够紧密结合各河段的实际，以梯级开发为中心，实行干支流并举的综合开发方针，优先开发水能资源和水运资源。

（4）高度重视环境保护。德国在莱茵河开发中高度重视开发与保护二者之间的关系，特别是20世纪60年代中后期"绿党"作为一支政治力量的崛起，对政府环境生态政策形成巨大压力。从70年代初往后的30年里，德国耗费数百亿美元打造了莱茵河水的返清工程。1986年在荷兰鹿特丹市由莱茵河各国召开的第7届部长联席会议出台的"莱茵河行动计划"（RAP）主要目标为珍贵鱼类重返莱茵河（以"鲑鱼2000"作为目标实现的标志），保证莱茵河可作为饮用水。"鲑鱼2000"并不限于单一鱼种的单个目标，而是莱茵河生态系统恢复的总体标志和措施。因此，总体而言，德国在莱茵河的开发建设中虽然有"先建设、后治理"的过程，但时间不长，基本上走的是一条开发与保护相结合、发展与环境相协调的路子。

（5）重视产业结构升级，积极引进国际资本和技术。在有效利用资源与环境保护的基础上，借助各地区资源禀赋，兴建沿河产业带并以科技创新作为各产业带升级、转移以及产业结构调整的动力。自动化工程、信息学、生物技术、遗传工程、空间技术和环保技术等代表德国经济技术发展水平的新型产业率先进驻莱茵河流域区内，较大程度地提高了莱茵河周边城市的国际竞争力。德国是西欧工业起步较晚的国家，在莱茵河沿岸开发中，它大力引进和吸收当时英、法、比等国家的资金和先进技术，从而后来居上，使沿河产业能进行很好的配套选择与重点培育，各方面的综合优势得以充分发挥，促进了产业优化组合。

（6）提高有效防洪能力。莱茵河流域各国均实施了一系列旨在提高莱茵河沿岸及其流域滞水能力的措施，比如重新确定河堤的位置；提倡广泛的农业活动、植树造林和雨水渗透；在流域内建立小规模技术性滞洪设施等。而且，莱茵河流域还设有洪水预报警系统。预报警中心根据气象部门提供的信息数据，利用简化的降雨—径流模型来预警可能发生的洪水。目前，对莱茵河源头可进行相对准确的12小时、整个流域24小时、莱茵河三角洲48小时的洪水预报。洪水预警时间的增加，使人们有更多的时间转移物品，规避危险。

（7）重视水污染防治。20世纪50年代末，德国大规模的战后重建工作，大批能源、冶炼企业向莱茵河抽取工业用水，同时又将大量工业废水排进河里，莱茵河水质开始急剧恶化。为了治理莱茵河的水污染，包括德国在内的莱茵河流域各国与欧共体代表于1963年在ICPR范围内签订了合作公约，奠定了共同治理莱茵河水污染的合作基础。为减少莱茵河的淤泥污染，还严格控制工业、农业、生活固体污染物排入莱茵河，违者罚款，罚金50万欧元以上。1985年欧共体达成的"水质标准国际协议"制定了严格的排污标准，并加强了监督和治理措施，污水未经处理达标，不许排入莱茵河干支流中。保护委员会下面设置若干个专门工作组，分别负责水质监测、恢复重建莱茵河流域生态系统以及监控水污染源等工作。目前，莱茵河从瑞士至北海入口之间有9个国际水质监测站，采用先进的监测手段对河水进行监控。近年来6个沿岸国家投资了约600亿美元，通过排污企业与政府共同持股的方式，建立了大量的污水处理厂，制定工业废水和垃圾排放法规，严格限制未经处理或未达标的水直接向河道排放。经济发展方式从重工业向轻工业转型，并采取了造林等净水工程，有效地控制了点源污染，莱茵河的水质逐渐得到了改善和恢复。由于采取先进的废污水末端治理技术，推行清洁生产，以及对某些物质实行禁排或限排等多项治理措施，微量有机污染物污染水平总体呈递减趋势。

二 美国田纳西河流域的综合开发治理

田纳西河位于美国东南部，是俄亥俄河的一级支流，密西西比河的二级支流，全长1450公里，流域面积10.6万平方公里，流经阿巴拉契亚山脉地区和密西西比平原，上游流经山地丘陵，中游地区为丘陵，下游是冲积平原。田纳西河水系发达，支流众多，有一级支流19条，二级支流31条。流域内有较丰富的水利、森林、矿产和旅游资源。煤炭探明储量413亿吨，磷矿储量24亿吨，石油、天然气、锌、铝、铁、铜、铅等也具有重要地位。历史上，田纳西河流域开发较早，18世纪下半叶就有较为发达的农业,盛产棉花、马铃薯和蔬菜。但是因为人口较少,人类活动对自然环境的影响不大,整个流域山清水秀,森林繁茂。自 19 世纪后期以来,由于不合理开发利用自然资源,过度耕种和开垦土地、过度砍伐森林、对矿物资源进行掠夺式开采等,田纳西河流域自然植被遭到严重破坏,水土流失严重,水灾频繁。直至 1933 年,交通不便、生产落后及经济危机等多重因素的影响致使田纳西河流域成为美国最贫穷落后的地区之一。流域人口中城镇人口仅占 25%,而当时全美城镇人口比重已达 56%。人均收入仅 168 美元,只有全美人均收入的 45%。仅 4.2% 农庄通电(全美农村为 13.4%),3% 的农庄有自来水。经济落后和环境恶化导致 1920—1930 年约有 125 万人流向区外,恰逢 30 年代美国经济大萧条,外出谋生的人重返家园,进一步对流域内原本脆弱的生态环境施加了压力。

1. 成立田纳西流域管理局

1933 年,时任美国总统的罗斯福主张对田纳西河流域进行综合开发,他认为发展不能只局限于单纯的经济利益,而且必须涉及资源保护等重大社会利益。为了对田纳西河流域内的自然资源进行全面的综合开发和管理,美国国会通过了"田纳西河流域管理局法",成立了田纳西河流域管理局(简称 TVA)。TVA 的管理由具有政府权力的机构——TVA 董事会和具有咨询性质的机构——地区资源管理理事会实现。目前,董事会下设一个由 15 名高级管理人员组成的"执行委员会",理事会成员包括流域内 7 个州的州长指派的代表,TVA 电力系统配电商的代表,防洪、航运、游览和环境等受益方的代表和地方社区的代表。罗斯福把管理局视作开发与保护自然资源的工具,目的在于提高田纳西河的航运能力和防控田纳西河的洪水;在田纳西河流域重新植树造林和适当使用贫瘠的土地;为该流域的农业和工业发展做准备等,并提出电力生产在诸多开发项目中处于次要地位,从此田纳西河流域进入了全面和系统的治理开发时期。

2. 田纳西河流域开发与治理的主要措施

(1)整治河流,开发水利。首先,建造防洪、水坝等水利工程。田纳西河过去经常洪水泛滥,造成该流域地区人民生命财产遭受巨大损失。

TVA 通过疏浚河道，加速水流通过，在支流修筑蓄水库以减少支流流量，用主流及支流蓄水库来调平洪峰，洪峰过后逐渐放水恢复蓄水能力等四项措施控制了洪害。经过多年，在田纳西流域修建了 35 座主要水坝和 8 个次要水坝，在控制洪水的同时，还可以用于发电、航运、供水和游览，使水害变成水利，并且对下游密西西比河和俄亥俄河的控制也起了作用。

（2）推进产业结构调整与产业发展。管理局成立后，着重从农业、林业、森林工业及旅游业方面着手对整个流域进行综合治理。在农业政策方面主要是示范农场计划，采取官方机构与农场主之间的合作开发项目，在推广示范农场计划时遵循自愿、合作、环保、教育原则，因此示范农场既在经济上有盈利，也避免了对土地的滥垦，使这个经济单位得以维持。单个示范农场取得的积极成效，吸引了众多农场主的参与，而众多农场主联合起来形成了区域示范效益，扩大了生产规模从而能够更加有效地开展农业生产。在发展林业方面，TVA 设有林业研究所，在培育新品种、提高树木生长率、防治病虫害等方面都做了大量的研究，并将其成果推广应用到生产中。在发展森林工业方面，根据对市场和森林的发展现状进行预测，提出了优化森林工业的布局，目前田纳西流域森林面积占 1/3，到处郁郁苍苍，森林工业产值每年达 10 亿美元。在发展旅游业方面，TVA 在兴建水坝、水库、造林、养鱼、水土保持、建设航运网等基础上，在山区建立了 110 个公园、24 个野生动物管理区。在湖滨建立了 310 个风景区、110 个宿营地和俱乐部，使整个田纳西流域成为一个庞大的拥有公园、游艇、水族馆、浴场、避暑别墅的优美风景区。

（3）保护生态环境。TVA 在流域开发中十分重视环境保护与治理，采取了一系列环境保护措施。1936 年开始，TVA 对流域水质进行监测，包括调查水库的条件，以保护水资源。例如开发新的水增氧技术，恢复高坝下游水中的氧气成分。研究工厂排出的热水对鱼及其他水生生物的影响；TVA 还对鱼及野兽进行研究、监测，设法保护并增加其群体。重新引进了鹗及秃鹰等野生动物，引进新的淡水贻贝品种。对优生树种进行遗传学研究，以便在生产中推广应用；TVA 还预先和煤矿主签订合同，要求露天采矿场将来要复垦。

(4) 以水资源和土地资源为开发主线，进行综合开发。田纳西河流域的开发，始终以水资源和土地资源的统一为基础，以工业、农业、城镇和生态环境为目标，建立自然、经济和社会协调体系。以水坝建设为突破口，综合开发利用水资源。与此同时，围绕流域土地资源的改善与开发，因地制宜全面发展农、林、牧、渔各业。TVA 把发展农业、林业和开展水土保持作为改善和开发流域土地资源的重要环节。在农业方面，结合流域化肥工业的大力发展与廉价供应，提高土壤肥力；依靠充足的电力供应发展灌溉，改善农业生产条件。在林业和水土保持方面，把造林和防止水土流失作为整个流域综合治理的一个重要组成部分。在渔业方面，由于兴建了大量水库，为渔业的发展奠定了基础。总之，围绕水资源、土地资源的开发，综合开发流域经济，据 TVA 称，田纳西流域已在航运、防洪、发电、水质、娱乐和土地利用 6 个方面实现了统一开发和管理。

(5) 建立强有力的管理体制。TVA 成立时既享有政府权力，同时又具有私人企业灵活性和主动性的机构，据此被确定为联邦一级机构。一方面，作为联邦政府，TVA 只接受总统与国会的监督，完成其政府职能。TVA 可以自行处理和解决有关问题，对流域开发的项目及相关部门进行统一的领导。另一方面，作为企业法人，TVA 也积极追求经济效益。TVA 采取公司制，由具有政府权力的机构——TVA 董事会和具有咨询性质的机构——地区资源管理理事会实施管理。董事会由三人组成，行使TVA 的一切权力，成员由总统提名，经国会通过后任命，直接向总统和国会负责。TVA 的内设机构由董事会自主设置，且根据业务需要不断进行调整。地区资源管理理事可对 TVA 的流域自然资源管理提供咨询性意见，为 TVA 与流域内各地区提供了交流协商渠道，促进流域内地区的公众积极参与流域管理。这种咨询机制对 TVA 的行政决策起到了重要的参考和补充作用。

(6) 完善经营上的良性运营机制。田纳西河流域开发需大量资金。1960 年以前，TVA 开发项目主要由联邦政府拨款，且这种拨款基本上是无偿的，仅交纳少量的资金占用费；1961 年后，经营项目的拨款要求限额偿还，发行债权成为主要的融资渠道。TVA 通过开发电力等赢利项目，为流域自然资源管理提供了资金支持。TVA 以开发水电起家，到 50 年代电力负荷需求迅速增长，促使 TVA 积极建设火电站、核电站和燃气电站，电力生产逐渐成为 TVA 最大的经营资产。此外，TVA 还面向社会筹措资金，自 1960 年开始在国内发行债券，为发展电力筹措资金。1995 年开始在国际市场发行债券，TVA 对债券的成功运作，促进了其电力生产的发展，也使电力生产经营逐渐成为 TVA 的经济支柱。TVA 从早期的政府扶持，到 20 世纪 60 年代发行债券和发展电力，逐步走上了经营管理良性运行的道路。电力赢利的持续增长，支持了包括水资源在内的流域自然资源综合开发和管理（见图 F.1）。

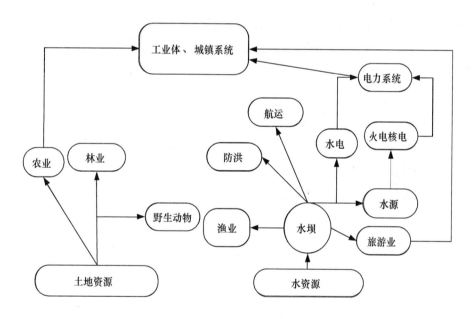

图 F.1 以水坝建设为中心的水资源、土地资源利用

　　总而言之，田纳西河流域管理局成立对田纳西河流域的生态环境保护起到了积极作用，维护了该流域的生态平衡，其经验值得我国在流域资源开发利用和环境保护中借鉴。

三 泰晤士河流域的综合开发治理

1. 泰晤士河流域概况

泰晤士河全长 402 公里，流经伦敦市区，是英国的母亲河。19 世纪以来，随着工业革命的兴起，河流两岸人口激增，大量的工业废水、生活污水未经处理直排入河，沿岸垃圾随意堆放。1858 年，伦敦发生"大恶臭"事件，政府开始治理河流污染。

2. 泰晤士河流域治理思路及措施

（1）通过立法严格控制污染物排放。20 世纪 60 年代初，政府对入河排污做出了严格规定，企业废水必须达标排放，或纳入城市污水处理管网。企业必须申请排污许可，并定期进行审核，未经许可不得排污。定期检查，对违法违规排放等行为实施起诉、处罚。

（2）修建污水处理厂及配套管网。1859 年，伦敦启动污水管网建设，在南北两岸共修建七条支线管网并接入排污干渠，减轻了主城区河流污染，但并未进行处理，只是将污水转移到海洋。19 世纪末以来，伦敦市建设了数百座小型污水处理厂，并最终合并为几座大型污水处理厂。

（3）从分散管理到综合管理。自 1955 年起，逐步实施流域水资源水环境综合管理。1963 年颁布了《水资源法》，成立了河流管理局，实施取用水许可制度，统一水资源配置。1973 年《水资源法》修订后，全流域 200 多个涉水管理单位合并成泰晤士河水务管理局，统一管理水处理、水产养殖、灌溉、畜牧、航运、防洪等工作，形成流域综合管理模式。1989 年，随着公共事业民营化改革，水务局转变为泰晤士河水务公司，承担供水、排水职能，不再承担防洪、排涝和污染控制职能；政府建立了专业化的监管体系，负责财务、水质监管等，实现了经营者和监管者的分离。

（4）加大新技术的研究与利用。早期的污水处理厂主要采用沉淀、消毒工艺，处理效果不明显。20 世纪五六十年代，研发采用了活性污泥法处理工艺，并对尾水进行深度处理，出水生化需氧量为 5—10 毫克/升，处理效果显著，成为水质改善的根本原因之一。泰晤士水务公司近 20%的员工从事研究工作，为治理技术研发、水环境容量确定等提供了技术支持。

（5）充分利用市场机制。泰晤士河水务公司经济独立、自主权较大，其引入市场机制，向排污者收取排污费，并发展沿河旅游娱乐业，多渠道筹措资金。仅 1987—1988 年，总收入就高达 6 亿英镑，其中日常支出 4 亿英镑，上交盈利 2 亿英镑，既解决了资金短缺难题，又促进了经济社会发展。

四　北美五大湖的综合开发治理

北美五大湖是指位于北美洲中部的伊利湖、苏必利尔湖、安大略湖、密歇根湖和休伦湖，它们分布在美国与加拿大之间，一些自然河流和人工开通的运河将 5 个湖泊连为一体。五大湖是世界上最大的淡水湖水系，储存了全球 20%、北美 95% 的淡水资源。早在 20 世纪 50 年代，大湖湖区出现了湖泊富营养化现象，湖水污染严重。

北美五大湖水环境综合开发治理有如下经验性举措：美国、加拿大政府采取了一系列措施，对五大湖流域水环境实施协同开发治理。1909 年，美国和加拿大签署《1909 年边界水协定》，联合成立五大湖的最高管理机构——国际联合委员会，负责统一管理协调工作。1955 年，美国专门成立"大湖委员会（GLC）"，作为美国大湖环境管理的最高决策机构，各州负责具体实施有关决策。1972 年，美国签署《大湖水质量协议》，并通过《清洁水法》授权联邦政府为各地城镇污水处理厂建设和其他的水质改善方案提供财政援助。1983 年，美国五大湖区附近的 8 个州和加拿大的安大略和魁北克省联合成立了大湖区州长委员会，负责大湖地区环境改善和经济社会可持续发展协调行动。1986 年，美国颁布《紧急计划和公众知情权法》，规定某些行业的企业需要每年提供一份关于有害物质排放总量的报告，利用公众的监督向违法排污企业施压。从 1987 年起，美加政府在大湖地区联合实施大湖监管计划、资源管理计划、环境管理计划、友好大湖行动等一系列治理项目。从 1992 年起，美加对大湖流域企业实施"大湖区认证"，并开展一系列自愿行动，动员公众关注和爱护环境与生态。1996 年，美国环保署制定《基于流域的交易草案框架》，开流域污染物（排污权）交易之先河。2007 年，密尔瓦基市成立水理事会，推动建立政府、企业、高校、科研机构之间的战略联盟,共同推进水环境产业发展。

五 密西西比河的综合开发治理

美国城市中超过 10 万人口规模的城市大约有 150 个,其中就有 131 个位于流域周边,并且大部分城市分布在密西西比河的水系周边,加大城市之间的贸易往来,重点开发利用水资源,加强城市和城镇之间的水上运输联系,使一大批港口城市得以兴起,是密西西比河流域经济发展的主要模式之一。由于港口城市经济的迅速发展,基础设施的投入与建设大多集中于此并成为该区域的综合性的交通枢纽。这些城市利用其周边的矿产资源大力发展工业,钢铁工业迅速发展,并促进了铁路的发展,改善了内陆地区的交通状况。随着周边各中小城市的发展与崛起,以港口城市为增长点,建立起了干支畅通、标准统一的现代化航运网,连接周边城市与内陆中上游地区,形成了“钢铁走廊”等沿河密集型产业带,经济发展迅速向内陆推进。抓住科技创新带来的机遇,及时升级港口城市等经济较发达的老工业地区的产业结构,在这些地区大力发展新型制造业及服务业,河道流域经济得到了迅猛发展。

在密西西比河的综合治理上采取点轴开发、统一管理的方式,使城市经济与流域经济互促发展。在管理上成立密西西比河流域委员会,这个机构在经济上完全自主,下设水利、电力、航运和工业发展、财务、环境保护、工程建设、农业和化学发展、森林和野生植物、渔业、旅游等十多个处,是一个具有官方权力与法律效益但按照民间企业管理的机构。该机构遵循流域经济一体化发展的理念,对密西西比河流域统一规划、灵活管理,提高流域经济发展质量。

六 亚马孙河的综合开发治理

亚马孙河平原占巴西国土的 42%,但人口聚集较少,自然优势和天然资源优势未被充分认识和有效利用,交通闭塞,市场狭小,商品贸易潜力未被挖掘,且农业粮食不能自治。为此,巴西政府成立“巴西亚马孙流域管理局”,借助优势资源,鼓励东北部干旱区的居民来此开荒定居,加大农业基础设施建设,实施养牛牧场、公路建设及矿产勘探,兴建水电站、航运交通网络,基础产业逐渐兴盛。建立经济特区,鼓励实行对外开放,在重要发达港口城市建立自由贸易区,开放经营免税店,优化投资环境,吸引国内外资本来此投资兴建工厂,不仅使地区成为较繁华的贸易中心,且成为全国集电气、电子、手表、电子科技等于一体的工业中心,使该城市集聚大量人口、资本、科技并带动着一大片未开发的地区向现代经济逐步迈进。采取贸易开放、对外往来的措施,在一定程度上打破亚马孙地区荒蛮、与世隔绝的落后现状,将亚马孙河地区脱节的地段与现代化经济文化生活联系起来。但是,贸易往来带来运输业与工业发展的同时,环境也遭受到一定程度的破坏。亚马孙流域的热带雨林是地球上仅存的三片热带雨林,在全球生态环境调节中起着不可忽视的作用,亚马孙流域管理开始注重生态环境保护问题,颁布法律法令,严禁乱砍滥伐,同外国政府和国际组织为保护亚马孙森林实行财政、科技合作。鼓励各大企业、公司在进行工业生产的同时注重周边环境的保护,虽然亚马孙流域环境保护问题已受到重视,但是过去因过度追求经济发展对环境的牺牲与破坏,对其弥补的过程艰难并艰巨,生态环境多样化的丧失与生物链断裂等生态环境破坏的程度已经达到了无法补救的地步。

第二节　国内主要流域综合开发治理比较与借鉴

一　松辽流域的管理与开发

松辽流域泛指东北地区,流域总面积123.8万平方公里。西、北、东三面环山,南部濒临渤海和黄海,中、南部形成宽阔的辽河平原、松嫩平原,东北部为三江平原,流域水资源总量1888.21亿立方米。世界瞩目的黑土带分布在东北大平原,地势平坦,土壤肥沃,雨量充沛,气候适宜,光照充足,具有良好的农业开发条件。

1. 松辽流域的管理模式

20世纪70年代末,针对松花江、辽河流域有机汞污染的严峻形势,国家批准成立了"松花江水系保护领导小组",由吉林省政府领导担任领导小组组长,辽宁与黑龙江省领导担任副组长。其后几经演变,辽河流域、嫩江流域等纳入领导小组管理范围,内蒙古自治区也加入到领导小组,目前已成为松花江、辽河等流域管理的决策机构,是"流域管理与行政区管理"相结合的有效方式,被称为"松辽管理模式"。领导小组行使决策权,流域机构负责监督与技术支撑,各省市区主管部门负责实施,较好地实现了流域管理中决策权、监督权和执行权的有效分离。

2. 松辽流域的治理与保护

(1) 流域规划修编采取协调会议和专家咨询组工作制度。2007年3月26日,在召开的松花江、辽河流域综合规划修编工作协调会议第一次会议上,参加会议的各方代表一致同意实施《松花江、辽河流域综合规划修编工作协调会议制度》和《松花江、辽河流域综合规划修编专家咨询组工作制度》,首次在松辽流域综合规划编制工作中引入了协调会议制度。这种科学民主、平等协商的新机制,为规划的编制和实施提供了制度保障。

(2) 积极进行水权制度探索和实践。近年来松辽委有效开展了流域初始水权分配研究和试点工作,先后组织开展了"水资源使用权初始分配原则及程序研究"等6项专题研究工作。这些研究成果对松辽流域水资源使用权初始分配和在未来的水管理中如何建立政府宏观调控、流域民主协商和用水户参与的协商机制等方面发挥了重要作用。在开展上述专题研究的同时,松辽委开展了大凌河流域和霍林河流域初始水权分配试点工作。

(3) 促进人水和谐,实施湿地补水。2001年7月,松辽委组织实施了扎龙湿地应急补水工程,从嫩江向扎龙湿地紧急补水0.35亿立方米,有效地缓解了湿地缺水状况。2004年6月,应吉林省的请求,松辽委协调各部门于6月25日实施了从察尔森水库向海湿地应急补水3000万立方米,向海及其周边生态环境得到明显改善。2011年5月,持续干旱致使湿地缺水严重,松辽委在国家防总和水利部的部署下成功地实施了引察济向生态应急补水6000万立方米,及时解决了向海湿地缺水的现状。

二 江浙两省对澜溪塘流域治理

1993 年开始，盛泽镇的工厂就开始向嘉兴北部水域大量排放污水，对水体造成了严重的污染，水域附近的农业和渔业因此损失惨重。为此王江泾镇的农民曾多次集体上访，政府虽然出面调解，但并没有任何实质性的改变。2001 年 11 月 22 日凌晨，王江泾镇的农民自发组织了"零点筑坝"行动，通过这种方式拒绝污水流入嘉兴境内。王江泾镇农民的这一行为引发了中央和社会的高度重视，2002 年开始，在中央政府和国家环保总局的统一规划下，江浙两地建立了联合防治机制。

"零点筑坝"已经过去了多年，现如今江浙两省交界处水域的水质已经恢复正常。虽然治理的过程中也出现了反弹的现象，但是两地政府及时沟通和处理，没有让污染影响持续扩大。从民众抗污到联合治污，江浙两地在联合治污方面进行了很多的探索。嘉兴作为治污的先锋，率先出台了一批环保新政策。比如推行排污权交易，这是国内首次尝试，即存在违法排污行为的企业不能向金融机构贷款，有重大污染嫌疑的企业需要停业整顿并向公众实行环保承诺。再加上建立环保征信体系，对那些缺少社会责任履行意识的企业，通过剥夺融资权利的方式给予处罚，达到治标治本的目的。

三 滇池水环境综合治理

1. 滇池总体概况

（1）自然条件。滇池流域位于云贵高原中部，是云南省最大的淡水湖，有高原明珠之称，地处长江、珠江和红河三大流域的分水岭地带，属长江流域金沙江水系。滇池径流面积 2920 平方公里，其中陆地面积占 2620 平方公里，占 90%，湖面 300 平方公里，占 10%。滇池流域呈南北长、东西窄的高原湖盆地形，地貌上分为山地丘陵、淤积平原和滇池水域。滇池的面积为 310.5 平方公里，平均深度 5.3 米，库容约 15 亿立方米。滇池是国家级旅游度假区，其生态价值在我国具有重要地位。

（2）经济社会概况。滇池流域是云南省的政治、经济、文化中心，也是全省人口最稠密、社会经济最发达的地区。1990—2010 年，滇池流域常住人口和城镇人口迅速增长,城镇人口总体增长速度大约为常住人口的2倍。根据预测,到2030年,滇池流域的常住人口将增加到440万人。目前,滇池流域已经进入工业化发展的中期阶段,处于由资源、劳动密集型产业向资本、技术密集型产业转型,重工业化前期向重工业化后期过渡的关键时期,工业化加速发展与资源需求和生态环境保护的矛盾日益明显。

2. 滇池流域水环境综合现状

2011年,草海水质类别为劣V类,综合营养状态指数为69.8,属中度富营养状态;外海水质类别为劣V类,综合营养指数为67.9,属中度富营养。"十二五"期间,滇池水质持续改善,截至2014年年底,滇池化学需氧量、总氮、总磷指标分别下降5.63%、10.3%、14.2%,滇池外海水体透明度上升14%,国家考核的16条入湖河道已有盘龙江、新宝象河等14条达标。外海水体除化学需氧量、总磷、总氮3项指标外,其余19项指标达到Ⅳ类水标准;草海水体除总氮、化学需氧量、总磷、五日生化需氧量4项指标外,其余18项指标达到或优于V类水标准。2014年,滇池湖体平均为中度富营养状态,其中草海为重度富营养状态,外海为中度富营养状态;与2013年相比,综合营养状态指数上升了4.83%,18项指标达到或优于V类水标准。2018年,滇池湖体为轻度富营养状态,与2017年同期相比,全湖水质类别由V类上升到Ⅳ类。综合营养状态指数为54.4,水体透明度为0.55米,化学需氧量、总磷浓度平均值分别为每升24毫克、0.07毫克。经过综合整治水体行动,滇池流域生态环境、水环境及水资源状况得到明显改善,直至2019年6月,滇池全湖水质依旧向好,继续保持Ⅳ类,综合营养状态指数为58.8,营养状态为轻度富营养,全湖透明度平均值比2018年下降0.06米。

滇池水污染主要表现为严重的富营养化。外海从20世纪80年代的富营养化发展到90年代的严重富营养化,草海则呈现为异常富营养化。滇池草海处于重度富营养状态,水质为劣V类;外海处于中度富营养状态,水质为V类;入湖河流具有流程短,天然补给水少等特点;部分河流在旱季断流,农村垃圾大量倾倒入河的现象较为严重。城市河流因接纳城市生活污水,河水发黑发臭的同时,滇池流域生态环境恶化,水土流失严重。另外，流域森林植被遭到破坏，滇池流域森林覆盖率下降。水环境质量的持续退化，导致滇池可利用水量的进一步减少和水资源供需矛盾的加剧。

3. 滇池区域水环境综合治理思路

随着流域社会经济的跨越式发展和城乡一体化进程，滇池流域水环境面临新情况、新机遇与新挑战。滇池流域治理以提高再生水利用率和污水资源化为抓手，大幅度提高新鲜水利用率、减少污水排放量；综合采取各项手段进行滇池流域水污染治理，逐步实现流域"优化调控水资源、有效改善水环境、全面修复水生态"的目标。

（1）构建健康水循环系统导向的战略框架思路。综合考虑流域外调水、流域外污水资源化利用、流域内节水中水利用、滇池湖内水位调控改善水生植物生境等规划，改善流域及区域水的自然、社会二元循环结构。依托于牛栏江跨流域调水工程，保证清水入滇；同时，构建再生水输送通道，从而实现流域尺度下的清污分流和分质供水，实现滇池及下游河流的水质同时改善的双赢局面，促使滇池流域及周边地区实现较佳环境生态价值及社会经济价值。

（2）水质目标导向的"质量—总量—目标—任务—项目—投资"模式。滇池流域水污染防治工作是在对过去环境质量进行回顾和未来污染物排放量进行预测的基础上，遵循水质目标导向的"质量—总量—目标—任务—项目—投资"的基本思路，提出的各项污染治理措施及阶段目标。以污染源普查和水专项的研究成果为基础，核算滇池流域现阶段污染物排放量，预测下一时期的污染物排放总量，建立各阶段环境质量和污染物排放量之间的相应关系。

（3）差异控制导向的规划控制分区思路。根据滇池的护体和流域空间分异特征，按照"一湖三圈"的分区思路，明确各控制分区主要的污染治理措施。"一湖"是指滇池的主要湖体，以内源整治为主。"三圈"中的第一圈即生态防护圈层，是滇池环湖公路至滇池水面线之间的范围，以生态修复为主。第二圈即引导开发利用圈层，是第一圈和第三圈之间的范围，是滇池流域人类活动最主要的地区，以污染控制和治理为主。第三圈即水源涵养圈层，重点任务是进行水源涵养，确保滇池流域饮用水安全。

（4）强化责任制导向的管理思路。由市级领导担任河长，实行最严格的河道管理和监督考核，分段监测、分段考核、分段问责。不断完善和落实河长负责制、"河道三包"责任制等制度，以更大决心、更高要求和更实举措推进滇池水环境综合整治工作。开展河道综合整治工程"158工程"，把河道整治作为湖外截污的重要环节，按照入滇池河道综合整治总体要求，确定科学治污的重大工程措施。

4. 滇池水环境综合治理亟待解决的问题

（1）社会经济过度发展，超出环境容量。滇池流域人口聚集能力效应明显，大量农转非人口将随着城市化进程而不断增加。伴随着流域社会经济的发展，居民生活水平提高及生活方式改变加大了城镇生活用水量并改变着污水性质与浓度构成。人口数量的持续增长，增加用水需求，使得滇池的生态服务功能相对减弱；同时受经济总量提升和城市化进程的推进，对水质的要求出现多元化趋势，带来了更多的污染物排放，进一步加剧对滇池的污染负荷。

（2）流域污染呈现显著的产业特征。近年来，滇池流域第三产业呈现飞速的发展趋势，其在地区生产总值中所占比重已上升到较高的水平，已取代工业成为流域经济发展的支柱产业。但与工业相比，第三产业普遍存在污染处理设施较为简单、污水循环回用率低、污染物削减量较小、排放量不断增加的情况；同时第三产业部分行业常排放一些危害人体健康的特征污染物，这也给滇池流域的水环境安全带来一定的隐患。

（3）城镇生活污染治理手段及方式亟待改变。流域社会经济发展及人口的持续增长直接刺激了城市规模的不断扩张，致使能源资源、物质消耗量持续增加，同时产生更多的污染物。城市规模不断扩张导致污水排放分布的不均衡，进一步造成了生活污水处理压力分布的不平衡，在时间和空间上分布的不同步，直接导致主城雨、污水管网等环保基础设施建设的严重滞后，流域污染处理系统呈现不配套、不健全的状态，致使污染处理效率整体低下。

第三节　长江上游流域治理的
经验借鉴及启示

通过以上对国内外典型流域开发与治理的比较分析，可以看出流域综合开发治理应该"因地制宜"。莱茵河作为跨国性河流经历了"先污染，后治理"的过程，美国田纳西河基本上是开发与治理综合有序进行，这些都可以总结出一些共同的管理经验供长江上游流域综合开发治理借鉴。

1. 必须建立精干高效的管理协调机构，为流域管理提供强有力的组织领导。从莱茵河、田纳西河等流域的治理经验来看，一个强有力的具有综合决策和协调手段的流域管理机构是整治流域水污染的基本条件，而我国对流域的用水、管水、治水等工作是分散的，权力机构各自为政缺乏统一规划，极大地影响了开发治理效果。由于流域一般覆盖多个行政区，必须建立一个统一的流域开发管理机构，赋予其管理协调功能和建设实体性功能。同时，政府机构与非政府组织、企业组织也需要加强合作。制定共同感兴趣的开发治理目标，并能够为大众理解和认同。

2. 必须对流域内自然资源进行统一、系统的管理，并且这种管理是一个不断发展和完善的过程。流域拥有丰富的自然资源，如何系统高效地加以利用和保护，对流域社会经济可持续发展至关重要。流域内自然资源的开发利用是保证流域经济社会稳定发展最重要的支撑条件。要统筹兼顾自然资源尤其是水资源开发利用和生态环境保护，化水患为水利，既要注重生产用水和生活用水的需求，也要满足生态环境用水的实际需求。合理安排生态环境用水，防止灌溉农业的盲目发展和生态环境的进一步恶化，有助于维持流域水循环的可再生性。同时必须坚决控制污染源，制定严格的排放标准，建立法制体系和强有力的执法机构保障相关法律法规的落实。

3. 流域内产业发展应该因地制宜，以现有产业结构和布局为基础，适当加以调整和创新，促进产业与资源环境保护协调发展。田纳西流域开发在经济方面获得了巨大成功,但在工农业发展过程中,缺乏对环境、生态的足够重视,引起水质污染和渔业、野生动物等资源减少。我们应当吸取这方面的教训,调整和优化产业布局,处理好工农业发展与流域治理之间的矛盾。应用系统科学方法和生态学的观点,把全流域作为一个系统,处理好系统内上、中、下游之间的关系,平衡产业发展与资源环境保护的关系,协调好人与其赖以生存的自然环境的关系,使生态环境始终处于有利于人类生存和发展的良好状态,自然资源得到永续利用,寻求资源、环境、产业、人口与社会经济之间的持续协调发展。

4. 以水资源为中心,全面规划,综合开发。流域是一个多样化的自然、经济、社会综合体,它具有广阔的地域环境和明显的差异特征。在流域开发中,水资源的开发利用是贯穿始终的多元优化过程,与流域内各地区的经济发展有着密切关系,各地区之间的经济联系也会随着水资源的开发利用而不断加强。因此,流域开发建设必须以水资源开发利用为中心和前提。但不是单纯的水资源利用问题,而是一个多子系统相互作用、多目标反复权衡的综合开发过程,包括区域开发、河流治理、工业布局、交通城镇建设等各目标协调发展。上中下游各部门、各地区的开发都应协调发展,各种资源统一利用,流域各要素有机结合,全面规划。要处理好局部与整体的关系,使整体效应大于各部分之和,并通过统一的权威性的流域管理机构负责实施。流域开发应遵循综合开发的原则,从单目标向多目标综合开发转化,在开发中突出重点、统筹兼顾,以水能利用为主,兼顾航运、防洪、灌溉等其他目标。根据国民经济需要和生产力布局要求实行"五水"(水利、水电、水运、水产和水土保持)并重,农林牧副渔多种经营,第一、二、三产业全面发展,实现经济效益、生态效益和社会效益相统一。

5. 重点开发与整体推进相结合,形成合理的时空结构。开发大流域是一项十分复杂而庞大的系统工程。在进行全面的、综合的、长远的国土治理和经济发展过程中,无论在时间序列上还是在空间范围内,都要分层次、有侧重地发展一些主要环节以促进整体的发展。在时间序列上按如图 F.2 模式推进。在各个不同时段,都有各自的侧重点。在空间布局方面,采取由干流到支流,由点—线—面的空间模式。

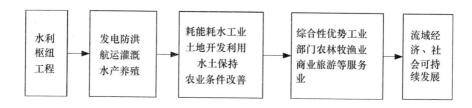

图 F.2　流域综合开发时间序列

6. 改革投融资运行体制，把市场经济引入流域开发治理中，使管理机构企业化，激励管理委员会进行合理的融资和引进外资。田纳西河流域在开发初期曾经发行大量水利国债，动员全国的力量参与河流开发，对此我国流域治理可以效仿，从而开辟更广阔的资金来源，减轻政府负担。

附 录 二

调研报告

调研报告之一：小流域消落带生态治理模式
——以澎溪河白夹溪为例

一　消落带的定义和主要功能

消落带也被称作"消涨带""涨落区""消落区"，是河流、湖泊、水库特有的一种现象，指由于季节性水位消涨和周期性蓄水，在最高水位线与最低水位线之间形成的消涨区域，其特点是周期性水位涨落且人为控制性较强。消落带是长期或者阶段性的水位涨落导致其反复淹没和露出的带状区域，是一类特殊的季节性湿地生态系统，具有水域和陆地双重属性。从生态学的角度看，消落区是大自然的"肾"，它对污染物的净化功能十分显著。在维持库岸生态系统平衡、保护水库、湖泊和河流水体等方面，消落区也发挥着至关重要的作用。消落带作为陆地生态系统和水域生态系统之间的过渡区域，对水陆生态系统起着廊道、过滤器、屏障等作用，同时也是生态环境十分脆弱的敏感地带。综合现有研究可见，消落带的主要功能可以概括为生态功能、经济功能和社会功能：生态功能主要体现在蓄水、水体净化、调节径流、减少侵蚀等水文方面的作用，以及维持生物多样性、调节区域气候等生物廊道功能和化学物质的相互储存、转移等生物地球化学循环方面的作用；消落带具有丰富的土地、生物以及景观资源，随着季节性水位的升降规律，开发利用消落带进行种植、养殖、水产等活动可促进地区经济发展，因此有着重要的经济功能；消落带的社会功能则体现在其具有的自然观光、旅游和景观价值方面。

二　三峡水库消落带治理的问题和挑战

三峡工程运行后，根据现行调度方案，坝前水位在 145 米至 175 米变化，形成 221.5 亿立方米防洪库容的同时，水库周围形成大面积的消落带。三峡库区消落带区面积共 302 平方公里、岸线长 5711 公里，是我国面积最大的水库消落带，其中重庆库区消落带面积 269 平方公里，占消落区总面积的 89%；岸线长 4812 公里（城集镇岸线长 1372 公里、农村岸线长度 3440 公里，涉及 162 个乡镇街道办），占岸线总长度的 84.3%，涉及库区 15 个区县和主城 7 个区。根据三峡工程方案，为了使水库长期保持绝大部分有效库容，三峡水库实行"蓄清排浑"的运行方式，每年 6—9 月，三峡水库水位保持在 145 米左右运行；10—12 月，水库水位由 145 米逐步上升到 175 米，消落区逐步淹没；1—5 月，水库水位由 175 米逐步下降至 145 米，消落区逐步出露，落差为 30 米。

由于三峡水利工程在国际上关注度高，三峡库区的生态环境问题也是关注的焦点。三峡库区消落带的生态环境问题是解决库区整体环境问题的一个重点和关键。三峡库区消落带是生态脆弱带、敏感带和易污染、易破坏带，现阶段面临的生态环境问题主要包括：

1. 容易引发伴生灾害。三峡库区是长江上游重要的生态屏障，库区消落治理一直被认为是世界级难题。30 米水位波动导致消落带库岸地质环境改变，库岸岩体力学性质改变，地下水压力场改变，引起失稳，消落带的岩体劣化现象日趋严重，致使库岸内部受力失衡，对岸坡稳定造成较大的不利影响。水位的周期性变化会使消落带生态脆弱性增强、水土流失加剧、环境地质灾害增加、岸边污染加重、泥沙淤积问题突出，并可能诱发流行病疫情。基于此，需要加强对伴生灾害的跟踪和监测预防。

2. 自然修复和生物措施实施难度大。在消落带的植被恢复方面，既要找到夏季耐旱、冬季耐淹、抗冲刷的水陆两栖植物，又要想办法固住一定量土壤供植物扎根生长。此外，还需考虑消落带上的人地之争，切实解决附近农民的用地和生计问题，才能实现消落带治理和地区发展双赢。

3. 消落带体量大。三峡库区消落带由于成库面积大、水位落差大、季节性气候反差大,因此,其生态恢复与治理是一个世界级的难题。消落带的土壤大多贫瘠,生存环境较为恶劣,加之为保护水质考虑不能施肥等因素的困扰,消落带的栽种存在较大困难;同时生物多样性及生态系统受损问题严重。

4. 存在农业面源污染等治理难题。近年来消落带违规进行农业等生产经营活动较多,面源污染持续加大,整体治理难度较大。农村生活垃圾随意扔在江边坡地,随雨水流入长江流域;农村小规模养殖业产生的粪污大多直接排放到三峡库区的湾沟里;三峡库区周边的农田土壤中氮、磷等营养元素通过水土流失进入长江,使得水体污染严重。

三   以开州区澎溪河为例的库区消落带生态治理新模式

基于现有的问题和挑战,着眼于消落带湿地的生态友好型利用,选择具有典型消落带湿地特征的开州区澎溪河一级支流白夹溪为例。开州区消落带面积为 42.78 平方公里,占重庆市消落带面积的 13.9%,开州区自 2008 年以来创新性地实施了四大消落带治理工程,使澎溪河湿地自然保护区 4500 亩消落带得到了有效治理。工程内容包括:

1. 消落带基塘工程。基塘工程是指在三峡水库土质库岸的平缓消落带,借鉴珠三角的桑基鱼塘农业技术文化遗产理念,在坡面上构建水塘系统,挖泥成塘,堆泥成基,水深控制在 30—80 厘米,冬季蓄水时,基塘系统被淹没,而在夏季放水消落季节,基塘系统内仍有水,在塘内种植各种具有经济和观赏价值的适应消落带水位变化的水生植物。具体的植物选择方面,在塘基上种植桑树、枸杞。塘与塘之间通过传统的水堰连接,试验性种植茭白、普通莲藕、太空飞天荷花、慈菇、荸荠、水生美人蕉、菱角、水芹、蕹菜、水稻等水生作物。对基塘系统内的水生作物采取近自然生态管理模式,禁止农药化肥的施用。截至 2017 年,该区已建立基塘示范基地 45 亩,栽种了菱角、荷花等水生植物,收割后还可创造不菲的经济效益。

2. 消落带林泽工程。林泽工程是指在河口及后湾筛选种植耐淹且具有经济和环境净化价值的乔木（如落羽杉、池杉、水松、水杉、乌桕等）、灌木（包括桑树、枸杞、长叶水麻、秋华柳等），通过乔、灌配置，营建消落带生态屏障带，形成在冬水夏陆逆境下的林木群落。目前该区筛选出了耐冬季深水淹没的池杉、落羽杉、水松、乌桕等乔木品种，及秋华柳、枸杞、长叶水麻、桑树等灌木品种，已栽种了 1000 余亩，形成了宽约 10 米的生态屏障，经历了五年的水淹考验，证明其能很好地发挥护岸、生态缓冲、景观美化和碳汇功能。

3. 消落带鸟类生境再造工程。鸟类生境再造工程是指根据鸟类生态学和生态工程学原理，按照夏季繁殖湿地鸟和冬季越冬水鸟所需，采取以生物措施为主，工程措施为辅，进行湿地鸟类栖息地修复和重建。例如通过挖塘、浅滩开挖、开拓沟渠、土堤建设等形成适于水鸟栖息的湿地生境；在原有细沙和黏土底质基础上，在局部区域铺沙、铺设细卵石满足鸟类生境的需求；根据不同区域消落带的水位特征，按照各种植物的生态习性进行合理配置形成适于鸟类生存需求的多种湿地植物群落共存的生境格局等措施。自 2009 年以来，该区已陆续进行水塘、沟渠、洼地等构建、水系连通工程、微地貌和底质改造、湿地植物群落配置、水岸及高地鸟类庇护林建设，实施此类工程 2000 余亩，使实施区域的鸟类种类数和种群数量明显增加，夏季繁殖鸟种类及繁殖对数明显增加。

4. 消落带生态浮床工程。主要在三峡水库的库湾、湖汊等水流相对平缓的区域，利用浮岛框架等种植适生湿地的植物，达到净化水质、创造适宜多种生物生息繁衍的环境条件，和创建独特水上花园立体景观的效果。

开州区澎溪河的消落带治理工程实施以来，多次的冬季水淹结果表明，基塘、林泽以及鸟类生境再造工程运行良好，澎溪河消落带湿地环境也得到根本性改善：湿地内植物由原来的 548 种增加到 608 种；动物种类由原来的 207 种增加到 227 种；白鹭的种群数量达到 2000 余只；还发现了以前在重庆没有观测记录的蓝胸秧鸡、红胸田鸡、中华秋沙鸭等物种。除此之外，当地农民的收入较消落带生态修复和治理前也有所增加。此前在消落带种植玉米，一亩地一年只有几百元的收入，还有农药、化肥污染的问题。如果种植菱角，不需要施用农药、化肥，平时也不需要管护，一年的亩产量能达到 2500 斤，收入 7000 多元，远远超过种玉米的收入。

四　小结

过去人们对于消落带的认识，总是关注其负面影响，认为消落带的形成会带来污染物集聚、景观污染、岸坡失稳等问题。事实上，消落带出露季节为植物的生长提供了宝贵资源，也为区域生态环境的治理和修复提供了机会。开州区澎溪河的消落带治理模式是基于科研院校提供技术支撑、通过地方合作进行展开，这一模式在解决平缓区域消落带的问题上也具有创新性和推广性。

1. 生态保护与经济可持续发展的齐头并进。通过"四大工程"的实施，不仅发挥了污染控制、水源涵养、生物生境保育等生态效益，也发挥了景观优化、人居环境优化的社会效益，同时还带动了生态旅游、饲料桑种植等产业发展，实现生态、社会、经济效益"三提升"。基于传统农业文化和生态智慧对于消落带进行妥善治理和改造，就能化害为利。基塘系统中的湿地作物、湿地蔬菜、湿地花卉在生长季节能够发挥环境净化、景观美化及碳汇功能。生长季节结束正值三峡水库开始蓄水，收割后能够进行充分的经济利用，同时避免冬季淹没在水下厌氧分解的碳排放及二次污染。基塘工程可以运用于三峡水库小于 15° 的平缓消落带（如重庆开州区澎溪河，忠县东溪河，丰都县丰稳坝等），面积达 204.59 平方公里，占消落带总面积的 66.79%，其产生的生态效益、经济效益和社会效益是巨大的。而林泽工程可以充分发挥其生态缓冲带和景观美化功能。鸟类生境再造工程在增加消落带区域鸟类多样性的同时，使得生态系统结构和功能完整性进一步提高；鸟类种类和数量的增加也为湿地观鸟旅游提供了机会，提升其经济和社会效益。

2. 积极开展修复试验，强化自然保护。开州区通过与国内外多所科研院校合作，开展了大量的消落区湿地生态保护科研工作，签署了《联合共建"三峡库区澎溪河湿地科学实验站"合作协议》《中美绿色合作伙伴（湿地研究）合作备忘录》等多项合作协议，建立科学实验站和消落区湿地生态恢复示范基地；在开州开展了"三峡水库消落区饲料桑种植及草食动物养殖科学研究试验"（简称"沧海桑田"项目）、"三峡水库缓坡消落带植被恢复与土壤污染负荷削减技术示范工程"试验、"三峡库区消落带湿地多功能农业开发关键技术研究及产业化示范"试验等，为消落带治理建设提供了科学技术基础。将三峡水库消落区纳入生态红线管理范畴，设立澎溪河湿地市级自然保护区，还将"开州区消落区生态环境综合治理水位调节坝"内水域及其5米消落区纳入国家湿地公园建设范围，设立了"汉丰湖国家湿地公园"，并分别按照自然保护区和国家湿地公园管理的法律法规进行规范管理，加大了自然恢复力度。

调研报告之二：滨水城市景观生态建设
——以汉丰湖湿地公园为例

一　汉丰湖建设与治理的挑战

重庆汉丰湖是三峡蓄水后、长江水倒灌形成的一个湖泊。经过科学规划和因地制宜的探索，汉丰湖不仅成为新三峡的一大景观，还为滨水城市景观生态建设积累了丰富经验，建立了创新的"汉丰湖模式"。三峡水库蓄水后，由于水库采用"蓄清排浑"的运行方式，在库区范围内形成海拔介于145—175米的水位消落带，为最大限度地减缓消落带的不利影响，保证地处三峡库区腹心的重庆开州区新县城的生态环境安全，在开州区新县城下游3公里处的乌杨村修建水位调节坝，正常蓄水位170.28米。建成后，水位调节坝以上减少消落带面积5.69平方公里，水位消涨幅度由22.5米降至4.72米，形成独具特色的"城市内湖"——汉丰湖。冬季，三峡库区高水位运行期间，汉丰湖维持在175米高水位；夏季，当三峡水库水位消落至145米时，由于水位调节坝的蓄水作用，汉丰湖水位保持在170.28米。开州区新城与汉丰湖水乳交融，水是城市发展的重要影响因子，城市因水而生，也可能因水而衰。因此汉丰湖的保护、修复、景观生态建设与城市建设整合起来、协同共生具有重要的意义。然而建设作为城市内湖的汉丰湖面临着两方面的巨大挑战：

1. 景观质量下降，水体自净能力下降。尽管汉丰湖消落带水位消涨幅度已经下降至2.2米，但是长达3个月的水下淹没及季节性出露还是会造成湖岸景观质量下降;又由于汉丰湖是人工内湖,人工湖泊改变了河流的自然状态,原始河道生态系统灭失,水体在同一地方积蓄,自然流动受阻,流速减缓,水体自净和稀释能力降低,湖泊水系相对封闭,已经进入水体的污染物还未降解,其他污染物可能继续进入水体,水体受污染恶化程度远远超过水体本身的自净能力,从而导致水体污染恶性循环风险增大。

2. 水生态保护与环湖经济开发之间存在矛盾。人工湖泊有很大一部分处在经济开发强度较大的区域,湖周人口密度大,重庆市三峡库区人口密度400人/平方公里,接近全国平均水平的3倍,在资源和资源约束趋紧的背景下,生态保护和经济开发矛盾凸显。开州区适宜开发建设的土地主要集中在汉丰湖周边和浦里河、江里河沿岸的河谷平坝地区,随着开州区城镇化、环湖开发建设的快速推进,库周城镇人口不断增长、生产活动迅速扩大,其生活污染、农业面源污染、畜禽养殖污染对汉丰湖的威胁随之增大;城市硬化地面所收集的地表径流将夹带大量的面源污染物质汇入汉丰湖,如何保障湖泊水环境质量不受城市面源影响而恶化是个挑战。

如何在保障汉丰湖水质安全的前提下,充分发挥作为生态缓冲区的消落带的综合生态服务功能,促进"湖—城"协同共生生态系统的形成,建设一个集污染净化、景观优化、生物生境等多功能的消落带复合生态体也是一个挑战。但消落带是一把双刃剑,具有挑战的同时也蕴含着生态治理和修复的巨大机遇。

二 汉丰湖建设与治理的实践模式

重庆开州区以系统思维对汉丰湖进行生态治理:

1. 实施以改善水质为目标的系统生态治理,改善森林生态、农业生态、城镇生态和水生态。汉丰湖上游有江里河、东里河两条河流,流域汇水面积3052平方公里,占开州区国土面积的77.38%。汉丰湖流域多年平均径流量约为24亿立方米,其中55.9%来自东河子流域,20.9%来自江里河子流域,13.2%来自其他子流域。森林、农业、城镇等生态环境的破坏和污染,将集中反映在水生态上。开州区以实施汉丰湖生态治理为核心，从有利于推动工作出发，将生态系统细分为森林生态、农业生态、城镇生态和水生态4个子系统，采取规划、管理、工程、生物、农耕五大措施，推动生态保护、修复与建设。在改善森林生态方面，按照"造林增绿与林农增收统筹"和"管护封育与新造补植并重"的思路，分类推进增绿提质、兴林富民、资源保护、能力建设任务。在改善农业生态方面，按照"突出重点、以点带面、分年推进"的思路，科学划分农业面源污染整治区、养殖场和种植业污染整治区、规模养殖场拆除区等重点防治区域，实施禁养区规模养殖拆除、限养区畜禽规模养殖粪污无害化处理与循环利用、测土配方施肥、绿色防控、有机物还田、农村户用沼气等重点工程，开展农村环境连片整治，加强农业面源污染防治。在改善水生态方面，坚持以保障水生态安全、改善水生态环境质量为目标，扎实推进垃圾污水等基础设施建设管理、集中式饮用水源地保护、次级河流"河段长"负责制管理、生态屏障建设、工业污染防治、环境监管能力建设等任务。

2. 按照国务院发布的《全国主体功能区规划》和《全国国土规划纲要（2016—2030年）》要求，优化空间开发格局，大力发展特色经济。统筹国土资源节约集约，优化完善小城市、重点镇建设个数及规模，集中建设60平方公里、60万人口的县城和10万人口的临江小城市；调整工业园区原"一区三园多分园"布局，结合城市"带状"空间和载体功能，进一步找准定位，充分挖掘在矿藏、农业、劳动力、旅游资源等方面的自身优势，大力发展特色工业、特色农业和生态旅游业。坚持"园城融合、综合配套"，培育能源、材料、食品加工、纺织服装、电子信息、汽车配套、医药健康等特色产业，集约发展工业经济。推进农业发展转方式、调结构，稳定发展粮油、蔬菜、生猪三大基础产业，优化提升以柑橘为主的水果、以山羊为主的草食牲畜、以大鲵为主的生态鱼三大主导产业，积极发展中药材、饲料桑两大区域特色产业，推动特色农业发展提质增效。紧扣"生态、休闲"旅游开发定位，推进刘帅纪念馆及故居、汉丰湖、雪宝山等重点旅游景点、景区建设，培育"滨湖人家""清凉庄园"等乡村旅游品牌，开发旅游精品线路，积极融入长江三峡国际黄金旅游带，加快发展生态旅游。

3. 通过实施"沧海桑田"和"基塘工程",探索消落带的生态化利用。汉丰湖的建设主要结合了四种生态工程模式:

(1)城市景观基塘建设:在汉丰湖南岸选择海拔处于172—175米的地势相对平坦的湖岸带,挖泥成塘,堆泥成基,城市景观基塘达20万平方米,形成一系列大小不同、形状各异的湖岸水塘,并以此构成滨湖基塘系统。根据适应性原则选择具有良好耐淹性能的湿地植物,这些湿地植物能够耐受冬季长时间淹没。植物选择优先考虑本土物种。根据功能性原则,应尽量满足城市景观基塘系统对景观优化和水质净化功能的需求。

(2)滨湖多带缓冲系统工程:从175米以上的滨湖绿带开始,到消落带下部,依次构建多带生态缓冲系统,即滨湖绿化带+消落带上部生态护坡带+消落带中部景观基塘带+消落带下部自然植被恢复带。滨湖多带生态缓冲系统是一个具有环境净化功能(水质净化)、生态缓冲功能、生态防护功能、护岸固堤功能、生境功能、生物多样性优化功能、景观美化功能、城市碳汇功能的多功能系统。

(3)汉丰湖北岸修复优化模式:自2011年以来,在汉丰湖北岸实施了适应季节性水位变化的滨湖消落带湿地生态修复与景观优化工程。在临近头道河口长约280米的汉丰湖北岸,以兼具亲水性、生态化的湿地多塘系统为主体,建设"湿地生境"和"城市之肾"。在与此紧密连接的长约2160米的汉丰湖北岸,建设基于水位季节性变动的城市湿地生态护坡,打造"景观水岸""生态水岸"。修复优化模式强调湖岸湿地生境的修复、重建,强调景观优化及生态系统结构和功能的优化。在植物的运用上,一方面,所筛选的植物不仅要能够耐受冬季深水淹没,而且夏季出露季节坡面上完全干旱的环境还能够存活;另一方面,这些植物既能为鸟类和昆虫提供食物,同时也可以为其提供庇护生境;此外,这些植物还应该形成优美的生态景观,使景观更为丰富。在汉丰湖北岸,以芦苇和水芭茅的丛植增添城市自然野趣,水芭茅是当地土著植物,适应性强,耐水淹能力强,冬季水淹季节出露的岛状水芭茅景观优美。在汉丰湖北岸东部,片植林泽,以内缘乔木林泽+外缘灌木林泽。这种结构既有利于护岸的稳定,也有利于形成多层次的生物生境。

（4）沧海桑田生态经济工程：在消落带建设"沧海桑田生态经济工程"，冬水夏桑，净土还库，在三峡库区形成"种植—养殖—加工—营销"一体化的饲料桑产业链，实现消落带的治理和土地资源的充分利用，促进库岸山地的水土保持与生态修复。科研组选定开州区渠口镇渠口村小河作为试验区，进行了175米高程线下的饲料桑种植、桑饲料加工、饲料桑养殖草食畜禽、饲料桑耐淹等研究。经过试验，饲料桑在消落带的耐淹性得到证实，没顶水淹3—5米、水淹3—5个月，水退后饲料桑仍能萌发，172米以上高程保存率95％，170—171米保存率90％，168—169米保存率60％。开州区紧抓机遇，大力推广饲料桑种植，目前栽种饲料桑林1.5万余亩，其中库岸山地1.4万亩、消落带1200余亩。出台《桑产业发展扶持办法》，采取"公司＋基地＋农户"的模式，发展圣桑蛋鸡30万只，实现年生产圣桑鸡蛋450万公斤；发展圣桑猪5万头、圣桑鱼700万公斤，年产值达4亿元。

4. 开展宣传教育，强化生态意识，完善考核机制，逐步树立全民生态理念。加强生态文明宣传教育，突出以保护汉丰湖为核心，开展生态文明进社区、进家庭等"十进"活动，把生态文明教育纳入国民教育和各类培训计划。开州区建成重庆市首个湿地科普馆，收集陈列汉丰湖湿地现有的300多种动植物标本。建成多功能湿地宣教中心，深入开展湿地宣传活动。以强化全民生态文明意识为抓手，深入开展城乡环境综合整治，对城乡垃圾实行集中收集、清运、处理，对河道、溪沟水环境污染进行集中整治。坚持把生态文明建设成效作为政绩考核的"硬指标"，出台《开州区"河长制"考核管理办法》《开州区镇乡环境综合整治考核办法》细化考核细则，建立体现生态文明要求的目标体系、考核办法、奖惩机制，提高考核权重，强化指标约束，把水污染治理纳入环保"一票否决"考核内容，强化水质考核责任倒逼机制，加大过程考核和结果考核力度，强化考核约束，确保工作落实到位。

三 小结

汉丰湖的形成，不仅解决了消落带的生态修复难题，还创造出了新的景观。由于汉丰湖所处的特殊地理位置及其独特的水位变动条件，使得对汉丰湖的湿地生态系统保护研究具有重要的科学意义。它将为三峡水库消落带湿地资源保护和可持续发展提供重要借鉴,并为大型水库消落带湿地的生态经济研究及合理开发利用提供示范。从汉丰湖生态治理的有效实践,可以得到如下启示:

1. 系统治理是基础,科学技术是支撑。开州区将经济社会发展置于生存大环境和环境演变历史过程来考量,恪守生态优先原则,从规划、管理、工程、农耕、生物多个维度综合施治,有效推动绿色发展,在生态保护中发展。山水田林湖是一个生命共同体。实施汉丰湖生态治理,开州区确立科学、系统的综合治理思路,编制《汉丰湖水环境保护规划(2011—2030)》《汉丰湖流域水环境控制总体实施方案》等一系列规范性文件,将生态系统细分为森林生态、农业生态、城镇生态和水生态四个子系统,配套出台一批专项措施和具体实施方案,摒弃"小修小补""头痛医头脚痛医脚"式的"末端治理"思维,以系统思维推动全流域水生态治理。"汉丰湖高端论坛""三峡水库湿地保护与生态友好型利用国际研讨会""汉丰湖湿地生态系统保护与景观生态建设——中德合作研讨会"等国际学术会议,为汉丰湖生态治理提供了强有力的科学技术支持。多层次科技合作,系统性解决了汉丰湖生态治理的认识、方向、目标、路径和技术问题,使汉丰湖生态治理决策科学系统。"汉丰湖模式"是由科研院校提供理论技术支撑,与地方进行合作开展的模式进行。如今,通过多种治理模式合力,筑就了汉丰湖基于水位变动的生态湖岸。

2. 利益协调是关键,和谐发展是目标。汉丰湖治理实践在处理好生态建设与群众利益关系方面提供了有益的借鉴和启示。湖泊生态治理事关发展大局,可谓"牵一发而动全身"。开州在实践过程中,始终坚持把维护和实现最广大人民群众的根本利益作为生态文明建设的出发点和落脚点,充分发挥群众在生态文明建设中的积极性主动性创造性,广纳群言、广集民智、广聚民力,紧紧依靠群众开展生态文明实践。形成的多带生态系统,既是城与湖间的缓冲,也净化了水质。完善的生态系统不仅能护岸固堤,更形成了动植物和谐共生的多样性环境。开州新城也因汉丰湖而形成了一处大气磅礴,"湖在城中、城在山中、人在山水中"的水墨胜境。汉丰湖国家湿地公园是三峡库区湿地景观建设与城市人居环境质量优化协同共生模式在国内的引领。由汉丰湖国家湿地公园建设带来的不仅是生态环境的优化，更提升了城市人居环境质量，带动了城市经济发展，将汉丰湖、滨湖生态圈层、滨湖新城、城内公共绿地及城市外围山体生态屏障实行有机整合，构建了"山、水、湖、廊、城"的整体景观格局，促进山、水、林、城和谐相融；通过湿地、通过生态来成就城市，城市与湿地协同共生，折射出的是一个城市经营发展。2011 年，汉丰湖被国家林业局批准成为国家湿地公园建设试点，2015 年被国家林业局确定为 21 个全国重点建设的湿地公园之一，还被评为"新三峡 30 佳旅游新景观"之一。

调研报告之三：小水电开发对生态环境的影响
——以重庆市开州区东河流域为例

水电是我国电力运行的重要部分，而小水电则是我国水力发电的重要形式。我国将 5 万千瓦以下的水电站称为"小水电"，其工程量小，提供水电服务较为灵活，可以更加有效地利用水利资源，为我国供电提供了必要的支持。但在新的发展背景下，我国对电力工程的要求越来越高，不但要求电力工程提供必要的电力供应，也需要有效保障生态环境。在这种情况下，深入探讨小水电开发与生态环境保护问题具有非常重要的现实意义。

一　开州区东河流域小水电开发的现状

东河位于重庆市开州区北部，系长江北岸小江水系正源，流域地理坐标介于东经 108°22′—108°53′，北纬 31°11′—31°41′。东河干流全长 96.7 公里，流域面积 1426.6 平方公里，海拔高程在 160—2626 米，平均比降 7.94‰。

开州区当地地形以山地和丘陵为主，平原相对较少，降雨十分丰富。过去在国家鼓励小水电建设的政策导向和地方利益的驱动下，因其地理地形等原因，小水电得到空前的发展。2009 年 5 月重庆市发展和改革委员会以渝发改能〔2009〕510 号文对《关于审批开州区东里河流域水电梯级开发规划报告的请示》做了批复，同意规划报告提出东里河流域水电梯级开发方案，总装机容量 146000 万千瓦，在南水北调工程小江调水方案实施前推荐两库十一级方案。目前在东河干流上游已建成投运的就有白泉电站、百里电站、百里坝电站和双河口电站。

从目前来看，东河流域的小水电开发过于迅猛，数量过多，开发工作忽略了长远发展，星罗棋布的小水电掠夺式开发地破坏着河流水系的生态安全。并且经调查发现，电站虽设置有生态下泄闸或下泄管道，但均处于关闭状态，未执行引水式电站必须下泄生态流量的环保要求。电站也未设置环境监测设施，未进行环境监测和监控，没有相应的环境监测、记录、签字和反馈制度。除水电开发外，该河段还存在非法捕捞、废弃煤矿尾水排放、非法采矿等问题。

在这种情况下，需要推进小水电发展同生态保护相结合，更加科学地利用当地的水资源，更好地掌控小水电的开发利用，实现与自然和谐相处，贯彻"生态文明"和绿色发展理念。

二　开州区东河流域小水电开发对生态环境的危害

研究表明，水坝建设会改变河流的水文机制，影响河流水力学特征、悬浮物以及植物繁殖体沿河流的传输、沉积规律，对河流水坝上下游河段植物群落特征和环境因子特征产生影响，严重者会导致当地整个水生生态系统遭到毁灭性破坏。

通过对东河流域上游的调查发现，白泉电站、百里电站、百里坝和双河口引水式电站拦河坝均无下泄流量，导致拦河坝至发电厂房之间的河段出现比较严重的减脱水现象。减脱水河段长度接近 50%，并且水文情势已极大改变。流域已建电站的拦河坝阻断了河道，改变了河流的水环境，阻碍了植物物种的传播，河流生态系统的完整性受到影响。在电站拦河坝下游减脱水河道，水生动物栖息面积缩小，尽管沿途有部分地下水补充，但流量较小，河流较浅，减脱水河段水生生态环境逐渐退化。梯级电站的开发使减脱水河段的底栖动物种类、鱼类种类和鱼类数量均大幅减少。原本河岸经历的周期性淹水已经消失，从而导致坝下河段植物物种发生改变，如柏木等典型不耐水淹的植物种出现，也影响了河岸植被在河岸带的连续分布。

三 开州区东河小水电开发持续改进建议

1. 维持生态环境需水量。鉴于评价流域上游水电站没有实施下泄生态流量的环境保护措施，导致东河流域上游河段出现了河道减脱水等严重的水生态环境问题。因此需根据确定的生态下泄流量，选择合适的措施以保证生态流量泄放，且下泄生态流量的设施设备需保障不受人为干扰而能稳定运行。同时东河流域上的水电站分属于不同的投资主体进行建设和管理，缺乏统一协调的调度规则，对于生态泄流的统一管理也很不利。应建立可行的联合生态放流制度，确保各梯级电站能实施生态下泄流量。

2. 建设生态下泄流量在线监测系统。下泄生态流量监测可以有效监督水电站影响区内合理的生态环境需水保障，减轻水电站运行对河流生态系统的影响。同时，由于下泄生态流量可能影响水电站业主的发电权益，且需要定量核算，因此流量监测也是实施生态补偿核算、监管水电站生态运行的重要技术手段。此外，随着信息技术、影像识别技术的快速发展，应用图像与视频识别技术开展水电站下泄生态流量监测，实现远程在线动态监测，也可以作为未来水电站下泄生态流量监测技术的选项。坝（闸）流量泄放设施差异较大，如穿坝钢管、自然溢流、闸阀泄流、生态机组等，为下泄生态流量监测体系中的薄弱环节与重点。厂坝间河段的流量过程是否达到生态流量要求需要重点监测，可通过监测厂坝间断面流量过程实现。

3. 开展河流生态环境保护。严禁河道非法采砂。由于评价河段出现多处非法采砂，导致河床破坏严重，水质混浊，底栖动物和鱼类资源受到影响，建议加强河道管理，严格禁止非法采砂，并要求采砂业主对已经破坏的河道实施生态修复。加强渔业资源管理。评价河段鱼类资源数量较少，加之非法捕捞（包括电捕捞）严重，甚至在禁渔期也出现非法捕捞现象，东河上游鱼类资源已近衰竭，建议加强鱼类资源监管；通过鱼类增殖放流等措施加强对流域中的鱼类资源进行恢复；通过宣传和教育等多途径增强公众水生野生动物的保护意识。对停产废弃的煤矿尾水需进行环保处理,达标后排入东河。

4. 加强流域生态环境管理。东河流域河道管理涉及不同乡,白泉电站、百里电站和双河口电站等分属不同业主,且河道现有环境问题涉及的范围广、问题较多,由电站单位单方组织管理机构难以承担相应管理职责,建议由规划河段所在行政区的政府和环境保护行政主管部门以及开发业主共同组织管理机构,由河长总负责。根据相关方案其主要管理任务如下:确保河流水功能区水质目标只升不降、河道内生态基流只增不减。建立生态流量数据库。实行生态环境损害责任终身追究制,严格追责。落实生态环境保护措施,建立流域生态补偿机制。探索建立"东河流域生态环境保护基金",真正落实生态环境"谁破坏谁修复"制度。

5. 长期进行生态跟踪观测。为流域环境保护提供技术支撑筹划、组织、实施单项工程难以承担、涉及流域性保护的环境保护计划措施,建立长期定期监测制度,组织对水质、水文情势、陆生、水生等环境要素进行监测。

四 结语

山地河流孕育着丰富的生物多样性,小水电虽然能够为区域经济发展起到非常好的扶持作用,但是在开发应用过程中,如果开发不当,往往会对生态造成非常大的危害,最终伤及人类自身。在越来越注重生态保护的背景下,我国对小水电建设提出了更高的要求,既要合理利用水资源,又要强化对生态的保护,牢记生态保护的"三大红线",真正实现区域经济又好又快发展,保护好我们的绿水青山,建设好长江上游重要的生态屏障。

调研报告之四:问题导向式的流域共治模式
——以四川省南充市西充河为例

一 西充河流域治理现状与挑战

嘉陵江,属于长江上游的一条重要一级支流,全长1119公里,流域面积近16万平方公里,在长江支流中流域面积最大、长度仅次于汉江、流量仅次于岷江。嘉陵江西南流经陕西省汉中市略阳县，穿过大巴山，至四川省广元市元坝区昭化镇接纳白龙江，南流经四川省南充市、广安市至重庆市注入长江，是沟通西南、西北的主要水上交通运输线。嘉陵江在南充市嘉陵区境内流经嘉陵城区和曲水、河西、李渡、新场、临江、吉安、土门7个乡镇，全长67.2公里，流域沿岸共有城乡居民22.5万余人。沿江两岸属平坝地带，海拔高度280米左右。

嘉陵区境内有西充河、曲水河、安福河和凤垭河四条支流与嘉陵江干流直接相连。西充河被誉为南充人民的母亲河，属于嘉陵江中游右岸一级支流，干流全长121公里，流经南充市西充县、嘉陵区、顺庆区三县（区）28个乡镇，流域面积达658平方公里。近年来随着城镇化和工业化的快速推进，对流域水环境造成了重要影响，水质污染严重，水生态破坏严重，水环境风险隐患突出，使得流域水污染防治、确保饮用水源安全成为生态环境保护工作的重中之重。调查发现，西充河主要污染物为化学需氧量、氨氮，均无剩余环境容量，流域近乎丧失河流功能。为彻底治理流域水污染，四川省从江河源头抓起，确定以岷江、沱江、嘉陵江流域32条污染严重、对"三江"干流水环境安全危害较大的支流为重点，全面实施科学规划、综合治理。西充河流域是南充市纳入四川省32条重点治理的流域之一，其流域综合治理主要存在以下问题：

1. 缺乏流域治理的统筹规划。长期以来，西充河流域治理未能引起重视，对流域的治理缺乏系统的考虑和统筹规划，条块治理、碎片化治理明显；涉及流域资源开发、旅游资源利用、产业发展及城镇化规划等，尚未制定资源开发利用规划和经济社会一体化发展的系统规划，也未能建立流域科学发展的统筹协调机构。

2. 尚未完全树立流域绿色发展观念。西充河流域沿岸部分地方尚未牢固树立"绿水青山就是金山银山"的绿色发展理念，经济发展方式粗放、资源滥采滥用等问题矛盾凸显。部分干部群众对自然资源尚未形成正确的开发利用观，沿江两岸存在滥挖乱采沙石现象，致使沙石资源岌岌可危、沿江湿地生态系统受到严重破坏；开展的工作主要停留在流域沿江部分旅游项目和农业生产灌溉方面，而对水上交通、城镇建设、工农业发展等方面的工作还做得不够。

3. 流域生态环境保护重视程度不够。长期以来西充河流域治理工作未能得到足够重视。涉及流域生态环境保护的制度规范较少,现有的制度规范在执行过程中大多不力,并且不适应流域治理新形势发展的需要。由于重视程度不够,西充河流域沿江的治污设施建设滞后,城镇和园区环境基础设施建设欠账较多,流域环境污染严重。居民和企业环保意识不足,流域沿岸部分工业企业废水、餐饮企业污水和居民生活污水以及畜禽养殖场污水直排入江,使流域水环境受到严重破坏,再加上西充河自净能力差,使得居民饮水安全受到严重威胁。此外,农村居民生活垃圾、污水处理等尚未得到有效处理解决,面源污染控制尚未实现有效突破。

二 西充河流域治理的主要举措

如何实现在资源利用中保护、在保护中合理利用资源的发展格局,成为南充市治理西充河的关键。近年来,在西充河的治理上,地方政府围绕"还南充人民一河清水"的目标,全面启动西充河流域综合治理,大力实施工业污染治理、畜禽养殖治理、乡镇生活污染治理、主城区河道治理、西河污水截流工程等重点治理项目建设,2014年西充河流域第一阶段治理目标任务完成,实现了氨氮和高锰酸盐指数两项主要监测指标达到Ⅲ类水质300天的治理目标。通过长期不懈的努力,在第二阶段生态景观长廊打造工程建设上亦成效显著,全流域水质达标天数明显提升,污染治理效果持续改善。总结起来,西充河流域治理主要有如下思路举措:

1. 注重流域治理的规划引导。为加快推进西充河流域治理工作,成立西充河流域综合治理工作领导小组,综合决策,同步实施。按照"先治污、后建景"的总体思路,以工业污染治理为突破口,以生活污染治理为着力点,以重拳整治畜禽养殖污染为着重点,构建起多管齐下的"立体治污"格局,通过统筹部署有力推进流域综合治理。按照规划先行的思路,出台了《西充河污染综合治理总体规划方案》《"引嘉入西"水环境综合整治工程》《西充河流域景观长廊打造总体规划》《西充河流域面源污染综合治理规划》等,强化流域治理的规划政策引导,并将西充河流域污染综合治理纳入年度目标考核,属地三县(区)和市级相关部门签订目标责任书,严格实行奖惩问责。

2. 强化流域协同治理。把西充河流域水污染防治工作与农田水利基本建设结合起来,做到农业节水、保水与增加生态环境用水相结合;中低产田改造、防治水土流失和减轻农田径流污染相结合;发展生态农业和生态家园建设与减少农药、化肥使用相结合;山、水、田、村、路、气整治与建立小流域生态环境综合防治体系相结合,并统一纳入国民经济和社会发展规划,强化统筹实施。

3. 优化流域沿岸产业体系。通过积极引导西充河流域沿岸企业节能减排,实施污染物总量削减工程,逐步淘汰或改进高能耗、高污染企业,发展新型工业;结合环境保护,鼓励减少化肥农药的使用,发展生态农业和绿色有机农业;将旅游开发和生态环境保护相结合,围绕双桂田坝会馆、西河风光、太和白鹭等为重点的西河历史人文旅游景区进行生态特色旅游建设。

4. 推行重点工程同步实施。针对西充河流域治理难题,坚持问题导向,突出流域整治重点,针对问题具体施策。围绕西充河流域污染治理存在的主要问题,加快推进城镇生活污水处理设施建设、乡镇垃圾处理设施建设、工业污染防治、畜禽养殖业污染防治、农村面源污染防治以及实施流域综合整治和生态修复6大类重点工程。通过加大污水处理厂(站)建设投入,不断完善生活垃圾收运处理,配套建设生活垃圾、建筑垃圾收集、转运、暂存设施等,2019年年底西充河流域沿线乡镇污水收集处理率达85%以上。在加强畜禽养殖污染治理方面,按照统一要求加快禁养区畜禽养殖场关闭、搬迁,规范整治其他区域的养殖场,对西充县22家养殖场进行规范建设;农村面源污染治理方面,对西充河流域沿线13个乡镇河段农村重点实施垃圾整治。

5. 建立落实生态补偿制度。南充市依据新修订的《环保法》《水污染防治法》等法律法规,出台了《南充市西充河流域水质保护生态补偿暂行办法》。按照"谁破坏谁付费、谁受益谁补偿"原则,西充河流域保护主要采取资金补偿,补偿资金由南充市及各区县政府筹集,主要用于补偿生态环境保护、生态修复等项目。根据涉及的三区县每年出境断面水体质量实时监测数据确定补偿标准,具体为:监测断面全年Ⅲ类水质达标 330 天的,给予生态补偿 200 万元;达标天数超过 330 天的,在上述补偿标准的基础上再按每天 1 万元的标准进行补偿;达标天数小于 330 天的不予补偿,并按照每天 10 万元的标准进行逐日扣除。通过合理确定补偿标准及调节利益各方的关系,有利于促进西充河流域内流域治理的权利义务对等公平,持续改善生态环境。

三　小结

在西充河流域综合治理中,其治理工作不仅仅局限于某一方面,而是将交通基础设施建设、产业发展、生态环保、制度约束等统一纳入综合治理体系,同时强调不同体系之间的相辅相成、协同配合。从西充河的治理经验来看,流域的综合治理不仅需要跳出单一的开发圈圈,也要跳出"画地为牢"的框框,既需要江河流经地区的协调合作,避免互为掣肘,同质竞争;也需要参与企业和流域民众的主动参与;更重要的是要有统一的规划和完善的制度约束,坚决不触碰生态保护和绿色发展的底线。在西充河流域治理中,有如下几点经验值得思考借鉴:一是在流域综合治理过程中遵循问题导向,注重规划引导,通过规划明确流域治理的总体思路目标;二是立足保护与资源利用并重,不断优化沿江生态环境,加快推进产业结构优化调整;三是流域治理涉及的领域、区域以及层次较多,需要协同配合和流域共治,持续巩固提升流域治理的整体效率;四是强化制度保障,通过一系列制度建设和政策规范,推动西充河流域治理迈入"快车道"。

参考文献

《长江流域综合利用规划简要报告（1990 年修订)》，长江水利网，ht-
　　tp：//www.cjw.gov.cn/，2003 年 12 月 23 日。

《创新机制　多措并举　重庆市全面深化三峡库区水污染防治》，《环境保
　　护》2016 年第 Z1 期。

中华人民共和国环境保护部：《2013—2017 年长江三峡工程生态与环境监
　　测公报》。

中华人民共和国环境保护部：《2013—2017 年中国环境状况公报》。

鲍玉海、贺秀斌、钟荣华、高进长、唐强：《基于绿色流域理念的三峡库
　　区小流域综合治理模式探讨》，《世界科技研究与发展》2004 年第
　　5 期。

常亮、刘凤朝、杨春薇：《基于市场机制的流域管理 PPP 模式项目契约研
　　究》，《管理评论》2017 年第 3 期。

陈博：《关于建立流域水资源保护与水污染防治联动机制的思考》，《中国
　　水利》2014 年第 21 期。

陈湘满：《美国田纳西流域开发及其对我国流域经济发展的启示》，《世界
　　地理研究》2000 年第 2 期。

陈耀、汪彬：《库区绿色发展的难点与突破——以三峡库区为例》，《西部
　　论坛》2016 年第 2 期。

程辉、吴胜军、王小晓、姜毅、陈春娣、王雨、吕明权：《三峡库区生态
　　环境效应研究进展》，《中国生态农业学报》2015 年第 2 期。

程娟：《流域治理投资战略理论与应用研究》，博士学位论文，河海大学，

2005 年。

邓嘉农、徐航、郭甜、黄巍、何丙辉:《长江流域坡耕地"坡式梯田＋坡面水系"治理模式及综合效益探讨》，《中国水土保持》2011 年第10 期。

杜利琼、夏非、张永战、傅瓦利:《山区小流域污染与治理对策研究——以重庆市梁滩河流域为例》，《水资源保护》2010 年第 4 期。

段学军、邹辉、王磊:《长江经济带建设与发展的体制机制探索》，《地理科学进展》2015 年第 11 期。

范兆轶、刘莉:《国外流域水环境综合治理经验及启示》，《环境与可持续发展》2013 年第 1 期。

房引宁、蒋丹璐、赵敏娟:《PPP 模式下环保类公司参与流域治理意愿的影响因素分析》，《证券市场导报》2017 年第 4 期。

房引宁、蒋丹璐、赵敏娟:《流域治理的 PPP 政策满意度及其影响因素分析》，《当代经济科学》2017 年第 3 期。

甘捷:《三峡库区流域水污染协同治理对策研究》，硕士学位论文，重庆大学，2016 年。

高先萍:《三峡库区重庆生态屏障区生活垃圾堆存现状调查与处置对策》，《北方环境》2011 年第 5 期。

胡德胜、潘怀平、许胜晴:《创新流域治理机制应以流域管理政务平台为抓手》，《环境保护》2012 年第 13 期。

胡兴球、张阳、郑爱翔:《流域治理理论视角的国际河流合作开发研究:研究进展与评述》，《河海大学学报》（哲学社会科学版）2015 年第2 期。

黄锡生:《国内外流域管理对三峡库区的立法借鉴》，《水利部政策法规司、中国法学会环境资源法学研究会、中国海洋大学》，《水资源、水环境与水法制建设问题研究——2003 年中国环境资源法学研讨会（年会）论文集（上册）》，水利部政策法规司、中国法学会环境资源法学研究会、中国海洋大学，2003 年。

黄秀山:《三峡库区水污染及其治理对策》，《重庆大学学报》（自然科学版）2002 年第 6 期。

蒋丹璐：《三峡库区及上游流域生态补偿机制与水污染管理研究》，博士学位论文，重庆大学，2012 年。

金帅、盛昭瀚、刘小峰：《流域系统复杂性与适应性管理》，《中国人口·资源与环境》2010 年第 7 期。

李德光：《我国跨行政区流域水污染治理的影响因素研究》，博士学位论文，湖南大学，2016 年。

李昕蕾：《冲突抑或合作：跨国河流水治理的路径和机制》，《外交评论》（外交学院学报）2016 年第 1 期。

李颖慧、王崇举、刘成杰：《三峡库区水污染治理机制研究》，《科技管理研究》2014 年第 17 期。

李月臣、刘春霞、闵婕、王才军、张虹、汪洋：《三峡库区生态系统服务功能重要性评价》，《生态学报》2013 年第 1 期。

李忠魁、宋如华、杨茂瑞、白秀萍：《流域治理效益的环境经济学分析方法》，《中国水土保持科学》2003 年第 3 期。

刘小冰、方晴：《水环境生态补偿法律机制探讨》，《江苏行政学院学报》2016 年第 2 期。

刘亚男、田义文、张明波：《流域水环境管理中省际政府间协调机制的研究》，《西北林学院学报》2013 年第 6 期。

马述林、陈德敏：《世纪展望：崛起的长江沿岸城市产业带》，中国计划出版社 2010 年版。

沈大军：《论流域管理》，《自然资源学报》2009 年第 10 期。

宋永会、沈海滨：《莱茵河流域综合管理成功经验的启示》，《世界环境》2012 年第 4 期。

宋宇、宋国君：《中国流域水环境保护规划的制度借鉴与设计》，《中州学刊》2010 年第 6 期。

谭永茂：《流域水污染的整体性治理研究——以广西贺江水污染事件为例》，硕士学位论文，广西大学，2014 年。

唐大元、王晶：《流域水环境污染物总量控制技术应用初探》，《环境保护与循环经济》2010 年第 11 期。

田彦峰：《"谁污染谁治理"原则的局限性以及完善对策》，《科教文汇

（下旬刊)》2008 年第 1 期。

王金南、刘桂环、文一惠:《以横向生态保护补偿促进改善流域水环境质
　　量——〈关于加快建立流域上下游横向生态保护补偿机制的指导意见〉
　　解读》,《环境保护》2017 年第 7 期。

王晶晶、王文杰、郎海鸥、饶胜、王维、白雪:《三峡库区小江流域水环
　　境综合区划》,《地球信息科学学报》2011 年第 1 期。

王丽婧、翟羽佳等:《三峡库区及其上游流域水污染防治规划》,《中国环
　　境科学研究院河流与海岸带环境创新基地》2012 年第 12 期。

王树义:《流域管理体制研究》,《长江流域资源与环境》2000 年第 4 期。

文传浩、秦方鹏、王钰莹、张雅文:《从库区管理到流域治理:三峡库区
　　水环境管理的战略转变》,《西部论坛》2017 年第 2 期。

吴晓:《三峡库区重庆东段生态安全评价研究》,博士学位论文,华中师
　　范大学,2014 年。

肖加元、潘安:《基于水排污权交易的流域生态补偿研究》,《中国人口·
　　资源与环境》2016 年第 7 期。

肖新成、何丙辉、倪九派、谢德体:《农业面源污染视角下的三峡库区重
　　庆段水资源的安全性评价——基于 DPSIR 框架的分析》,《环境科学学
　　报》2013 年第 8 期。

谢世清:《美国田纳西河流域开发与管理及其经验》,《亚太经济》2013
　　年第 2 期。

徐艳晴、周志忍:《水环境治理中的跨部门协同机制探析——分析框架与
　　未来研究方向》,《江苏行政学院学报》2014 年第 6 期。

杨春艳:《三峡库区政府环境管制问题研究》,硕士学位论文,重庆大学,
　　2015 年。

叶君飞:《跨界突发水污染的政府应急合作机制探索——以三峡库区为
　　例》,《管理观察》2013 年第 21 期。

易志斌、马晓明:《论流域跨界水污染的府际合作治理机制》,《社会科
　　学》2009 年第 3 期。

应力文、刘燕、戴星翼、刘平养、刘明、石亚:《国内外流域管理体制综
　　述》,《中国人口·资源与环境》2014 年第 S1 期。

翟俨伟：《三峡库区生态环境面临的主要问题及治理对策》，《焦作大学学报》2012 年第 1 期。

张紧跟、唐玉亮：《流域治理中的政府间环境协作机制研究——以小东江治理为例》，《公共管理学报》2007 年第 3 期。

张耀华、朱金华、朱喜、王震：《太湖水环境演变及继续治理思路》，《无锡市水资源管理处》2015 年第 4 期。

赵刚、冉光和、张波：《三峡库区水资源污染问题及对策研究》，《自然资源学报》2002 年第 5 期。

郑晓、郑垂勇、冯云飞：《基于生态文明的流域治理模式与路径研究》，《南京社会科学》2014 年第 4 期。

中华人民共和国水利部网站：http://www.mwr.gov.cn/.

重庆市环境保护局污染防治处：《重庆不断深化三峡库区水污染防治》，《环境保护》2017 年第 9 期。

周萍、文安邦、贺秀斌、严冬春：《三峡库区生态清洁小流域综合治理模式探讨》，《人民长江》2010 年第 21 期。

周萍、文安邦、贺秀斌、张信宝、鲍玉海：《三峡库区循环农业及流域水土保持综合治理模式研究》，《中国水土保持》2010 年第 10 期。

周启刚、张叶、杨霏、陈丹、陈倩、张晓媛：《三峡库区生态屏障带划分与土地利用现状研究——以重庆市万州区为例》，《重庆工商大学学报》（自然科学版）2012 年第 11 期。

周艳芳：《中国重点流域水环境问题及防治情况回顾》，《国家环境保护总局武汉大学环境法研究所、福州大学法学院》，《探索·创新·发展·收获——2001 年环境资源法学国际研讨会论文集（下册）》，国家环境保护总局武汉大学环境法研究所、福州大学法学院，2001 年。

朱记伟、解建仓、马斌：《流域治理项目建设管理体制研究》，《科技进步与对策》2010 年第 9 期。

陈德敏、谭志雄：《长江上游流域综合开发治理思路与实现路径研究》，《中国软科学》2010 年第 11 期。

褚俊英、周祖昊、王浩戴、东宸：《流域综合治理的多维嵌套理论与技术体系》，《水资源保护》2019 年第 1 期。

徐敏、王东、赵越:《我国水污染防治发展历程回顾》,《环境保护》2012
　　年第 1 期。

《2019 年全国地表水、环境空气质量状况》,生态环境部,2020 年。

赵来军、李怀祖:《流域跨界水污染纠纷对策研究》,《中国人口·资源与
　　环境》2003 年第 6 期。

习近平:《推动形成优势互补高质量发展的区域经济布局》,《求是》2019
　　年第 24 期。

吴舜泽:《完善水治理机制需澄清哪些误区?》,《中国环境报》2015 年第
　　2 版。

任敏:《我国流域公共治理的碎片化现象及成因分析》,《武汉大学学报》
　　(哲学社会科学版) 2008 年第 4 期。

陈利顶、景永才、孙然好:《城市生态安全格局构建:目标、原则和基本
　　框架》,《生态学报》2018 年第 12 期。

靖中秋、于鲁冀、梁亦欣、徐艳红:《北方地区流域水环境综合治理模式
　　研究与实践》,《水污染防治》2018 年第 5 期。

杜群、陈真亮:《论流域生态补偿“共同但有差别的责任”——基于水质
　　目标的法律分析》,《中国地质大学学报》(社会科学版) 2014 年第
　　1 期。

敖荣军:《我国水资源市场配置制度创新的探索》,《中国人口·资源与环
　　境》2003 年第 2 期。

沈坤荣、金刚:《中国地方政府环境治理的政策效应——基于“河长制”
　　演进的研究》,《中国社会科学》2018 年第 5 期。

熊英、别涛、王彬:《中国环境污染责任保险制度的构想》,《现代法学》
　　2007 年第 1 期。

操小娟、龙新梅:《从地方分治到协同共治:流域治理的经验及思考——
　　以湘渝黔交界地区清水江水污染治理为例》,《广西社会科学》2019 年
　　第 12 期。

董珍:《生态治理中的多元协同:湖北省长江流域治理个案》,《湖北社会
　　科学》2018 年第 3 期。

刘海娟、田启波:《习近平生态文明思想的核心理念与内在逻辑》,《山东

大学学报》（哲学社会科学版）2020 年第 1 期。

陆大道、孙东琪：《黄河流域的综合治理与可持续发展》，《地理学报》
2019 年第 12 期。

陈维肖、段学军、邹辉：《大河流域岸线生态保护与治理国际经验借
鉴——以莱茵河为例》，《长江流域资源与环境》2019 年第 11 期。

王思凯、张婷婷、高宇、赵峰、庄平：《莱茵河流域综合管理和生态修复
模式及其启示》，《长江流域资源与环境》2018 年第 1 期。

段学军、邹辉：《长江岸线的空间功能、开发问题及管理对策》，《地理科
学》2016 年第 12 期。

段学军、虞孝感、邹辉：《长江经济带开发构想与发展态势》，《长江流域
资源与环境》2015 年第 10 期。

胡彬：《长江流域板块结构分异的制度成因与区域空间结构的重组》，《中
国工业经济》2006 年第 6 期。

李静、陶璐、杨娜：《淮河流域污染的"行政边界效应"与新环境政策影
响》，《中国软科学》2015 年第 6 期。

周立华、王涛、樊胜岳、杨国靖：《内陆河流域的生态经济问题与协调发
展模式——以黑河流域为例》，《中国软科学》2005 年第 1 期。

张超：《我国跨界公共问题治理模式研究——以跨界水污染治理为例》，
《理论探讨》2007 年第 6 期。

李汉卿：《行政发包制下河长制的解构及组织困境：以上海市为例》，《中
国行政管理》2018 年第 11 期。

朱德米：《中国水环境治理机制创新探索—河湖长制研究》，《南京社会科
学》2020 年第 1 期。

田家华、吴铱达、曾伟：《河流环境治理中地方政府与社会组织合作模式
探析》，《中国行政管理》2018 年第 11 期。

赵新峰、李春：《政府购买环境治理服务的实践模式与创新路径》，《南京
师大学报》（社会科学版）2016 年第 5 期。

章恒全、陈卓然、张陈俊：《长江经济带工业水环境压力与经济增长脱钩
努力研究》，《地域研究与开发》2019 年第 2 期。

史玉成：《流域水环境治理"河长制"模式的规范建构——基于法律和政

治系统的双重视角》,《现代法学》2018 年第 6 期。

方琳、吴凤平、张庆海:《流域内经济结构性调整对水环境质量的长短期效应分析》,《中国人口·资源与环境》2017 年第 11 期。

杨清可、段学军、王磊:《基于水环境约束分区的产业优化调整——以江苏省太湖流域为例》,《地理科学》2016 年第 10 期。

王俊敏、沈菊琴:《跨域水环境流域政府协同治理:理论框架与实现机制》,《江海学刊》2016 年第 5 期。

黄静、张雪:《多元协同治理框架下的生态文明建设》,《宏观经济管理》2014 年第 11 期。

李健、钟惠波、徐辉:《多元小集体共同治理:流域生态治理的经济逻辑》,《中国人口·资源与环境》2012 年第 12 期。

杨宏山:《构建政府主导型水环境综合治理机制——以云南滇池治理为例》,《中国行政管理》2012 年第 3 期。

朱德米:《构建流域水污染防治的跨部门合作机制——以太湖流域为例》,《中国行政管理》2009 年第 4 期。

王勇:《论流域政府间横向协调机制——流域水资源消费负外部性治理的视阈》,《公共管理学报》2009 年第 1 期。

王名、蔡志鸿、王春婷:《社会共治:多元主体共同治理的实践探索与制度创新》,《中国行政管理》2014 年第 12 期。

《2013 年中国环境状况公报》,中华人民共和国环境保护部,2014 年。

《2014 年中国环境状况公报》,中华人民共和国环境保护部,2015 年。

《2015 年中国环境状况公报》,中华人民共和国环境保护部,2016 年。

《2016 年中国环境状况公报》,中华人民共和国环境保护部,2017 年。

《2013 年长江三峡工程生态与环境监测公报》,中华人民共和国环境保护部,2013 年。

《2014 年长江三峡工程生态与环境监测公报》,中华人民共和国环境保护部,2014 年。

《2015 年长江三峡工程生态与环境监测公报》,中华人民共和国环境保护部,2015 年。

《2016 年长江三峡工程生态与环境监测公报》,中华人民共和国环境保护部，2016 年。

《2017 年长江三峡工程生态与环境监测公报》，中华人民共和国环境保护
部，2017 年。

王浩：《湖泊流域水环境污染治理的创新思路与关键对策研究》，科学出
版社 2010 年版。

王金南：《中国水污染防治体制与政策》，中国环境科学出版社 2004
年版。

宋国君：《中国淮河流域水环境保护政策评估》，中国人民大学出版社
2007 年版。

吕志奎：《美国州际流域治理中政府间关系协调的法治机制》，《中国行政
管理》2015 年第 6 期。

胡熠：《我国流域治理机制创新的目标模式与政策含义——以闽江流域为
例》，《学术研究》2012 年第 1 期。

郑晓、黄涛珍、冯云飞：《基于生态文明的流域治理机制研究河海大学学
报》（哲学社会科学版）2014 年第 4 期。

Adams W. M. , Green Development: environment and sustainability in the
Third World, Routledge, 2003.

Barrow C. J. , River Basin Development Planning and Management: A Critical
Review, World Development, 1998, 26 (1).

Blomquist W. , Dinar A. , Kemper K. , Comparison of Institutional Arrange-
ments for river Basin Management in Eight Basins, The World Bank, 2005.

Cai X. , McKinney D. C. , Lasdon L. S. , Integrated hydrologic – agronomic – e-
conomic model for river basin management, Journal of Water Resources Plan-
ning and Management, 2003, 129 (1) .

Chen F. , Lin A. , Zhu H. , et al. , Quantifying Climate Change and Ecological
Responses within the Yangtze River Basin, China, Sustainability, 2018, 10
(9): 3026.

Chen F. , Lu S. , Hu X. , et al. , Multi – dimensional Habitat Vegetation Res-
toration Mode for Lake Riparian Zone, Taihu, China, Ecological Engineer-

ing, 2019, 134.

Chen X., Zong Y., Zhang E., et al., Human Impacts on the Changjiang (Yangtze) River Basin, China, with Special Reference to the Impacts on the Dry Season Water Discharges into The Sea, Geomorphology, 2001, 41 (2 - 3).

Demetropoulou L., Nikolaidis N., Papadoulakis V., et al., Water Framework Directive Implementation in Greece: Introducing Participation in Water Governance - The Case of the Evrotas River Basin Management Plan, Environmental Policy and Governance, 2010, 20 (5).

Dourojeanni A., Water Management at the River Basin Level: Challenges in Latin America, ECLAC, 2001.

Heinz I, Pulido - Velazquez M., Lund J. R., et al., Hydro - economic Modeling in River Basin Management: Implications and Applications for the European Water Framework Directive, Water resources Management, 2007, 21 (7).

Hu H., Yang K., Sharma A., et al., Assessment of Water and Energy Scarcity, Security and Sustainability into the Future for the Three Gorges Reservoir Using an Ensemble of RCMs, Journal of Hydrology, 2020: 124893.

Huang Y., Fu J., Wang W., et al., Development of China's Nature Reserves over the Past 60 Years: An overview, Land Use Policy, 2019, 80.

Irrigation and River Basin Management: Options for Governance and Institutions, CABI, 2005.

Jamieson D G, Fedra K. The 'WaterWare' Decision - support System for River - basin Planning. 1. Conceptual design, Journal of Hydrology, 1996, 177 (3 -4).

Jaspers F. G. W., Institutional Arrangements for Integrated River Basin Management, Water Policy, 2003, 5 (1).

Kemper K. E., Blomquist W. A., Integrated River Basin Management Through Decentralization, Berlin: Springer, 2007.

Lankford B. A., Merrey D., Cour J., et al., From Integrated to Expedient:

An Adaptive Framework for Biver Basin Management in Developing Countries, IWMI, 2007.

Liang X. , Li Y. , Zhou Y. , Study on the Abandonment of Sloping Farmland in Fengjie County, Three Gorges Reservoir Area, a Mountainous Area in China, Land Use Policy, 2020, 97: 104760

Liu Y. , Zhu J. , Li E. Y. , et al. , Environmental Regulation, Green Technological Innovation, and Eco – efficiency: The Case of Yangtze River Economic Belt in China, Technological Forecasting and Social Change, 2020, 155: 119993.

Lopes, Duarte P. , Governing Iberian Rivers: from Bilateral Management to Common Basin Governance?, International Environmental Agreements: Politics, Law and Economics, 2012, 12 (3).

Lu S. , Tang X. , Guan X. , et al. , The Assessment of Forest Ecological Security and its Determining Indicators: A Case Study of the Yangtze River Economic Belt in China, Journal of Environmental Management, 2020, 258: 110048.

Luo Q. , Zhou J. , Li Z. , et al. , Spatial Differences of Ecosystem Services and Their Driving Factors: A Comparation Analysis Among Three Urban Agglomerations in China's Yangtze River Economic Belt, Science of The Total Environment, 2020: 138452.

Mostert E. , Pahl – Wostl C. , Rees Y. , et al. , Social learning in European River – basin Management: Barriers and Fostering Mechanisms from 10 River Basins, Ecology and society, 2007, 12 (1).

Newson M. Land, Water and Development. River Basin Systems and Their Sustainable Management, Routledge, 1992.

Qu S. , Wang L. , Lin A. , et al. , What Drives the Vegetation Restoration in Yangtze River Basin, China: Climate Change or Anthropogenic Factors?, Ecological Indicators, 2018, 90: 438 – 450.

Rijke J. , van Herk S. , Zevenbergen C. , et al. , Room for the River: Delivering Integrated River Basin Management in the Netherlands, International

Journal of River Basin Management, 2012, 10 (4).

Roberts M. J., River basin Authorities: A National Solution to Water Pollution, Harv. L. Rev., 1969, 83: 1527.

Skoulikaris C., Zafirakou A., River Basin Management Plans as A Tool for Sustainable Transboundary River Basins' Management, Environmental Science and Pollution Research, 2019, 26 (15).

Strategies for River Basin Management: Environmental Integration of Land and Water in a River Basin, Springer Science & Business Media, 2012.

Su B. D., Jiang T., Jin W. B., Recent Trends in Observed Temperature and Precipitation Extremes in the Yangtze River Basin, China, Theoretical and Applied Climatology, 2006, 83 (1 −4).

Su B., Huang J., Zeng X., et al., Impacts of Climate Change on Streamflow in the Upper Yangtze River Basin, Climatic Change, 2017, 141 (3).

Te Boekhorst D. G. J., Smits T. J. M., Yu X., et al., Implementing Integrated River Basin Management in China, Ecology and Society, 2010, 15 (2).

Watson N., Integrated River Basin Management: A Case for Collaboration, International Journal of River Basin Management, 2004, 2 (4).

Xiao Q., Hu D., Xiao Y., Assessing Changes in Soil Conservation Ecosystem Services and Causal Factors in the Three Gorges Reservoir Region of China, Journal of Cleaner Production, 2017, 163: S172 −S180.

Xu X., Jiang B., Chen M., et al., Strengthening the Effectiveness of Nature Reserves in Representing Ecosystem Services: The Yangtze River Economic Belt in China, Land Use Policy, 2020, 96: 104717.

Xu X., Yang G., Tan Y., et al., Unravelling the Effects of Large − scale Ecological Programs on Ecological Rehabilitation of China's Three Gorges Dam, Journal of Cleaner Production, 2020, 256: 120446.

Yan T., Qian W. Y., Environmental Migration and Sustainable Development in the Upper Reaches of the Yangtze River, Population and Environment, 2004, 25 (6).

Zhang J., Li S., Dong R., et al., Influences of land Use Metrics at Multi −

spatial Scales on Seasonal Water Quality: A Case Study of River Systems in the Three Gorges Reservoir Area, China, Journal of Cleaner Production, 2019, 206: 76 – 85.

Zhang Q. , Xu C. , Becker S. , et al. , Sediment and Runoff Changes in the Yangtze River Basin During Past 50 Years, Journal of hydrology, 2006, 331 (3 – 4).

Zhang T. , Yang Y. , Ni J. , et al. , Construction of an Integrated Technology System for Control Agricultural Non – point Source Pollution in the Three Gorges Reservoir Areas, Agriculture, Ecosystems & Environment, 2020, 295: 106919.

Zhang Y. , Xie D. , Ni J. , et al. , Conservation Tillage Practices Reduce Nitrogen Losses in the Sloping Upland of the Three Gorges Reservoir area: No – till is Better than Mulch – till, Agriculture, Ecosystems & Environment, 2020, 300: 107003.

后　记

　　2020年是我国成为生态环境良好国家的目标年。本书在此时面世，正是顺应新时代日益增长的优美生态环境需要和流域绿色发展战略需求而产生的，为生态文明在我国的实践行动提供了理论指导。本书的写作过程，既是对一直以来研究成果的阶段性总结，又让我对如何将绿色发展理论持续深入贯彻到流域治理中有了更深入的理解。长江上游流域治理中的机制、模式是否可以进行推广，又该如何把握流域治理的共性与特殊性等问题，或许是值得进一步思考的问题。

　　本书的出版得到了恩师重庆大学陈德敏教授的大力支持，一直为课题的研究和书籍的出版提供指导。研究团队陈思盈博士、韩经纬博士等，承担了部分课题撰写、资料收集整理分析和校稿工作，他们为本书的出版做了大量工作。在本书完成之际，向他们所付出的辛勤劳动表示我真挚的感激之情。编辑本书的过程中，参考学习了各位前辈们提供的相关资料，在此深表谢意。

　　本书是近年关于流域开发治理、绿色发展等领域研究成果的集中奉献。近年来主持主研了国家发改委软科学研究项目："十二五"时期长江上游流域综合开发治理研究、江河流域水环境综合治理与绿色发展战略研究、"十三五"时期重点流域水环境综合治理的主要问题与对策；重庆市社科规划办哲学社会科学规划研究项目特别委托项目："共抓大保护，不搞大开发"背景下重庆三峡库区流域治理路径研究；重庆市科技局技术预见与制度创新项目：三峡重庆库区生态优先绿色发展先行区建设体制机制创新研究；重庆大学中央高校基本科研业务费项目：国家价值链视域下长江经济带产业转型升级路径研究；西南大学重庆市人文社会科学重点研究基地——西南大学三峡库区经济社会发展研究中心项目：三峡库区主要流域环境保护与法律制度保障研究。在此对上述支持单位一并表示最诚挚的感谢。

立足生态文明新时代，跟踪绿色发展新趋势，本研究团队同人将持续跟进长江经济带绿色发展研究，主动服务于我国流域治理领域的前瞻研判、理论支撑与行动范本，为中华民族伟大复兴与可持续发展，奉献学者的思考。

本书出版得到了中国社会科学出版社领导和编辑同志的支持和帮助，孔继萍编辑提供了出版指导，对他们所付出的努力在此表示衷心的感谢。

鉴于理论水平和实践经验所限，目前的研究成果仍有诸多有待深化和提高之处。本书中的错误与疏漏在所难免，期待学界同人与实践界朋友给予批评指正。

谭志雄

2020 年 2 月于重庆大学